Dan Kampelmacher

Mein ungewisser Weg in die Freiheit

Umschlagfoto vorn:
DanKampelmacher beim Hören einer der ersten Rundfunksendungen von Radio Wien, 1924 (siehe auch S. 148)

Die Deutsche Nationalbibliothek verzeichnet diese Publikation in der Deutschen Nationalbibliografie; detaillierte Daten sind im Internet über https://portal.d-nb.de/ abrufbar.

Originalausgabe:
Gevecht om te overleven. Mijn diaspora na de Anschluss
2008, Uitgeverij Verbum. Laren (NH)

Inh. Dr. Nora Pester
Wilhelmstraße 118, 10963 Berlin
info@hentrichhentrich.de
http://www.hentrichhentrich.de

Lektorat: Richard Henschel
Gestaltung: Barbara Nicol

1. Auflage 2014

Printed in the E.U.
ISBN 978-3-95565-059-9

Dan Kampelmacher

Mein ungewisser Weg in die Freiheit

Herausgegeben und mit einem Vorwort
von Dieter Großklaus

Reihe
»Jüdische Memoiren«
Herausgegeben von Hermann Simon
Band 24

HENTRICH & HENTRICH

Inhalt

Foreword

Professor Dan Michman

Fighting for survival is an unusual Holocaust memoir in that it is both a diary and a memoir. Erwin Dan Kampelmacher's seven-year saga opens with his authentic diary, which he began in the fateful year of 1938, while still a teenager in high school in Vienna, shortly before the German annexation of Austria. Through his eyes we follow the changing atmosphere during the last weeks of the dwindling independence of inter-war Austria and experience the moment of collapse and the entrance of the Germans. We sense with the author the decent of a new and ominous period, as reflected in the clear change of attitude on the part if a large portion of the Austrian population toward both the Jews (for the worse) and the Nazis (for the better). We then accompany him in the following months in his search for escape and, finally, in the adventure of his flight to Holland.

This is the story of a desperate emigrant refugee turned fugitive, and it is indeed breathtaking in its tale of the frightening reality of a youth in search of freedom and survival. It is an insightful view into the fate of a refugee: on the one hand, he was relieved to have gotten away from the Third Reich and to enjoy a brief period of freedom; on the other hand, he was not really welcomed by the host country and, after a short time, was sent to a refugee camp – a "cage." The diary ends on New Year's Eve of 1939, with the boy's penetrating question: "Where will I be next year?"

The reader cannot but be captivated by this account in real time, colored by some characteristically young naiveté, and especially by the final question. It is an excellent foreword to the subsequent memoir chapters of the book, which cover the following six years of Kampelmacher's struggle for survival in Holland, as he matured into adulthood. It begins with the period preceding the Nazi invasion, and we can fully identify with the author when he tells of the opportunity he had, in 1939, to go to Palestine as a member of a group of young Zionist pioneers who had been organized for "illegal" aliyah in the summer (to set sail on a ship called Dora). However, because of his parents' pressure (through letters), at the last minute he decided not to go. For his parents the illegal journey to Palestine was too dangerous an adventure; while, in hindsight, this could have been the solution for Kampelmacher. So once again he experienced the last days of a country's independence and the subsequent Nazi takeover.

I will now disclose details of the author's fascinating story in occupied Holland. This would be like disclosing the end of a gripping detective novel. But I can say that the reader really lives through this years with the author, learning much about the dangers facing a Jew – every Jew – in those times, as well as about rural Dutch society. Kampelmacher has a special ability to mix his later storytelling with the perspective of a contemporary youth, similar in many ways to the style in which the 1938 diary was written.

As a historian of Dutch Jewry for many years, I have addressed many of the issues mentioned in this book. My doctoral dissertation was on the Jewish refugees from Germany and Austria in Holland before the war, and some of my later studies have also dealt with related subjects. However, reading this book provided me with a new perspective, one that is not to be found in my studies. It is the inside look; the sense of the steadily gathering storm, as seen through the eyes of one person who – luckily – kept a diary and who – luckily – survived (with the help of non-Jews) so as to be able to tell us how it was actually to live through it all.

Kampelmacher's book is a prime example of the corrective to historical research that personal accounts – both diaries and memoirs – can provide. Historians tend to classify their subjects of research into categories such as "events," "developments," "causes," and so on. As a result, their work can give the reader the impression of a past with clear-cut, neatly defined categories. Reality, however, is much more complicated and multi-faceted, even chaotic. The individual who experienced the events does not fully fit into the categories later applied by scholars. Kampelmacher leads us through the complexion of flowing events, the inside, real-life look that categories cannot provide.

This book also sheds light on the Holocaust in Western Europe, which is often overshadowed by the many memoirs and studies about Eastern Europe. The developments in Western Europe were indeed different, though leading ultimately to the same results. This book is thus an important contribution to the personal literature on the Holocaust and offers both general readers and experts a keen insight into little known aspects of the period.

Bar-Ilan University and Yad Vashem
Jerusalem, the eve of Pesach 5706 (April 2006)

Vorwort

Professor Dr. Dr. h. c. mult. Dieter Großklaus

Ein Studienaufenthalt im Institut für Lebensmittelhygiene der Freien Universität Berlin (damaliger Direktor Prof. Dr. Martin Lerche) brachte im Jahr 1955 den jungen angehenden tierärztlichen Lebensmittelhygieniker Dr. E. H. Kampelmacher aus dem holländischen Reichsinstitut für die Volksgesundheit (RIV) in Bilthoven mit dem ebenfalls jungen wissenschaftlichen Mitarbeiter des Berliner Institutes Dr. Dieter Großklaus zusammen, der ihm als Betreuer zur Seite gestellt war.

Professor Lerche und der ihm freundschaftlich verbundene Dr. Clarenburg vom RIV hatten diesen Aufenthalt trotz Bedenken des Kandidaten vermittelt, der nach den tragischen Ereignissen in den 1930er und 1940er Jahren vorgab, nie wieder deutschen Boden betreten zu wollen. Aus der Betreuung entstand, auch mit tatkräftiger Unterstützung der späteren Ehefrau Barbara, gegenseitiges Vertrauen, und als Dr. E. H. Kampelmacher Berlin und Deutschland nach einigen Wochen verließ, tat er es mit einer nachhaltig differenzierten Sicht. Es entstand eine lebenslange Freundschaft und zudem eine enge fachliche Zusammenarbeit, zumal beide hoffnungsvollen jungen Wissenschaftler Karriere machten: Dr. Kampelmacher war zuletzt (1982) stellvertretender Generaldirektor des RIV in Bilthoven, sein deutscher Kollege und Freund Dieter Großklaus von 1985 bis 1993 Präsident des mit dem RIV vergleichbaren Bundesgesundheitsamtes. Beide waren Präsidenten der Weltvereinigung tierärztlicher Lebensmittelhygieniker (WAVFH), wurden Universitätsprofessoren und genossen als Lebensmittelhygieniker internationales Ansehen.

Nach dem Tode seiner Frau Carola lebte Professor Kampelmacher in einem Seniorenheim in Bilthoven. Aufgrund einer Parkinson-Erkrankung war seine Beweglichkeit stark beeinträchtigt, was ihn allerdings nicht hinderte, mittels seines PCs sowohl international fachlich verbunden zu bleiben, als auch persönliche Kontakte aufrecht zu erhalten.

Im Jahre 2009 konnte ich den Freund Kampelmacher überzeugen, seine inzwischen 2006 in englischer (Fighting for Survival) und 2008 in holländischer Sprache (Gevecht om te overleven) veröffentlichte Lebensgeschichte auch in deutscher Sprache herauszubringen. Meine Begründung war für ihn nachvollziehbar und überzeugend: Auch die inzwischen in Deutschland nachgewachsenen Generationen müssten über sein Schicksal und von dem Leid erfahren, daß das nationalsozialistische System vor allem den jüdischen Bürgern zugefügt hat.

Nach dieser Einsicht bemühte sich Professor Kampelmacher bis zu seinem Tode am 15. September 2011 den in englischer Sprache hinterlegten Buchtext ins Deutsche zu übersetzen. Dies war wohl bis zu seinem Lebensende eine außerordentlich emotionale Arbeit, mit Hilfe seiner Muttersprache Deutsch an die glücklichen Tage und Jahre seiner Kindheit in Wien zu erinnern. Es war mit ihm vereinbart, daß ich mich um eine druckfertige Korrektur bemühen möchte. Mit Unterstützung meiner langjährigen Mitarbeiterin Frau Claudia Hackel habe ich mich dieser Aufgabe in freundschaftlicher Verbundenheit gewidmet. Frau Dr. Nora Pester, Inhaberin des Hentrich & Hentrich Verlages, erklärte sich sehr bald bereit, das Buch mit dem Titel „Mein ungewisser Weg in die Freiheit" von E. H. (Dan) Kampelmacher zu verlegen. Für die konstruktive Zusammenarbeit gebührt ihr besonderer Dank. Die für die Verlegung des Werkes notwendigen finanziellen Rahmenbedingungen wurden durch großzügige Spenden geschaffen. Ich bin daher gemeinsam mit dem Verlag den Herren Bernhard Franz Wolski, Berlin, Andreas Lorch, Heidelberg, und Wolf-Dietrich Klein, Berlin, dankbar, die durch ihre Spenden schnell und unbürokratisch die Veröffentlichung dieser bemerkenswerten Lebensgeschichte ermöglicht haben.

Für die begleitende Unterstützung bei der Herausgabe des Werkes durch den in Zeist/Holland ansässigen Medizinersohn Dr. Mike Kampelmacher sage ich verbindlichen Dank.

Es ist mein Wunsch, daß möglichst viele aus der jüngeren Generation von dem Schicksal meines Freundes, Professor Dan Kampelmacher, erfahren, damit das in dieser Zeit verübte Unrecht sich nicht wiederhole. Wenn von diesem Buch der Lebenserinnerungen eine solche Wirkung ausgehen würde, wäre meinem Freunde Dan Kampelmacher über seinen Tod hinaus ein besonderer und nachhaltiger Dienst erwiesen worden.

Prof. Dr. Dr. h. c. mult. Dieter Großklaus
Präsident des Bundesgesundheitsamtes i. R.
Berlin-Dahlem im März 2014

Acknowledgments

Mike J. Kampelmacher

Following the publication of 'In die Emigration' in 1988 my father felt that his story should also be available to English speaking readers. Accordingly, 'Fighting for survival' was published in 2006 by Yad Vashem in Jerusalem in close cooperation with the Holocaust Memorial Museum in Washington D.C. In 2008 the Dutch translation of 'Fighting for survival' was published by Verbum Holocaust Library. At present, 25 years after the publication of 'In die Emigration', the circle is closed with the publication of another German version of my father's diary and memoires. Unfortunately, he is not able to witness this second publication in his native language, as he died at the age of 91 years on September 15, 2011. On the same date, 73 years earlier, he received his passport, which enabled him to leave his country.

The publication of this book would not have been possible without the enormous involvement and efforts of my father's colleague and very good friend for many years, Prof. Dr. Dr. h. c. mult. Dieter Großklaus, from Berlin. Notwithstanding his age and great personal losses, he managed to finish this project, which started in the final years of my father's life. Prof. Großklaus it was both an honor and a pleasure to help you wherever it was needed. Also on behalf of my father, I would like to thank you very much, for all you did.

I am also indebted to the friends of Prof. Großklaus who contributed to the funding of this publication. Thank you all for your help.

Thanks also to the publishing company for your interest, patience and perseverance to close the circle.

Finally, I would like to thank you, the reader of this book, for your interest and for taking the time to read it. More than for anyone else my father wrote his diary and memoires for you, the next generations of Germans. During our frequent contacts with Germans both my father and I have been impressed by the way most of you dealt with the black pages of your country's past. Something, many other countries should take as an example!

November 2013

Acknowledgments

Prof. Dr. med. vet. Dr. h. c. E. H. (Dan) Kampelmacher

I have to thank Prof. Donald C. Blenden, University of Columbia, Missouri, a good friend for many years, who asked me over and over again how I survived during the war. He knew that I had a manuscript in Dutch that told the story of my experiences, written mainly for my grandchildren. Encouraged by Don, I translated this manuscript into English. Don and his wife, Petty, made the necessary corrections, giving generously of their time and knowledge. The diary of 1938 was translated from German into English by a good friend of the Blendens, Christa Faeser, whom I want to thank kindly. I must express my sadness that Don is no longer with us to see and enjoy the publication of this book.

In the same way as Don, my cousin Kenneth J. Maltz stimulated publication of this book after reading the text in English. In collaboration with Don, he worked on improving the story and tried to find ways of publication. I want to thank Kenny for his continuous help and advice. Thanks also to my cousin, Ambassador Max Kampelman, for his valuable advice and encouragement, enhanced by broad knowledge and connections. I am highly indebted to David Silberklang and Daniella Zaidman-Mauer for advice and help in creating this book.

Last, but not least, thanks and love to my wife Carola, who not only stimulated my work, but at the same time created the atmosphere to carry it out with pleasure.

Mein ungewisser Weg in die Freiheit

E. H. (Dan) Kampelmacher

I.
Familie, Herkunft, Jugendzeit in Wien

Ich wurde am 6. Mai 1920 in einer Geburtsklinik in der Stromstraße 72 im 20. Bezirk in Wien geboren.

Vor einigen Jahren bekam ich eine österreichische Zeitung in die Hände, wobei mein Auge auf eine Anzeige fiel, in der Fotokopien von Zeitungen ab 1900 angeboten wurden. Ich bestellte eine Zeitungskopie vom 6. Mai 1920 und erhielt innerhalb einiger Wochen die „Reichspost – ein unabhängiges Tageblatt für das christliche Volk". In dieser Zeitung stehen zufälligerweise Artikel über Themen, die in meinem Leben eine große Rolle spielten, wie z.B. „Massenprotest in Spanien gegen die Verjudung in Palästina" und „probeweise Einfuhr von Schweinefleisch in Niederösterreich". Im Johann-Strauss-Theater wurde am Abend des 6. Mai „Hollandweibchen" aufgeführt. Auf der ersten Seite steht ein Leitartikel des Parlamentsmitglieds Dr. Ignaz Seipel, ein Priester, der später Bundeskanzler wurde und sich als aggressiver Antisemit einen Namen machte.

Unter „Theater und Kunst" steht ein Bericht, von dem ich die ersten Zeilen zitiere, weil darin die Romantik und die Emotionalität, die in Österreich seit jeher eine große Rolle gespielt haben, zum Ausdruck kommen, und die die ersten 18 Jahre meines Lebens stark beeinflußten.

Nachdem in überschwänglichen Worten die Qualitäten des Neubauer Männergesangvereins bei seinem Auftreten am Abend des 6. Mai im Musikvereinssaal gerühmt werden, heißt es dann weiter: „In Beethovens machtvollem und feierlich erhobenem ‚Die Himmel rühmen', in Josef Reiters klangschönem ‚Liebesfrühling', in Hegers stimmungsvollem ‚Morgen im Walde', in Heinrich Effers frischfrohem, froh drängendem und eingänglichem Chorlied ‚Der Frühling ist ein starker Held', in Engelbergs entzückendem Volkslied ‚Das allerliebste Mäuschen' und schließlich in Kamillo Horns deutsche Kraft und Empfindung atmenden ‚Gotenzug' zeigte der Chor nicht nur treffliche, frische Stimmen, sondern auch eine gute Schulung und eine beachtenswerte Vortragskunst, die vielleicht noch eine Verfeinerung und Vertiefung erfahren könnte, wollte man endlich mit einem bedauerlichen Unterlassungsfehler brechen, der allerdings bei fast allen, auch den bedeutendsten Chorvereinigungen Wiens zu finden ist, mit dem Verzicht auf die durch eine der jeweiligen Stimmung angepasste und im vorhinein festgelegte, gleichmäßige Art der Tongebung und somit auf die dadurch bewirkte Farbengebung des Chorklanges."

Während diese „frischfrohen, froh drängenden Töne" am ersten Abend meines Lebens in meiner Geburtsstadt zu hören waren, begann ich, wie ich später hörte, mit einiger Mühe an meinem außergebärmütterlichen Leben. Was die Musik betrifft, ist es in meinem Leben frischfröhlich und froh drängend geblieben, aber sonst …

Was ist in der Reichspost von Donnerstag, dem 6. Mai 1920, noch mehr zu lesen? Die Lebensmittelsituation ist im ganzen Land ausgesprochen schlecht. Es muß Geld gefunden werden, um die Kriegsgefangenen aus Sibirien zu repatriieren. In Wladiwostok verhandeln Russland und Japan über einen Friedensvertrag. Es ist schlechtes Wetter in Wien, 6 °C, Regen und viel Wind. In der Pfarrkirche Zur Allerheiligsten Dreifaltigkeit wird die Tochter des Vorsitzenden des städtischen Begräbnisunternehmens, Fräulein Mizzi Köpf, mit dem Kaffeehausbesitzersohn Leopold Rohm verehelicht. Bei den Anzeigen „Offene Stellen" werden viele Dienstmädchen gesucht, die „Christin" sein müssen. Zu kaufen sind ein Opalograph, ein Vervielfältigungsapparat sowie 20 Jungschweine und fünf Milchkühe. Und schließlich: Arme

Landkirche bittet wohltätige Dame um gütige Spende eines Monstranzenschleiers.

Von meinen ersten Lebensjahren habe ich, so wie jeder Mensch, keine Erinnerungen. Auf einem Foto, das ich noch immer besitze, steht meine Mutter, eine Matrone, obwohl erst 26 Jahre alt, im Garten, in den Händen ein in Tuch gewickeltes Baby.

Meine Eltern hatten kurz vor ihrer Ehe im Jahre 1919 eine Wohnung in Pötzleinsdorf am Fuße des Schafbergs gemietet. Nahe der Endstation der Tramlinie 41, die auch heute noch vom Schottentor nach Pötzleinsdorf fährt, stehen, umgeben von sehr schönen Bäumen, einige Villen. Auch die Wohnung meiner Eltern lag in einer Villa, die sehr groß war und sieben oder acht Räume umfasste. Diese wurde durch den Besitzer, eine Familie Zwecker, vermietet. Diese jüdische Familie war, wie meine Eltern, nach dem Krieg aus der Bukowina gekommen. Wir wohnten auf der ersten Etage, aber vom letzten Zimmer kam man in den höher gelegenen Garten. Von dem weißen Speisezimmer, dem vornehmen Herrenzimmer mit großem Ledersessel und einer Veranda gelangte man direkt in den Garten. In dessen Mitte stand ein großer Apfelbaum, in dessen Schatten meine Mutter im Sommer den Kinderwagen stellte. Ganz verschwommen sehe ich weiß-rote Blüten im leisen Wind schaukeln. Es handelt sich wahrscheinlich um Einbildungen, die durch spätere Gespräche ihr Fundament fanden. Aber ich bleibe bei meiner Einbildung, daß die im warmen Sommerwind schaukelnden Blüten zu meinen ersten Erinnerungen gehören. Es gibt schlechtere …

Meine Eltern kamen, wie bereits erwähnt, aus der Bukowina, ein Gebiet, das vor dem Ersten Weltkrieg zur Habsburger Monarchie gehörte. Heute gehört der größte Teil dieses Gebietes zu Rumänien, während nach dem Zweiten Weltkrieg ein Teil der Sowjetunion zufiel und heute zur Ukraine gehört. Meine Eltern kamen aus der kleinen Stadt Sereth (heute rumänisch Siret), die an dem gleichnamigen Fluß Sereth, einem Nebenfluß der Donau, liegt. In dem Städtchen wohnten sowohl meine Großeltern mütterlicher-, als auch väterlicherseits. Großvater Lazar war im Versicherungswesen tätig, aber ich hatte niemals den Eindruck, daß es hierbei um große Verdienste ging. Ich könnte mir vorstellen, daß meine Großmutter Geld in die Ehe mitbrachte. Sie war das einzige Kind des Ehepaares Salzmann aus Radautz (heute Radauti), eine etwas größere Stadt 30 Kilometer nördlich von Sereth gelegen. Mein Vater war in Radautz geboren. Der alte Herr Salzmann, mein Urgroßvater, besaß eine kleine Tonwarenfabrik, in der allerlei Gebrauchsgegenstände, vor allem Tonerdepfeifen, produziert wurden. Er war verehelicht mit Laura Lessing, meiner Urgroßmutter, die auf ihren Namen sehr stolz war und regelmäßig darauf hinwies, daß sie in der weiten Ferne zur Familie des großen Dichters Gotthold Ephraim Lessing gehörte.

Ich habe beide zwei- oder dreimal gesehen und wurde bei diesen wenigen Besuchen überschwänglich verwöhnt. Jedes Mal kam ich mit einem großen Taschengeld nach Hause. Ich war bei diesen Besuchen in den Sommerferien drei bis vier Jahre alt. Erst viel später hörte ich eine Geschichte, die mein Vater häufig seinen Freunden erzählte. Im Herbst und Winter produzierte mein Urgroßvater Salzmann eine große Zahl Tonerdepfeifen. Zu Beginn des Sommers, als die schlammüberdeckten Straßen Osteuropas einigermaßen trocken wurden, brachte er diese Pfeifen, in Heu verpackt, mit zwei Ochsenwagen und einem Knecht nach Wien. Die Reise dauerte mehr als drei Wochen, da mit der zerbrechlichen Ware langsam gefahren werden mußte. Auch die Rückreise dauerte Wochen, da mit den beiden Wagen allerlei bestellte Waren, die nur in der Hauptstadt des Reiches zu kaufen waren, mitgenommen werden mußten. In einem bestimmten Jahr war mein Urgroßvater mit seinem Knecht (es wurde immer über „Knecht“ oder „Knechte“ gesprochen) nach der langen Reise in der Innenstadt Wiens angekommen, als sie da aufgeregte Menschen in einer bestimmten Richtung laufen sahen. Auf ihre Frage, was los sei, hörten sie, daß in einer Viertelstunde der Kaiser in einer offenen Kalesche über die Ringstraße fahren würde. „Bleib Du bei den Wagen“, sagte mein Urgroßvater zu seinem Knecht, „dann gehe ich zur Ringstraße“. So gesagt, so getan. Aber die Verlockung war für den Knecht, der sein ganzes Leben in einem entlegenen Winkel der Monarchie gewohnt hatte, zu groß, und er lief in Richtung Ringstraße. Als mein Urgroßvater und der Knecht nach einiger Zeit zurückkamen, waren die Ochsen und ein großer Teil der Pfeifen verschwunden. Für meinen Urgroßvater scheint diese Geschichte wahrscheinlich die erinnerungswürdigste seines Lebens gewesen zu sein. Er erzählte sie immer wieder bei allen möglichen Gelegenheiten. Als die Zuhörer dann am Ende dieser Geschichte ihr Mitleid mit dem unglücklichen Ablauf zum Ausdruck bringen wollten, kam ein befriedigtes Lächeln über das Gesicht meines Großvaters: „Aber ... ich habe den Kaiser gesehen.“

Ihr einziges Kind, die Tochter Ernestine, auf Fotos ein bildschönes Mädchen, heiratete Lazar Kampelmacher aus Sereth. Gut aussehend muß er wohl gewesen sein, wohlhabend war er sicher nicht.

Ich habe meinen Großvater nur als einen alten, kranken Mann gekannt. Er litt an Verdauungsstörungen, wodurch er sehr oft auf die Toilette mußte und deshalb immer auch im Sommer eine lange wollene Unterhose trug. Als Kind habe ich ihn mehrere Male nach seiner Herkunft gefragt. Die Geschichte, die er so kurz wie möglich erzählte, habe ich niemals vergessen: Seine Großeltern wurden bei einem Pogrom in der Ukraine getötet. Sein Vater, damals noch ein kleines Kind, kroch unter die Röcke seiner Mutter und rettete damit sein Leben. Er wurde von Bauern gefunden und in ein in der Nähe gelegenes Städtchen gebracht. Mit Hilfe der jüdischen Gemeinschaft wurde er in der Familie eines Mannes aufgenommen, der mit der Hand Kämme machte. In diesen kleinen Orten, den Schtetl, wurden die Menschen oft nicht bei ihrem Namen genannt, sondern nach dem Handwerk, das sie ausübten, oder nach ihrer Berufstätigkeit. So gab es einen Sattelmacher, einen Uhrmacher und auch einen Kampelmacher. Später wurde er mit diesem Namen in das Bevölkerungsregister aufgenommen. Mein Großvater war ziemlich sicher, daß sein Vater seinen eigentlichen Namen wußte, aber diesen durch den Schock des Geschehens nicht mehr aussprechen konnte oder wollte.

Meine Großeltern väterlicherseits wohnten in einem der schönsten Häuser von Sereth, gelegen an der Hauptstraße, die vom Fluß nach oben in die Stadt führte. Die Wohnung war schlicht eingerichtet, aber meine Großmutter wußte die Zimmer mit vielen Pflanzen, vor allem Fuchsien in verschiedenen Farben, gesellig und fröhlich zu machen. Es waren drei Kinder, Karl, mein Vater, Max, ein jüngerer Bruder und Lola, ein Mädchen, das die Schönheit von ihrer Mutter geerbt hatte. Es war zweifelsohne ein kleinbürgerliches Milieu, aber es wurde, vor allem durch die Initiative meiner Großmutter, mit Status gelebt, was auf Jiddisch „jiches" (Adel) heißt.

Dies beruhte nicht auf finanzieller Basis, aber im Städtle gehörten die Kampelmachers zum höchsten Stand. Es ist nicht unmöglich, daß Vater Salzmann aus Radautz sein einziges Kind und Augapfel finanziell unterstützt hat. Wie dem auch sei, die Kinder besuchten das städtische Gymnasium, und es wurde alles getan, um durch Kleidung und Haltung den »jiches« zum Ausdruck zu bringen. Auch von den Enkelkindern wurde „Kinderstube" verlangt. Eine nette Antwort geben, mit Gabel und Messer essen und untadelig gekleidet sein, waren

Forderungen, die durch Großmutter Ernestine fast permanent verlangt wurden.

Andererseits wurden wir von unserer Großmutter sehr verwöhnt. Als ich einst für meine Großmutter Erbsen auslösen mußte und vor allem von den kleinen, die süß waren, naschte, bekamen wir in den Ferien ganze Kübel mit Erbsen, um diese auszulösen. Als wir ab und zu bei Omama schliefen, machte sie über den Betten aus dünnen Tischtüchern einen Baldachin, so daß wir am nächsten Morgen nicht durch die vielen Fliegen geweckt werden konnten. Im Gegensatz zu den meisten Einwohnern Sereths waren meine Großeltern väterlicherseits nicht religiös. Man hielt die Festtage ein und am Freitagabend wurden Kerzen angezündet, und dann lag eine große Challe (geflochtenes Weißbrot mit Mohn) auf dem mit einem hagelweißen Tischtuch gedeckten Tisch. Aber das war auch alles.

Einen Segenspruch vor der Mahlzeit habe ich nie gehört und in der „Schul" (Synagoge) habe ich meine Großeltern nie gesehen. Welch ein Unterschied mit der Welt meiner Großeltern mütterlicherseits. Das wurde schon bei den Namen deutlich. Hier kein vornehmes Omama und Opapa, sondern Baba und Zeide (jiddische Namen für Omama und Opapa). Sie waren sehr fromme Menschen, was zur Folge hatte, daß mein Zeide nicht arbeitete, sondern in der „Schul" „lernte", eine Lebenshaltung, die noch heute in ultra-orthodoxen jüdischen Familien gepflegt wird. Ein jüdischer Mann hat sich mit dem Studium der Thora und den dazugehörigen Kommentaren zu beschäftigen und nicht mit dem einigermaßen minderwertigen Geldverdienen. Für parnose (Einkommen) hatte selbstverständlich die Frau zu sorgen. Das hatte zur Folge, daß meine Baba, Chaje Laster, bei ihrer Hochzeit nicht nur ihre schönen Haare für eine Perücke eintauschen mußte – wie das bei orthodoxen Juden gebräuchlich ist – sie gebar des weiteren elf Kinder und sorgte auch noch für das Einkommen der schnell wachsenden Familie. Sie schloß Kontrakte mit Bauern in den nahe gelegenen Dörfern ab, die ihr täglich Milch lieferten. Diese verarbeitete sie dann zu Produkten wie Butter, Sauermilch und vor allem zu Topfen (Weißkäse), welche man dann bei ihr kaufen konnte. Ich sehe sie noch vor meinen Augen, bis ins hohe Alter schwere Milchkannen schleppen, während der Zeide mit seinem langen weißen Bart, ein Gebetbuch auf den Knien, in die Ferne blickte. Seiner Frau mit den schweren Kannen zu helfen, kam nicht in Frage, abgesehen von der Tatsache, daß solche Handlungen seinem Status als frommem Mann Schaden zufügen könnte. Absprachen über Arbeitseinteilung waren niemals gemacht worden, und der Status quo wurde von beiden als völlig selbstverständlich akzeptiert. Schon als Kind und noch mehr als Jüngling hatte ich das Gefühl, daß es beim Zeide nicht echte Gefühle waren. Er spielte die Rolle mit Überzeugung, aber ob es wirklich um ein tiefes religiöses Erleben ging, wage ich auch heute noch zu bezweifeln.

Die Baba dagegen war ohne jedwede Schulbildung eine tief religiöse Frau, die ihre Überzeugung täglich zum Ausdruck brachte. Obwohl die Familie bettelarm war und viele Jahre, bis die Kinder finanziell Hilfe bieten konnten, in einem feuchten Keller wohnte, war die Baba fast täglich am späten Mittag unterwegs. Als sie hörte, daß jemand bei der Polizeistation gefangen saß, war sie die erste, die dem Gefangenen eine Tasse warme Suppe brachte. Ein Kranker mußte mit einem Glas Konfitüre unterstützt, eine Familie, die ein Mitglied verloren hatte, mit einem Päckchen Butter getröstet werden. Chaje Laster war die Sozialhilfe des Schtetls und erfüllte diese Aufgaben neben allen anderen täglichen Verpflichtungen. Als sie kurz vor dem Zweiten Weltkrieg (Gott sei Dank) starb, begleitete sie – wie ich nach dem Krieg von einer Tante hörte – beinahe die ganze Bevölkerung von Sereth zu ihrer letzten Ruhe.

Von den elf Kindern, die sie zur Welt brachte, blieben acht am Leben. Für die damalige Zeit und unter den gegebenen Umständen war das ziemlich normal. Aufgrund der doch noch hohen Kinderzahl hatten wir in Sereth und in anderen Orten in der Bukowina, in Wien und sogar in Paris Onkel, Tanten und Cousinen.

Sobald die Kinder dazu imstande waren, wurden sie für den Familienunterhalt benötigt. So wurde meine Mutter, Rifka, die zweitälteste Tochter, mit 12 oder 13 Jahren als Hilfskraft bei Frau Eidinger angestellt. Neben dem gepflasterten Marktplatz, wo in den meisten Schtetls die wichtigsten Aktivitäten stattfanden, befand sich der Volksgarten mit einem Musikpavillon in der Mitte, wo an Festtagen, z. B. dem Geburtstag des Kaisers, Konzerte gegeben wurden. Hinter dem Volksgarten befand sich ein großes weißes Gebäude, das Gymnasium von Sereth. Auf der anderen Seite des Volksgartens gab es in einer Bucht der Hecke, die um den Volksgarten lief, eine Holzbude. Hier verkaufte Frau Eidinger dienstags – dem wöchentlichen Markttag – Zigaretten, Tabak, Süßwaren und allerlei Schreibwaren, in erster Linie an die Gymnasiasten, aber auch an die Bauern. Frau Eidinger war schon ziemlich alt und hatte in zunehmendem Maße Schwierigkeiten mit ihren Augen. Eine junge Hilfe war stets dringend nötig, und so wurde meine Mutter, Rifka Heissmann, in der Trafik, wie ein solcher Laden in Österreich genannt wird, als Ladenmädchen eingestellt. Sie hat dort drei bis vier Jahre mit viel Vergnügen gearbeitet, wie Frau Eidinger viele Male erzählte, die ich auch noch gekannt habe. Das aufblühende Mädchen gefiel den Gymnasiasten, die regelmäßig für den Ankauf von Zigaretten und Süßigkeiten in die Trafik kamen. Vor allem der gut aussehende und flotte Karl Kampelmacher kam regelmäßig in den Laden, um etwas zu kaufen oder noch öfter, um mit der Besitzerin und ihrem Ladenmädchen über alles und die Welt zu sprechen. In einer kleinen Gemeinschaft bleibt so etwas nicht verborgen, und schon schnell kamen diese häufigen Besuche ihres Sohnes Esther (Ernestine) Kampelmacher zu Ohren. Nachdem sie zweifelsohne mehrere Male ernsthaft mit ihrem ältesten Sohn darüber gesprochen hatte, aber stets mehr Berichte, Bemerkungen und wahrscheinlich auch unerwünschte Kommentare erhielt, zog sie eines mittags ihr schönstes Kleid an, setzte das stolze Salzmann-Gesicht auf und begab sich – sicher mit einigem Widerwillen – zu dem Keller der Familie Heissmann. Der Zeide verwies sie sofort an seine Frau, da er sich, wie bekannt sein dürfte, nicht mit irdischen Sachen beschäftigte. Was die zwei Damen an diesem Nachmittag auch besprochen haben mögen, es hat auf jeden Fall für Esther Kampelmacher nicht zum geringsten Erfolg geführt. Noch schlimmer – es ist zwischen beiden Familien nie mehr Einvernehmen gewesen. Das einzige Zeichen einer Verbindung zwischen den beiden Familien waren die Enkelkinder.

Jemand von dem „Heissmann-Clan“ brachte uns vor die Türe der Großeltern, und wir mußten dann allein weitergehen. Wie wir zurückgekommen sind, weiß ich nicht mehr. Omama hat uns niemals zu den Heissmanns gebracht, die seit Jahren nicht mehr in einem Keller, sondern in einem kleinen Haus wohnten, in das wir mit größter Mühe in den Ferien „hineinpassten“.

Aber der Krieg macht aus Jünglingen schnell Männer. Am 16. November machte dann mein Vater die folgende Eintragung in sein Tagebuch:

„Wir liegen auf Cost' alta fast ununterbrochen im Regen und Nebel. Ab und zu fahre ich nach Bozen, um Einkäufe zu besorgen und sehe dann wieder Menschen, eine Stadt, Häuser. Am 8. November erhielten wir den Befehl zum sofortigen Abmarsch zur Ergänzung der Verluste des 27. Regiments. Wir hatten nach Caldonazzo 800 Meter hinunterzusteigen durch tiefen Schnee, zudem erlebten wir es auch noch, daß es ununterbrochen schneite. In Caldonazzo erlebten wir strömenden Regen und waren bis auf die Haut durchnäßt. Die Leute erzählten Schauergeschichten. Fünf bis sechs Tage Trommelfeuer ohne Unterbrechung, fortwährende An- und Gegenangriffe, gräßliche Verluste. Bereits am nächsten Tag konnten wir uns davon überzeugen, daß es keine Schauergeschichten waren. Wie im Hagel schlagen die Granaten ohne Unterbrechung ein, trommelt der Gegner auf uns los. Donner, Blitze, Einschläge und Steine von mehreren Kilos fliegen wie Bälle durch die Luft. Der Himmel ist feuerrot. Dazwischen sausen Leuchtraketen und knattern furchterregend die Maschinengewehre. Jeder Nerv in mir bebte. Ich starrte mit Entsetzen auf diese Hölle. Wie ist es möglich, daß hier jemand lebend herauskommt?! Ich kann die Frage nicht beantworten. So etwas zu beschreiben, fehlen mir die Worte. Und dann liest man so schön in der Zeitung: ‚An der italienischen Front begann die 9. Offensive. Nach starker Artillerievorbereitung griff der Gegner an und wurde restlos zurückgeworfen usw. Wie es so schön in der Zeitung steht! Aber es selbst mitzumachen, nein, nur anzusehen, Gott, wird man da nicht verrückt? Male Dir, Mensch, mit Deiner ganzen Phantasie die Hölle aus, stelle sie Dir vor mit all ihren Schrecknissen und Qualen, und Du hast nur ein ganz kleines Bild von einer Frontschlacht.'"

Und dann zu bedenken, daß dies alles nur die Einleitung war. Die echte Hölle sollte er erst 28 Jahre später in Auschwitz erleben.

So bekam ich 30 Jahre später mittels der Tagebücher meines Vaters einigermaßen Informationen darüber, was ein junger Mann, so von der Schulbank gekommen, im Ersten Weltkrieg durchmachen mußte. Außer den Tatsachen ist es für mich faszinierend, die Übereinkunft in Charakterzügen zwischen meinem Vater und mir zu sehen, nämlich, das Bedürfnis, schriftlich tiefgreifende Erlebnisse festzuhalten. Was mein Vater 1916 tat, habe ich

1938 im Strafgefängnis Veenhuizen ebenso gemacht, wodurch mein Tagebuch zustande kam, das später mit dem Titel „In die Emigration" veröffentlicht wurde. Auch der Hang zur Romantik, das sich wiederholende Beschreiben der Natur, der Berge, des Regens, des Nebels stimmen in beiden Tagebüchern verblüffend überein. Ob es im Krieg erlaubt war, ein Tagebuch zu führen, bezweifel ich sehr. Sollten diese Aufzeichnungen in die Hände des Feindes fallen, dann würde dieser wertvolle Informationen und wertvolles Propagandamaterial erhalten haben. Es würde einem italienischen General sicher gefallen haben, zu lesen, welche Angst sein Trommelfeuer einem jungen Leutnant auf der anderen Seite einflößte. Mein Vater kam gesund und wohlauf als Hauptmann aus dem Krieg. Nach einem Besuch bei seinen Eltern fuhr er schnell nach Wien, wo meine Mutter inzwischen eine bescheidene Wohnung gefunden hatte. Der Hauptmann in Uniform, der ihr im Herbst 1918 entgegenkam, war ein völlig anderer Mensch, als der neunzehnjährige Gymnasiast, den sie in Sereth gekannt hatte.

Die Folgen des verlorenen Krieges waren tiefgreifend. Die Monarchie fiel auseinander und die Bukowina wurde Rumänien zugewiesen. Junge Menschen sahen in den verlorenen Gebieten keine Zukunft und zogen massenhaft in die großen Städte, vor allem nach Wien, der ehemaligen Hauptstadt des Habsburger Reiches. Das Reich war auseinandergefallen, aber die „Grandeur" der Stadt mit ihrer Architektur, Kunst und vor allem den sozialen und gesellschaftlichen Kontakten blieb noch lange erhalten und übte damit eine große Anziehungskraft für alle aus, die in kleinen Gemeinschaften, oft unter primitiven Umständen, gelebt hatten. Soldat und noch mehr Offizier gewesen zu sein, gab vielen Privilegien, wodurch man trotz des verlorenen Krieges, der wahnsinnigen Inflation und den sehr schlechten ökonomischen Umständen der Zukunft mit einigem Optimismus entgegensah. So bekam man schnell die Staatsbürgerschaft des inzwischen zusammengeschrumpften Österreichs. Vor allem ehemalige „Frontkämpfer“ bekamen alle möglichen Vorteile. Mein Vater begann sein Studium an der Ökonomischen Hochschule, und das junge Paar beschloß, so schnell wie möglich zu heiraten.

Inzwischen waren auch eine Schwester meiner Mutter, Tante Jetty, und ein Bruder, Onkel Moritz, nach Wien gekommen. Onkel Moritz, der sein ganzes Leben Junggeselle blieb, verdiente Geld im Getreidehandel. Tante Jetty arbeitete beim „Kompas“, einer der größten Banken von Wien.

Zurückblickend auf mein Leben glaube ich, daß die Periode 1923–1929 die ruhigste und wahrscheinlich auch die glücklichste war, aber das vergegenwärtigt man sich als Kind nicht. Ich ging in den Kindergarten auf der Glanzing, zu Fuß ungefähr 10–15 Minuten. Meine Mutter oder Tante Jetty brachten und holten mich. Ich hatte zum ersten Mal eine Ledertasche mit meinem Namen. Es wurden mit einer Schere immer wieder Buchstaben ausgeschnitten. So lernten wir spielenderweise lesen. Nach dem Kindergarten kam ich in die Volksschule, wo der junge Lehrer, Herr Nirnberger, in einer Klasse von 40 Jungen die Disziplin perfekt aufrecht erhielt. Die Trennung zwischen Jungen und Mädchen war, im Gegensatz zum Kindergarten, sehr streng. Es bestanden nicht nur keine gemischten Klassen, der Kontakt zwischen den Geschlechtern wurde auf ein Minimum beschränkt. Zweimal in der Woche war Turnen, wobei eine kurze schwarze Hose und ein weißes Hemd getragen wurden. In den warmen Monaten wurden auf dem Rasen vor der Schule viele Ballspiele ausgeführt, wobei es nötig war, sich im Turnsaal umzukleiden. Beim Verlassen dieses Saales mußten die Mädchen in ihren Klassen bleiben. Und wenn die Mädchen ihre Turnstunde hatten, durften wir die Klasse nicht verlassen. Diese strenge

Trennung hatte zur Folge, daß wir in einer „Jungenswelt" lebten. Die Neugier nach dem Wesen „Mädchen" wurde dadurch sehr stimuliert und Jungen, die eine Schwester hatten, wurden als Freunde bevorzugt. Im ersten Jahr, als ich sechs Jahre alt war, wurde ich von einem Dienstmädchen zur Schule gebracht und von dort wieder abgeholt. Auf dem Rücken hatte ich eine lederne Tasche mit Riemen, einen sogenannten Ranzen. Als ich im zweiten Schuljahr ausgelacht wurde, gelang es mir schließlich, wie andere Jungen auch, allein in die Schule zu gehen. Ich mußte die Pötzleinsdorfer Allee ablaufen und dann bei einer Apotheke rechts abbiegen zur Scheibenberggasse, wo die Schule war. In meiner Erinnerung ein weiter Weg. Als ich diesen Weg vor einigen Jahren lief, erschien mir der Abstand „eingeschrumpft". Was mir als Kind als ein langer Weg erschien, war in Wirklichkeit ein Spaziergang von höchstens zehn Minuten. Es kann auch sein, daß der Weg in meiner Erinnerung so lang war, weil wir mit einer ganzen Gruppe viele Umwege machten. Es wurde fast immer Unfug getrieben. Wir sprangen über Bänke, drückten die Schelle bei Häusern oder schlugen unreife Früchte von den Bäumen. Die Volksschule empfand ich mit Hinsicht auf die Freiheitsbeschränkung und dem stundenlangen Stillsitzen viel schwerer als den Kindergarten. Ich liebte Freiheit und Ungebundenheit, und das ist mein ganzes Leben so geblieben.

Als ich noch im Kindergarten war, ungefähr vier Jahre alt, kamen neue Nachbarn in unser Haus. Am späten Nachmittag schaute ich mit viel Interesse dem Ausladen der Möbel zu. Es war ein großes Möbelauto mit einem breiten Trittbrett auf der Hinterseite. Als der Wagen leer war, begaben sich die korpulenten Männer zur Kabine und ließen den Motor laufen. Ich setzte mich schnell auf das Trittbrett und fuhr mit größtem Vergnügen durch die Stadt. Nach einiger Zeit schlugen meine Eltern Alarm. Die neuen Nachbarn erzählten, daß sie mich den ganzen Mittag beim

Möbelauto gesehen hatten. Die Adresse des Betriebes konnte schnell gefunden werden, und bei der Garage standen meine Mutter und ein Polizist und warteten aufgeregt auf mich. Sie wußte nicht, ob sie vor Freude weinen oder mir eine Tracht Prügel geben sollte. Sie entschloß sich zum Weinen. Ich war mehr als eine Stunde unterwegs und hatte mit vollen Zügen die Fahrt durch die Stadt genossen. Dieser Genuß konnte durch die Prügel, die ich abends nachträglich von meinem Vater erhielt, nicht aufgehoben werden. Ich hatte mich gut festgehalten und konnte einen für mich unbekannten Teil der Stadt sehen.

Zu meinen guten Erinnerungen an diese Jahre trägt sicher der Wohlstand unserer Familie bei. Mein Vater verdiente viel Geld bei der Bank und gab es auch in vollen Zügen aus. So wurde ein Sportauto, Marke Perl, gekauft, in den zwanziger Jahren ein Zeichen von großem Wohlstand. An den Wochenenden hatten wir fast immer Gäste zum Essen zu Besuch, und es wurde bis tief in die Nacht Rommé gespielt. Es waren vor allem Freunde meines Vaters aus seiner kurzen Studienzeit, aber auch Freunde aus Sereth und anderen Städten aus der Bukowina, von denen die meisten in Wien studiert hatten und inzwischen Arzt, Zahnarzt oder Advokat geworden waren. Der ganze Freundeskreis war wohlhabend, jung und gesund und hatte den festen Willen, so viel wie möglich oder so lang wie möglich vom Leben zu genießen, obwohl Letzteres diesem Kreis nicht bewußt war. Man war Sozialdemokrat und fühlte sich mehr Österreicher, als die autochthone Bevölkerung. Man hörte ab und zu von einer kleinen Partei, die sich Nationalsozialisten nannte und über einen angeblich vielversprechenden „Führer“ Hitler verfügte. Aber das waren Idioten, eine kleine Gruppe mit so radikalen Ansichten, daß sie wohl niemals eine Rolle in der Politik spielen könnten.

Es gab Festmahlzeiten, sowohl bei uns zu Hause als auch bei einem der Freunde, wobei die Damen in einer

Art von Wettbewerb probierten, die beste Köchin zu sein. Oft wurden „Heimatklänge" serviert, d. h. Gerichte, die bei den jüdischen Familien in der Bukowina bereitet wurden. Aber es gab auch Kaffeehäuser, Theater, Oper und Musikaufführungen, und es gab vor allem genug Geld, um an diesen Vergnügungen teilzunehmen. Im Jahre 1929 kam, wie bereits erwähnt, der Börsenkrach, und alles fiel wie ein Kartenhaus zusammen, und es kam abrupt zu einem Ende der Euphorie der 1920er Jahre. Nicht nur Leute bei der Bank, aber auch die intellektuellen Freunde meines Vaters hatten an der Börse spekuliert, oft aufgrund der „guten" Informationen meines Vaters. Viele hatten ihr ganzes Vermögen aufs Spiel gesetzt, und die Banken kündigten massiv Personal. Von einem Tag auf den anderen standen Tante Jetty und mein Vater auf der Straße. Am schwersten war es, den inzwischen erreichten Lebensstil aufzugeben und sich der Realität anzupassen. Mein Vater wurde Vertreter bei der Kunstseidefabrik Delfiner, und Tante Jetty kehrte nach Sereth zurück, um die Eltern zu versorgen, unter der Bedingung, daß alle Kinder finanzielle Hilfe leisten sollten.

Ich war in der letzten Klasse der Volksschule, als dies alles passierte. Es hatte keinen direkten Einfluß auf das tägliche Leben von uns Kindern, aber die Spannung war fühlbar und die Atmosphäre war deutlich anders. Ich habe meinen Vater nach 1929 nie mehr lachen gesehen. Aus dem fröhlichen, jungen Mann war ein bedrückter Hausvater mit hängenden Schultern geworden. Und dabei war zu bedenken, daß dies nur der Beginn der sich schnell nähernden Katastrophe war.

Mein ganzer Tag und mein geistiges Leben waren in dieser Zeit ganz auf die Vorbereitung der Aufnahmeprüfung des Realgymnasiums in der Schopenhauerstraße gerichtet. Im Juni 1930 mußte ich mit 40 anderen Schülern diese Prüfung ablegen. Bei der Verkündigung der Resultate waren auch die Eltern anwesend. Der Direktor mit dem Titel Hofrat teilte im Klassenzimmer mit, daß 39 Schüler die Prüfung mit Erfolg bestanden hatten. Ein Kandidat hatte die Prüfung nicht bestanden, aber die Lehrer hatten nach langer Diskussion beschlossen, alle 40 Schüler zuzulassen. Der eine war ich.

Die ersten Jahre auf dem Gymnasium verliefen ohne besondere Geschehnisse. Wohl mußte viel länger und intensiver gearbeitet werden, als ich es bisher gewöhnt war. Ich war noch sehr verspielt und eigentlich noch nicht reif für regelmäßiges Studieren, so daß ich von den Eltern immer wieder zur Arbeit aufgefordert werden mußte. Trotz des schlechten Beginns habe ich die acht Klassen des Gymnasiums ohne Sitzenbleiben absolviert. Die für mich wichtigste Periode des Jahres waren die Ferien, nicht nur wegen der zwei Monate Freiheit, sondern weil wir dann auch von einer Welt, der Metropole Wien, in eine andere Welt, das Schtetl Sereth, übersiedelten. Ich habe 15 Ferien bis 1937 in der Bukowina verbracht, hauptsächlich in Sereth, aber auch in vielen anderen Orten, wo die Familien meiner Eltern wohnten. Mit zunehmendem Alter wurde die Beaufsichtigung einschließlich der persönlichen Teilnahme an diesen gemeinschaftlichen Verpflichtungen jedes Jahr intensiver. In den Monaten April und Mai mußte intensiv mit den Vorbereitungen für die Abschlussprüfungen begonnen werden, und ich konnte jedes Jahr noch gerade ein „Genügend" produzieren. Sofort danach begannen die Vorbereitungen für die Ferien, die Mitte Juni anfingen und Anfang September zu Ende gingen. Nach vielen Tagen des Einpackens und einer hektischen Geschäftigkeit kam dann endlich das Taxi, das uns zum Nordbahnhof bringen sollte. Mein Vater brachte uns weg und kam dann einige Male später in die Bukowina, um seine Eltern und seine Schwester zu besuchen. Die Schwester, Tante Lola, war eine bekannte Schönheit und heiratete später den Sohn der sehr wohlhabenden Familie Faust. Am Bahnhof stand ein langer Sonderzug, der, wie ich annehme, ausschließlich Juden von Wien nach Czernowitz, der Hauptstadt der Bukowina, brachte. Es kamen jedes Jahr viele Freunde und Bekannte zum Bahnhof, um immer wieder aufs Neue Abschied zu nehmen. Jeder hatte ein reserviertes Coupé, aber dieses zu finden, war eine aufregende Angelegenheit, dies umso mehr, als jeder Freund und Bekannte sich verpflichtet fühlte, mitzusuchen. Der Zug wurde durch eine große Lokomotive gezogen, die ich als kleiner Junge nicht genug bewundern konnte. Ab und zu zog der Lokomotivführer an einem Hebel, wodurch die ganze Lokomotive in Dampf gehüllt wurde. Von seiner hohen Kabine sah er auf den Peron hinunter, unbeeindruckt, als ob ihn die ganze Sache nichts anging. Um in die Wagons zu kommen, mußte eine steile Treppe überwunden werden. Dabei konnte man sich an blitzblank geputzten Messingstangen festhalten. Nach einigen durchdringenden Signalpfiffen und dem strengen Ruf des Chef-Kondukteurs „alle Türen schließen“ – dem noch schnell Abschiednehmen von der Familie, als ob man dies nicht schon mehrere Male getan hätte, der letzten Ermahnung unseres Vaters, uns vor allem gut zu betragen –, fuhr der Zug aus der Stationshalle. Die winkende Menge, die vielen Taschentücher, die Tränen und das so lange wie mögliche Mitlaufen mit dem stets schneller fahrenden Zug – es war jedes Jahr ein Spektakel, welches ich in vollen Zügen genoss.

Der Zug fuhr in einem großen Bogen durch die Tschechoslowakei und Polen nach Czernowitz, eine Reise von fast 24 Stunden. Orte, z.B. Mährisch-Ostrau, Lemberg, Krakau. Przemysl und Stanislau, Städte, die später im Zweiten Weltkrieg eine besondere Bedeutung bekommen sollten, leben noch in meiner Erinnerung fort. Eine der stets wiederkehrenden Geschehnisse dieser Reise, die in meiner Erinnerung verankert sind, ist der kurze Aufenthalt auf dem Bahnhof von Krakau. Mitten in der Nacht, so gegen zwei Uhr, wurden wir, sehr zum Verdruss unserer Mitpassagiere, wach gemacht, angezogen und gekämmt. Nach einer langen Fahrt durch dunkle Wälder tauchten auf einmal Lampen auf, immer mehr, und dann fuhren wir schließlich in den Bahnhof von Krakau ein. Auf dem so gut wie leeren Peron standen ein Vater, eine Mutter und sieben Kinder. Die Kinder standen nach Größe, wie eine Reihe Orgelpfeifen. Ein Kind hatte einen kleinen Blumenstrauß in der Hand, ein anderes ein Säckchen Süßigkeiten, jedes Kind hatte etwas für uns mitgebracht. Die Familie hieß Lessing und waren Verwandte unserer Großmutter väterlicherseits. Soweit ich mich erinnern kann, hatten wir niemals Kontakt mit dieser Familie, und es wurde auch niemals über diese Familie gesprochen. Doch wußten sie jedes Jahr den Tag und die Stunde unseres kurzen Aufenthaltes. Der Zug blieb nur einige Minuten stehen. Wir schliefen halb und die Kinder der Lessings, die wahrscheinlich genau so wach gemacht waren, auch. Verlegen und ungeschickt tauschten wir Geschenke aus, fast ohne ein Wort zu wechseln. Ein Pfiff der Lokomotive, die Kinder stellten sich wieder der Reihe nach auf, jedes auf dem ihm zugewiesenen Platz. Sie winkten mit einem kleinen Taschentuch. Jedes Jahr dasselbe Bild während einiger Minuten.

Im Rahmen einer Dienstreise besuchte ich Ende der 1950er Jahre Polen und Krakau. Auf dem Peron von Krakau stand eine ziemlich große Delegation, um mich willkommen zu heißen. Es war am späten Abend, und der Peron war so gut wie leer. Da stand in meiner Erinnerung die Familie Lessing. Alle sind im Krieg umgekommen. Ich bekam Tränen in die Augen und verließ langsam den Zug, um mich als netter Besucher aus Holland bei meinen Gastgebern zu präsentieren.

Mit jeder Minute, mit der wir uns der polnisch-rumänischen Grenze näherten, stieg die Spannung unter den

Passagieren. Ich sehe den Grenzort Snyatin noch vor mir. Eine kleine Eisenbahnstation, einige Blumenkörbe, um die Trostlosigkeit einigermaßen zu verbergen, und ein alter Baum, dessen Rinde wie die Bauchfalte eines Menschen über einen eisernen Zaun gewachsen war. Der Zug blieb nach vielen Pfiffen und Zischen vom überflüssigen Dampf stehen. Aus einer Holzhütte kamen ca. zehn polnische Grenzsoldaten mit ihren komischen fünfeckigen Hüten. Nach ihnen kam eine noch größere Zahl rumänischer Grenzsoldaten heraus. Sie trugen kakigelbe Uniformen mit Wickelgamaschen in derselben Farbe. Auf dem Kopf saß kokett ein Jägerhütchen mit einer großen Fasanenfeder. Das Hütchen unterstrich zusammen mit ihren grinsenden Bauerngesichtern, daß sie mit viel Vergnügen an ihre Arbeit gingen. Die Passagiere hatten natürlich viele Geschenke für Familie und Freunde bei sich, und die Grenzpolizei wußte das auch. Was noch wichtiger für sie war: Im Zug befanden sich fast ausschließlich Juden. Jedes Jahr wurden ein bis zwei Coupés per Wagon stichprobenweise von A bis Z untersucht. Natürlich wurde immer etwas gefunden, und dann mußten Einfuhrgebühren bezahlt werden. Nach einer Quittung zu fragen, traute sich niemand. Wollte oder konnte jemand nicht bezahlen, dann wurde die Ware beschlagnahmt. Man war auf jeden Fall der Willkür und der jeweiligen Laune dieser Männer ausgeliefert. Ich kann mich noch gut erinnern, daß eine große Flasche Eau de Cologne gefunden wurde. Die Einfuhrgebühren waren bedeutend höher, als der Wert der Flasche, und der Besitzer verweigerte die Bezahlung. Die Soldaten nahmen die Flasche mit, schraubten am Peron den Deckel los, nahmen ihren Hut ab und schütteten das Kölnisch Wasser zur großen Freude ihrer Kameraden über ihre kahlgeschorenen Köpfe. Was übrig blieb, bekamen ihre polnischen Kameraden, die auch andere Waren mit ihren rumänischen Kameraden teilten.

Der Signalpfiff der Lokomotive war das Zeichen baldiger Abfahrt, die vor allem durch die Passagiere, die nicht kontrolliert worden waren, mit Freude registriert wurde. Wir Kinder durften wieder spielen und schreien. Während der Kontrolle mußten wir mäuschenstill sein, da die Aufmerksamkeit auf sich zu lenken, einer der schwersten Fehler war. Die wichtigste Hürde der Reise war genommen.

Gegen Mittag fuhr der Sonderzug nach einer für alle Passagiere ermüdenden Reise in den Bahnhof von Czernowitz ein. Czernowitz oder Cernauti, wie es unter rumänischer Herrschaft hieß, war die Hauptstadt der Bukowina. Nach dem Zweiten Weltkrieg wurden die Stadt und der nördliche Teil der Bukowina der Sowjetunion zugeteilt. Heute gehört das Gebiet zur Ukraine und heißt Tscherniwzi. Die Grenze mit Rumänien ist nach Süden verschoben und durch den Serethfluß markiert. Das Städtchen Sereth ist heute der Grenzort zwischen Moldawien und Rumänien.

Die Ankunft in Czernowitz war zweifelsohne noch hektischer, bunter und lärmender als die Abfahrt in Wien. Familie, Freunde, Zuschauer, die nichts anderes zu tun hatten, darunter Taschendiebe, Gepäckträger, Chauffeurs von Taxis und Autobussen, alles lief durcheinander und probierte in der lärmenden Masse, Familie oder Freunde zu finden. Tante Jetty und Onkel Mendel, der jüngste Bruder meiner Mutter, holten uns jedes Jahr mit einem Taxi aus Sereth ab. Wie wir alle mit dem nicht geringen Gepäck in das Taxi passten, ist mir noch heute ein Rätsel, abgesehen von der Tatsache, daß meistens noch ein bis zwei Passagiere mitgenommen wurden, um die Kosten zu vermindern. Neben dem Chauffeur saßen fast immer zwei Erwachsene auf einem Stuhl, die meine Schwester und mich auf den Schoß nahmen, als wir noch klein waren. So verließen wir Czernowitz mehr als zwei Stunden nach Ankunft, mit dem Gepäck hoch aufgestapelt auf dem Dach des Taxis und auf dem Gepäckträger auf der Hinterseite. Unter dauerndem Hupen trennten wir uns von der sehr lebhaften Stadt. Hier waren die Straßen noch einigermaßen gut, aber sobald man die Stadt hinter sich hatte, begann ein nicht gepflasterter Weg, den die Rumänen mit einigem Stolz eine Chausseé nannten. Es war ein breiter Sandweg, wobei man im Sommer permanent in einer Staubwolke fuhr, entweder durch den entgegenkommenden Verkehr oder – was noch viel ärgerlicher war – durch einen langsam fahrenden Lastwagen vor uns. Nur selten gab es genug Übersicht, den Lastwagen zu überholen, mit dem Resultat, daß man in kürzester Zeit hinter einem anderen Lastwagen saß. Regnete es, was im Sommer regelmäßig bei kurzen, heftigen Gewittern vorkam, dann wurde die Chausseé zu einer großen Schlammpfütze. Durch den intensiven Verkehr entstanden auf der Straße regelmäßig tiefe Furchen. Um die zwei bis drei Kilometer lagen dann auch große Haufen Steine, mit denen die Furchen gefüllt werden mußten. Leider geschah das nur selten, was zur Folge hatte, daß die Fahrt mit einem schwer beladenen Auto eine Qual war. Das Schlimmste von allem jedoch war eine Panne, was regelmäßig vorkam. Alle Passagiere mußten dann aussteigen und in den Staubwolken am Rande der Straße sitzend warten. Das gesamte Gepäck mußte ausgeladen werden, um das Hochwinden des Autos auf der holprigen Straße möglich zu machen.

Nach gut zwei Stunden eingeklemmt gesessen zu haben, wurde in der Ferne der Kirchturm der katholischen Kirche von Sereth, die auf einem Hügel stand, mit Freude begrüßt. Der Einzug in Sereth war jedes Jahr ein Erlebnis. Sobald wir die Holzbrücke über den Sereth überquert hatten, begannen die Begrüßungen. Das ganze Schtetl wußte genau den Tag, an dem Rifke Heissmann (das war noch stets ihr Name bei den Bewohnern) mit den Kindern aus Wien ankommen sollte, und man konnte ziemlich genau ausrechnen, wann die Ankunft zu erwarten war. In allen Türen und Fenstern standen oder saßen Menschen, die winkten. Kinder liefen mit dem Auto mit, Hunde sprangen gegen die Autotüren.

Sereth liegt vom Fluß aus gesehen auf einem sanft ansteigenden Hügel. Es gibt eine Hauptstraße, die auf den zentralen Marktplatz mündet. Ungefähr halbwegs der Hauptstraße wohnten unsere Großeltern väterlicherseits. In den Jahren, in denen unser Großvater noch lebte, standen beide vor dem Haus mit Taschentüchern und winkten, während ihnen Freudentränen über die Wangen liefen. Der Chauffeur fuhr etwas langsamer, aber es wurde nicht stehengeblieben. Wir waren auf dem Weg zu den Heissmanns, und die Kampelmachers kamen noch an die Reihe. Auf dem Marktplatz war das halbe Schtetl zusammengekommen – Familie, Freunde, Bekannte und Zuschauer. Die Heissmanns wohnten ganz nahe beim Marktplatz, schon lange nicht mehr in einem Keller, sondern in einem kleinen Häuschen hinten im Garten der Familie Wagner, die beide Rechtsanwälte waren. Nachdem wir uns aus dem Auto „herausgeschält" hatten, wollte uns, als wir noch klein waren, jeder küssen, auf den Arm nehmen, uns die Hand geben oder uns wenigstens wie einen Talisman anfassen. Wenigstens zehn Menschen trugen unser Gepäck ins Haus, und so liefen wir mit vielen guten Wünschen und Freudentränen zum großelterlichen Haus. Die Baba und der Zeide erweckten den Eindruck, ruhig alles abzuwarten, aber die Spannung und vor allem die Freude waren auf ihren Gesichtern gut zu sehen. Es kamen regelmäßig Enkelkinder zu Besuch, aber die Kinder aus Wien waren doch etwas Besonderes.

In den ersten Tagen hieß es vor allem, sich an die anderen Umstände zu gewöhnen. Sich gewöhnen an die große Holzkiste mit dem großen Loch in der Mitte, auf dem man sitzen mußte und wobei die fallenden Fäkalien auf das Gesäß zurückspritzten. Gewöhnen an tausende und abertausende Fliegen, die trotz des Schicksals ihrer Artgenossen, die zu Hunderten auf Fliegenfängern klebten und stundenlang in Todesangst mit den Flügeln Lärm machten, immer wieder zurückkamen auf Lebensmittel, auf Hände und Gesicht. Gewöhnen an das andere Essen, an die andere Sprache (halb jiddisch, halb deutsch) und vor allem an ein ganz anderes Tagesprogramm. Innerhalb von 24 Stunden waren wir von dem ruhigen Pötzleinsdorf am Rande einer Weltstadt in ein lautes osteuropäisches Schtetl gekommen. Die Gewöhnung dauerte nur einige Tage. Danach wurden wir, jeder auf seine Weise, in das tägliche Leben der Gemeinschaft aufgenommen.

Es war für mich als aufwachsenden Jungen eine faszinierende Erfahrung, jedes Jahr neue Eindrücke aufzunehmen. Jeder kannte jeden in Sereth, und viele Familien waren miteinander durch Verehelichung verflochten. Jeder kannte die Kinder von Rifke Heissmann, und jedes Jahr lernten wir neue Menschen kennen, mit denen wir ungehindert in Kontakt kommen konnten, sei es aus Neugierde, sei es aus dem Bedürfnis, die Leute besser kennenzulernen. Vor allem in den ersten Wochen war ich den ganzen Tag unterwegs, jeden Tag war etwas Interessantes zu sehen. Am aufregendsten war Dienstag, der Markttag. Schon am frühen Morgen kamen die Bauern aus der weiten Umgebung mit Pferd und Wagen nach Sereth, um am Marktplatz ihre Waren zu verkaufen. Am späten Nachmittag kauften sie dann in den Geschäften Waren ein, die sie benötigten. Die Bauern, hauptsächlich Ruthenen, die eine dem Russischen verwandte Sprache benutzten – eine Sprache, die unsere Eltern anwendeten, falls sie etwas zu sagen hatten, das wir Kinder nicht hören durften –, hatten ein weißes Hemd an, das über eine weiße Hose fiel. Oberhalb der Hüfte wurden Hose und Hemd zusammengehalten durch einen Leinengürtel, der von Frauen in den buntesten Farben gewebt war. Über dem Hemd trugen die Bauern eine ärmellose Jacke aus weißem oder schwarzem Lammfell. Oft war an der ledernen Außenseite eine

Stickerei von bunten Blumen angebracht. Ich konnte nicht begreifen, daß so eine warme Jacke in den heißen Sommermonaten getragen werden konnte. Meine Baba trug auch so eine Jacke, und ich fragte einmal, ob sie es nicht zu warm hatte. Sie antwortete darauf: „Ein kühler Keller hat doch auch dicke Mauern." Statt Schuhen trugen die Bauern sogenannte Opanken. Das waren Lederstücke, die wie eine Gondel spitz nach vorne liefen und durch Lederbändchen zusammengehalten wurden. Die Frauen liefen, ebenso wie die Kinder, meistens auf bloßen Füßen. Sie trugen dunkle Röcke aus grobem Leinen und eine weiße Bluse mit darauf gestickten, sehr schönen Blumenmotiven. Auch über diese Blusen wurde oft ein Lammfell getragen. Ein Kopftuch aus schwarzer Seide mit erneut rot und weiß gestickten Blumenmotiven machte die Kleidung komplett. Wenn viele Ruthenen zusammen waren, wie zum Beispiel an den Markttagen, dann konnte man ein buntes Bild von Leuten sehen, die sich auf ihre Art kunstsinnig zu kleiden wußten.

Der Verkauf der Waren auf dem Marktplatz war ausschließlich Aufgabe der Frauen. Die Männer gingen zum Viehmarkt oder zum Eisengeschäft, wo alles zu kaufen war, was auf dem Bauernhof benötigt wurde. Ein Einzelner ging schon früh in eines der vielen Wirtshäuser, wo alle Bauern am Ende des Tages zu finden waren. Manchmal saßen auch Frauen im Wirtshaus, aber die meisten warteten mit den mitgebrachten Kindern im Heu auf dem jetzt leeren Wagen auf ihren Mann, der gegen Abend mehr oder minder besoffen zum Wagen zurückkehrte. Das soll nicht heißen, daß die Frauen keinen Alkohol tranken. Die meisten saßen im Wagen und aßen ein Stück Brot mit einem Stück weißem Käse, die Wodkaflasche griffbereit. Ich hatte den Eindruck, daß die Frauen nicht gerne im Wirtshaus gesehen wurden. Vielleicht gehörte dies nicht zu den guten Sitten. Mit viel Vergnügen ging ich Dienstag nach dem Markt an den Wirtshäusern vorbei, fasziniert von den lebhaft sprechenden Bauern, die oft ein Wasserglas Wodka in einem Zug leertranken. Leider verstand ich die Sprache nicht, und wenn ich den Wirt, meistens gut situierte jüdische Hausväter, fragte, was die Bauern mit sehr viel Handgebaren und Lachsalven einander zu erzählen hatten, erhielt ich meistens eine wenig befriedigende Antwort. Entweder war der Wirt mit dem Einschenken zu beschäftigt oder das Gespräch war seiner Meinung nach zu uninteressant, um wiederholt zu werden. Es konnte auch sein, daß Witze erzählt wurden, die für meine Ohren nicht bestimmt waren. Es kann auch sein, daß die Wirte nervös waren, weil nicht selten die besoffenen Bauern Streit bekamen und dann das ganze Lokal kurz und klein schlugen.

Der Markt übte jede Woche eine große Anziehungskraft auf mich aus. Da man das wußte, bekam ich regelmäßig von Großeltern, Onkeln und Tanten ein paar Lei (rumänische Währung), um etwas auf dem Markt zu kaufen. Dabei wurde mir ans Herz gelegt, daß die Bäuerinnen bei einem Fremden – und als solcher war ich deutlich zu erkennen – das Doppelte nahmen. Dadurch wurde es für mich ein Sport, etwas für die Hälfte oder, wenn möglich, für noch weniger zu kaufen und damit im Triumph nach Hause zu kommen. Die Frauen in ihren bunten Kleidern saßen im Hochsitz in langen Reihen auf dem Boden und hatten ihre Waren auf einem weißen Tuch vor sich ausgestellt. Es gab eine große Auswahl, vor allem an Lebensmitteln. Blätter wurden zu einer Tüte geformt und mit Walderdbeeren, Himbeeren oder roten Beeren gefüllt. Es gab große Trauben, Holzschalen gefüllt mit Nüssen, verschiedenes Gemüse, Pilze frisch und getrocknet, Enten, Gänse, Hühner, lebend oder geschlachtet, frisch hergestellte Butter in der Form eines Fisches oder einer Blume in ein großes grünes Blatt gewickelt und nicht zu vergessen, selbst gebrannten Wodka und verschiedene Liköre. Was das bunte Bild noch bunter machte, waren

Teppiche, die die Frauen aus grober Wolle mit den schönsten Motiven webten. Diese Teppiche waren sehr begehrt und lagen auch in Wien auf den Fußböden vieler Wohnungen von Ostjuden.

Meine Einkäufe kamen immer mit Gebärdensprache zustande, was die Bäuerinnen außerordentlich amüsierte. Das Spiel begann meistens mit der Frage nach dem Preis der Ware, was mit einer Anzahl Finger angegeben wurde. Es war dann wichtig, den Kopf zu schütteln über einen so hohen Preis und weiterzugehen. Die Frauen riefen dann laut „Panje, Panje" (Herr, Herr) und hielten mich manchmal an einem der Hosenbeine fest. Wenn die Frau vier Finger zeigte, antwortete ich mit zwei Fingern, und dieses Spiel konnte eine ganze Zeit dauern. Letzten Endes griff die Frau in ihre Bluse und zog zwischen ihren Brüsten ein geknüpftes Taschentuch hervor. Unter lautem Klagen, daß es eigentlich für einen solchen Preis nicht verkauft werden könnte, und daß sie sich nicht traute, dies ihrem Mann zu erzählen (ich glaubte dies alles von ihrer Mimik ablesen zu können), wurde schließlich der Knopf des Taschentuches geöffnet, womit eine Anzahl Münzen und etwas Papiergeld zum Vorschein kamen. Mein Geld kam dazu, wonach das Taschentuch blitzschnell zugeknöpft wurde und zwischen den Brüsten verschwand. Stolz lief ich mit meinem äußerst günstigen Kauf nach Hause, um meistens zu hören, daß ich noch viel zu viel bezahlt hatte.

Was ich wohl im Laufe der Jahre lernte, war, daß man als Profitjäger niemals am frühen Morgen, sondern erst gegen Schluß zum Markt gehen mußte. Die Preise senkten sich dann alle zehn Minuten, weil niemand etwas mit nach Hause zurücknehmen wollte. Durch Fragen wurde mir deutlich, daß es einen Gesichtsverlust bedeutete – vor allem gegenüber den Nachbarn – wenn man mit unverkaufter Ware zurückkam. Ein anderer Grund war, daß durch die Wärme die Ware am Ende des Tages nicht mehr so frisch war. Gegenüber den Profitjägern standen die

Qualitätsfanatiker. Zu diesen gehörte auch meine Tante. Sie ging am frühen Morgen den Bauern entgegen, um die Ware zu beurteilen. Man bezahlte dann etwas mehr, aber bekam dann auch das Beste vom Besten, was Obst und Gemüse betraf. Tante Jetty ging es vor allem um Geflügel, das sie in die Hand nahm und betastete. Sie war überzeugt, daß die besten Hühner schon lange vor Ankunft auf dem Marktplatz verkauft waren. Die Lebensmittelpreise waren in diesen Jahren sehr niedrig, teils aufgrund von Überproduktion auf dem sehr fruchtbaren Boden, teils durch die direkte Anfuhr vom Erzeuger zum Verbraucher ohne Zwischenhandel.

Im Schtetl wütete ein dauernder Kampf zwischen den Hausfrauen, wer die Kochkunst am besten ausübte. Vor allem das Bereiten von Torten und anderem Gebäck spielte hierbei eine wichtige Rolle. Das Wichtigste jedoch war die Bereitung des „Kugels", ein Dessert am Freitagabend. Es war ein Gebäck mit Äpfeln, Rosinen und Honig, wobei jede Hausfrau ihr geheimes Rezept hatte. Zum Kugel eingeladen zu werden, war eine große Ehre, wobei die Hausfrau darauf rechnete, daß die Gäste am nächsten Tag ihren Kugel im ganzen Schtetl zur Sprache bringen würden. Die Aufnahme einer hohen Kalorienzahl, vor allem an Festtagen und am Schabbat sowie das Naschen zwischen den Mahlzeiten (z. B. eine Hühnerkeule) hatte zur Folge, daß in meiner Jugend fast immer jemand aus Sereth, oder einem anderen Ort in der Bukowina, im Wiener Rothschild-Krankenhaus lag. Gallen- und Nierensteine, aber auch Herz- und Gefäßkrankheiten kamen auffallend oft vor. Wir Kinder wurden kurz nach unserer Ankunft und einige Tage vor der Abreise gewogen, und der Erfolg der Ferien wurde von Großeltern und Tanten in der Zahl der zugenommenen Kilos ausgedrückt. Aufgrund meiner vielen Aktivitäten und großen Beweglichkeit war der Erfolg der Gewichtszunahme bei mir eher gering.

Ein anderer Tag, der mich immer wieder beeindruckte, war der Freitag. Kurz nach dem Mittagessen nahm der Lärm im Schtetl schnell ab. Alles, was vor den Geschäften ausgelegt war, wurde hereingeholt, und gegen 15:00 Uhr gingen auch die Rolläden mit viel Lärm herunter. Es breitete sich Ruhe über das Schtetl aus. Die Frauen räumten die Küche auf, wo es schon am frühen Morgen heftig zuging, bei der Bereitung der Freitagabend- und Schabbatmahlzeiten. Letztgenannte wurden in eine große Kiste mit Heu gelegt oder im heißen Ofen gelassen, um am nächsten Tag, an dem kein Feuer gemacht werden durfte, noch warm zu sein. Die Männer nahmen frische Kleider aus dem Schrank (meistens hatten Frau oder Töchter diese schon zurechtgelegt), wickelten diese in ein großes Handtuch und begaben sich zum Badehaus oder wie es hier hieß „Schwitz". Ob Frauen auch in den Schwitz gingen, kann ich mich nicht erinnern. Wahrscheinlich nicht, weil dies für die Haare nicht gewünscht war. Ich nehme an, daß sie sich zu Hause gründlich wuschen, als die Männer im Schwitz waren. Der Schwitz – es gab drei in Sereth – war eine primitive Sauna. Auf einem Ofen wurden große Kieselsteine heiß gemacht, wonach Wasser auf die Steine gesprenkelt wurde. Dadurch entstand Dampf, und es kam zu hohen Temperaturen in dem kleinen Raum. Dadurch begann man stark zu transpirieren, was den Namen „Schwitz" erklärt. Es gab im Schwitz einige Bänke und kleine Bottiche aus Holz, die man mit Wasser füllte und über sich ausgoß. Nach intensivem Einseifen und Abspülen war es die Aufgabe eines „Mitschwitzers", dem Badenden mit Birkenzweigen auf den Rücken zu schlagen. Diese Massage gehörte zu dem Ritual. Der Besuch in dem Schwitz dauerte ein paar Stunden. Der größte Teil dieser Zeit wurde mit Gesprächen gefüllt. Hier wurden die Neuigkeiten der Woche besprochen, hier hörte man den Klatsch des Schtetls, den es stets im Überfluß gab, hier wurden die neuesten Witze erzählt, wobei mit der Kleidung auch die Scham abgelegt wurde. Nicht selten wurde über Intimitäten berichtet, wie ich sie nach dem Schwitz nimmer gehört habe. Mit dem inzwischen rein gewaschenen Mann kamen auch die letzten Neuigkeiten nach Hause. Der Unterschied zu den Bauern in den Kneipen war, daß ich jetzt jedes gesprochene Wort verstand, und ziemlich schnell Korrekturen bei den Berichten der „Schwitz"-Männer anbringen konnte, was mir nicht immer mit Dank abgenommen wurde. So gut ich den Gesprächen im Schwitz folgen konnte, war es für mich doch eine ganz andere Lehrschule als jene Thematik, die am Gymnasium in Wien behandelt wurde. Auch lernte ich im Schwitz viel über Kniffe im Handel. Und nicht zu vergessen, immer wieder etwas über die Verhältnisse zwischen den beiden Geschlechtern, sowohl verheiratet als auch ledig. Außer der körperlichen Reinigung war der Freitagmittag auch von Bedeutung für das materielle und geistige Wohlergehen.

Die ruhigste Zeit im Schtetl war die halbe Stunde Dämmerung am Freitagabend vor dem Erscheinen des ersten Sterns am Firmament, womit der Schabbes (Schabbat) sich ankündigte. In dieser halben Stunde zog jeder seine oder ihre besten Kleider an. Die Männer setzten ihren Streimel auf, einen Hut mit einem schönen Pelzrand, und zogen einen schwarzen Seidenmantel an. Mit viel Ehrfurcht wurden das Gebetsbuch und der Tallis (Gebetsmantel) in eine Tasche von meistens blauem Samt gelegt, worauf mit Silberdraht ein Davidstern bordiert war. Schließlich gingen die Männer „naach de schiel" (in die Synagoge). Soweit ich mich erinnern kann, blieben die Frauen zu Hause und sprachen dort die Schabbatgebete. Es gab in Sereth wohl zehn oder zwölf schiels: die „groisse schiel" (große Synagoge), die „kleine schiel", die Handarbeiter-schiel, das Stibl und noch viele andere. Die „groisse schiel" war ein stattliches Gebäude, wo Freitagabend und samstagmorgens hunderte große

Kerzen brannten. Das Stibl dagegen war ein kleines Zimmer mit rauhen Tischen und Bänken, bestimmt für nicht mehr als 20 Männer. Hier kamen die Ultra-Orthodoxen zusammen, um ihre Gebete zu sprechen. Für diese Männer war die „groisse schiel“ ein weltlicher Tummelplatz, nicht bestimmt für Zadikim (Rechtfertige), so wie sie sich selbst sahen.

Die Zugehörigkeit zu einem der Gotteshäuser beruhte übrigens nicht nur auf dem Grad der Orthodoxie, sondern auch auf der gesellschaftlichen Einstufung. Obwohl die Juden im Schtetl eine enge Gemeinschaft waren, gab es doch große Unterschiede zwischen Arm und Reich. Es gab sehr reiche Familien, meist Geschäftsleute und Viehhändler auf einer Seite und Intellektuelle sowie Ärzte und Advokaten auf der anderen Seite, die in schönen Häusern mit gepflegten Gärten wohnten. Zu gleicher Zeit gab es eine Gruppe Menschen, die mit Mühe ihren Kopf über Wasser halten konnten oder noch schlimmer, von einem Tag in den anderen lebten, ohne ein festes Einkommen oder jedweden Besitz zu haben. Diese Leute wurden oft von ihrer Familie unterstützt, handelten mit irgend etwas oder verrichteten kleine Dienste. Es waren Leute ohne Schulbildung, ohne Beruf und ohne Zukunftsmöglichkeiten. Der jüngste Bruder meiner Mutter, Onkel Mendel, der noch bei den Eltern wohnte, war so ein Mann. Wenn jemand fragte „Was tut Mendel?“, war die stete Antwort „er dreit sech erim“ („er treibt sich herum“). Und so war es auch. Im Kaffeehaus oder in der Kneipe zu sitzen, zur „schiel“ zu gehen, durch die Straßen zu schlendern, das war die Beschäftigung dieser Menschen Tag ein, Tag aus. Das Glück dieser Gruppe war, daß sie irgendwo ein Bett, und niemals Hunger hatten. Es gab immer etwas zu essen. Oft wurden diese Leute, die am Rande der Gesellschaft standen, den Kindern, die in der Schule keine allzugroßen Erfolge hatten, als Drohung vorgehalten: „Paß' auf, daß Du gut lernst, sonst wirst Du wie der oder die.“

Die Klassenunterschiede kamen auch in der Wahl der Synagoge zum Ausdruck. Die Wohlhabenden saßen in der „groissen schiel“, die Handarbeiter sowie die Kupferschmiede oder Uhrmacher besuchten die „Handarbeiterschiel“, die Armen die „kleine schiel“. Auch gab es noch eine „Baleguleschiel“, die hauptsächlich durch Kutscher besucht wurde. Das waren Leute, die mit einem Fiaker und zwei Pferden den Personentransport im Schtetl versorgten. Meistens waren das Fahrten zum Bahnhof oder zum Fluß für Leute, die baden gingen. Selten wurde jemand mit einem Fiaker in einen anderen Ort gebracht. Fiaker standen vom frühen Morgen bis in den späten Abend um den Marktplatz, um auf Kunden zu warten oder fuhren zur Bahnstation, um die Ankunft eines Zuges zu erwarten. Das war zweimal am Tag der Zug aus Hliboka. Andere Kutscher hatten Pferde und einen platten Wagen, mit dem sie Waren von der Bahnstation in die Stadt oder in die in der Nähe liegenden Dörfer brachten. Ein Familienmitglied der Heissmanns hatte so einen Wagen, und mit ihm bin ich tagelang von Dorf zu Dorf gefahren, wo er vor allem Tabakartikel und Spirituosen abzuliefern hatte. Auf diesen Fahrten sah ich die schier unendlichen Maisfelder und die kleinen, sehr primitiven Bauerndörfer.

Nach dem Synagogendienst, der für uns Kinder immer viel zu lange dauerte, ging man nach Hause, um mit einem Festmahl den Schabbat zu feiern. Auf einem schneeweißen Tischtuch standen zwei Leuchter und zwei große Challes (geflochtenes Brot mit Mohn). Die Frau des Hauses sagte einen Segensspruch und zündete danach die Kerzen an. Auch der Hausherr sprach einen Segensspruch, schnitt die Challe an und gab jedem Tischgenossen ein Stück Challe mit etwas Salz darauf. Es war der einzige Abend in der Woche, an dem die ganze Familie am Tisch saß. An Wochentagen waren die Mahlzeiten ziemlich chaotisch. Dann aß der eine etwas, dann der andere, während die Frauen meistens in der Küche eine Kleinigkeit zu sich nahmen.

Der Herr des Hauses saß am Freitagabend auf einem Kissen am Anfang des Tisches und realisierte den uralten Spruch: „Shabbes of der nacht is jeder jid a melech“ („Freitagabend ist jeder Jude ein König“).

Erst gab es ein Vorgericht von fein gehackter Hühnerleber, Eiern und Zwiebeln, im Volksmund „Polnischer Kaviar“ genannt. Im Sommer wurde diese Speise durch gebratene Auberginen, die danach mit vielen Kräutern, Essig und Öl versetzt wurden, ersetzt. Nun kam „Jauch mit Lokschen“. Das war eine kräftige Hühnerbouillon mit kleinen, viereckigen Teigstückchen, so groß wie der 4. Teil einer Briefmarke. Diese Lokschen wurden zu Hause gemacht. Man machte Teig, rollte diesen dünn aus und schnitt ihn in dünne Streifen. Diese wurden danach mit einem scharfen Messer in viereckige Stückchen geschnitten und getrocknet. Ich weiß dies noch so gut, weil ich gerne den Teig in Streifen schnitt, um daraus Lokschen zu machen. Nach der Suppe kam gekochtes Huhn und Rindfleisch mit Grütze und verschiedenen Schalen Kompott. Während der Mahlzeit wurde Wein und/oder Sodawasser getrunken. Sehr beliebt, vor allem bei den Kindern, war der „Gespritzte“, eine Mischung von weißem Wein und Sodawasser. Die Mahlzeit wurde mit dem Kugel beendet, worüber bereits oben berichtet wurde.

Oft schlich ich mich vor dem Ende des Gottesdienstes aus der Synagoge, um ziellos durch die Straßen zu schlendern. Ich war durch die Stille fasziniert, die so im Gegensatz zu dem Lärm und der Lebhaftigkeit an den Wochentagen stand. Ich schaute durch die Fenster auf die festlich gedeckten Tische mit den Leuchtern und den Kerzen, die noch angezündet werden mußten. Oft saßen Frauen und Mädchen mit einem Gebetbuch am Tisch in Erwartung der Heimkehr der „Schielgänger“. Es war jede Woche ein eindrucksvolles Bild, das ich noch heute vor mir sehe.

Samstagmorgen gingen die Männer wieder in die Synagoge, jetzt oft von ihrer Frau und einer oder mehreren älteren Töchtern begleitet. Da der Dienst lange dauerte und wir halbwüchsigen Jungen uns schnell langweilten, war dieser Morgen die beste Zeit, um allerlei Unfug zu treiben. Es wurden angeleinte Hunde losgelassen, es wurde unreifes Obst von den Bäumen geschlagen. Samstagmittag gingen die älteren Leute für eine lange Siesta ins Bett, während die Jugend zum Fluß zog. Der Serethfluß war ein beliebtes Ausflugsziel, und ich habe viele Stunden an seinem Ufer verbracht. Am Samstag durfte nicht gefahren werden, und so dauerte die Wanderung zum Fluß eine gute halbe Stunde. Während der Woche wurde meistens ein Fiaker genommen, der durch mehrere Familien finanziert wurde und fast immer überladen war. Als wir noch klein waren, saßen wir bei den Erwachsenen auf dem Schoß, später aber war der Bock des Kutschers der geliebte Platz. Wenn dieser gute Laune hatte, gab er uns die Zügel, und das war für einen kleinen Jungen das Größte. Das Ufer am Fluß, von wo aus gebadet werden konnte, lag hinter dem kleinen Bahnhof von Sereth. Es war eine Kopfstation, und es gingen zwei Züge pro Tag nach Hliboka (unter rumänischer Herrschaft Adancata genannt), ein wichtiger Eisenbahnknotenpunkt auf der Nord-Süd Linie. Um zum Fluß zu kommen, mußte man durch die Au, einen Wald von Pappeln. Das Rauschen dieser Bäume war das erste Zeichen, daß man ganz nahe beim Fluß war. Das Baden im Fluß, alle möglichen Spiele und das Essen der mitgebrachten Leckereien füllten viele Stunden der Ferien. Neben der Holzbrücke für den Verkehr aus der Richtung Czernowitz lag eine eiserne Eisenbahnbrücke. Um genau 17.00 Uhr fuhr darüber die Eisenbahn. Der Lokomotivführer gab dann einen Signalpfiff. Das war das Zeichen, um alles einzupacken und um zum Fiaker zu gehen, der uns nach Hause brachte. In den Jahren der Pubertät hatte der Fluß noch eine andere Funktion. Es war der einzige Ort, an dem man Mädchen und junge Frauen im Badekostüm sah, und in den vielen Stunden des Nichtstuns blühten viele Flirts und Jugendlieben auf. Die Einwohner des Schtetls machten, was die Außenwelt betrifft, einen sehr prüden Eindruck. Aber mit zunehmendem Alter sah ich, daß, so wie in jeder menschlichen Gesellschaft auch, hier das Nötige geschah. Außereheliche Verhältnisse, Schwangerschaften vor der Ehe und sogar Bordellbesuch waren keine unbekannten Begriffe. So gab es einen bekannten Fiakerkutscher, der sieben oder acht Töchter zwischen 15 und 30 Jahren hatte, die alle unverheiratet waren. Zufolge hartnäckiger Gerüchte sollte es sich um ein Familienbordell handeln. Absprachen konnten beim Fiakerkutscher getroffen werden. Ob das „Jungenphantasien" waren – wer soll das wissen?

Am Schabbes wurde, wie bereits gesagt, nicht gekocht. Das Essen, das Freitag zubereitet wurde, hielt man entweder in dem noch warmen Ofen oder in einer Kiste mit Heu warm. Ob dies bei den hohen Temperaturen – vor allem hinsichtlich der bakteriellen Infektionsgefahr in den heißen Sommermonaten – immer gut ging, wage ich zu bezweifeln. Diarrhoe und Fieber kamen häufig vor. Ein Ferienaufenthalt, ich glaube 1936, entwickelte sich für mich zu einer Qual. Ich wurde ernsthaft krank mit Austrocknungserscheinungen und späterer Gelbsucht. Krankheit und Genesung dauerten länger als sechs Wochen. Die Behandlungsmittel und die Prävention für diese Krankheiten waren sehr beschränkt. Es wurde viel Ruhe, viel Trinken und eine ganze Reihe von Hausmitteln durch den Arzt vorgeschrieben. Es ist nicht unmöglich, daß es eine Paratyphusinfektion war, eine Krankheit, mit der ich mich 40 Jahre lang eingehend beschäftigt habe.

Jedes Jahr schloß ich neue Freundschaften, wodurch eine ganze Gruppe junger Burschen entstand, mit der man im Schtetl keinen Streit bekommen mußte. Wir trieben uns im Volksgarten herum und spielten am Marktplatz Fußball. Bei schlechtem Wetter zogen wir zum Büchergeschäft Nagler, dem Vater unseres Kameraden Nathan (Nute Nagler), wo wir die bunten Zeitschriften durchblättern durften. Das war erst erlaubt, nachdem Vater Nagler die obligaten Worte „nur mit reine Hend" („nur mit reinen Händen") ausgesprochen hatte. Wir hatten alle keine „reine Hend" – und auch nicht die Absicht sie zu waschen – aber Nagler machte doch immer wieder diese Bemerkung. Eine andere Zeitbeschäftigung war ein Besuch in dem Lebensmittelgeschäft Kliefer, das größte Geschäft im Schtetl. Die Kunden wurden durch Vater Kliefer und seine beiden erwachsenen Söhne bedient. Der alte Kliefer war ein großer Mann mit einem weißen Bart und einer schwarzen Kalotte am Kopf. Auch er hatte eine feststehende Redewendung: „Wus willt ihr?" („Was wünschen sie?"). Der Kunde nannte seine Bestellung, wonach der alte Kliefer einen seiner Söhne, Mendale oder Schloime, rief und die Bestellung wiederholte. Das ging so: „A Pfind Zicker, a Dekagram Oliven, a Stikerl Seif, a Pfind Zwiebel – erledigt" („Ein Pfund Zucker, ein Dekagramm Oliven, ein Stückchen Seife und ein Pfund Zwiebeln – erledigt"). Mit dem „erledigt" war dann seine Aufgabe getan und der folgende Kunde kam an die Reihe. Wir standen dann mit fünf oder sechs Jungen an der Tür, und wenn der Kunde seine Bestellung genannt hatte, riefen wir im Chor: „Erledigt".

Nach einiger Zeit wurde der alte Kliefer böse und versuchte, einen von uns zu greifen. Es war nun die Kunst, so lange wie möglich stehen zu bleiben und „erledigt" zu rufen. Die Söhne mischten sich niemals in diese Szene, und wir hatten das Gefühl, daß sie mit uns dies alles genossen.

1955 gingen meine Frau und ich – wir waren noch nicht lange verheiratet – zum ersten Mal auf Urlaub, und zwar nach Interlaken. Wir fuhren mit der Bahn und nahmen, als wir aus dem Bahnhof kamen, das erste Hotel, welches wir sahen, „Jungfraublick". Wir wurden von einem Hotelmanager empfangen – es war ein kleiner Mann, aufgrund seiner Aussprache sicher kein Schweizer –, der unser Gepäck auf das Zimmer brachte, weil der Liftboy mit einer anderen Aufgabe beschäftigt war. Ich sagte meiner Frau sofort, daß er mir bekannt vorkam. Als wir abends in der Halle des Hotels saßen, sah ich ihn wieder und fragte ihn, woher er kam. „Aus Israel", gab er kurz zur Antwort, und da ich noch stets das Gefühl hatte, ihn zu kennen, fragte ich: „Sind sie dort auch geboren?" Etwas gelangweilt sagte er, „Nein, in einem kleinen Ort in der Bukowina, aber das wird Ihnen nichts sagen". In diesem Augenblick erkannte ich ihn und sagte „nur mit reine Hend – erledigt". Der Mann konnte kein Wort mehr hervorbringen. Tränen kamen in seine Augen, und er fiel mir um den Hals. Nute Nagler hatte mich nach dem Aussprechen der „Stichworte" sofort erkannt.

Bereits seit meinem fünften oder sechsten Lebensjahr wurde ich während der Ferien bei verschiedenen Familienmitgliedern in verschiedenen Orten in der Bukowina untergebracht. Meine Mutter und meine Schwester blieben die ganze Ferienperiode in Sereth, aber ich war, vor allem mit zunehmendem Alter, sehr froh, einige Zeit dem strengen Regime meiner Mutter und vor allem dem von Tante Jetty zu entfliehen. Meine Gastgeber waren in jeder Hinsicht sehr unterschiedlich, sowohl was die örtlichen Umstände, die Zusammenstellung der Familie, den Wohlstand und vor allem die Lebensphilosophie betrafen.

In den meisten Jahren ging ich erst zu Tante Frieda, der ältesten Schwester meiner Mutter. Der Ort Hliboka (rumänisch Adancata), der schon einige Male zur Sprache gekommen ist, war kein Schtetl, sondern ein großes Dorf, das vor allem aus Bauernhöfen bestand. Einen Kern, wie z. B. einen Marktplatz, hatte das Dorf nicht. Die sich in der

Minderheit befindenden waren Geschäftsleute und Wirte. Das Wichtigste in Hliboka war der Bahnhof, weil der Ort an einer internationalen Route lag und als Drehscheibe für Passagiere und Fracht fungierte. Heute heißt das Dorf, das in der Ukraine liegt, Glybokaja. Auch in der rumänischen Zeit wurde fast ausschließlich von Hliboka, ein Name mit ruthenischem Ursprung, gesprochen. Tante Frieda war die Frau von Onkel Jakob, einem Witwer mit drei bereits verheirateten Töchtern. Zusammen bekamen sie noch vier Kinder, drei Mädchen und einen Jungen. Zwei Mädchen, Jetty und Tonie, waren älter als ich, meine Cousine Else und mein Cousin Bertolt ungefähr im gleichen Alter. Onkel Jakob hatte ein Lebensmittelgeschäft und gleich daneben ein Wirtshaus. Es war ein Bauernhof mit Ställen, Obstgärten, Mais- und Kartoffelfeldern. Unter dem Wirtshaus lag ein großer Weinkeller, in dem es immer herrlich roch. Im Stall standen zwei magere Kühe, die einmal pro Tag für den eigenen Gebrauch gemolken wurden. Am Hof war ein Ziehbrunnen, aus dem man mit einem Eimer ziemlich tief Wasser heraufbekommen konnte. Ich nannte es „meine Ferienzeit auf dem Feld". Ich habe mich in den vielen Jahren keine Sekunde bei der Familie Hirschklau – so hießen sie – gelangweilt. Im Geschäft, im Wirtshaus und vor allem in den sehr primitiven, weiß getünchten Bauernhäusern war für ein Kind aus einer großen Stadt immer etwas zu sehen. Im Obstgarten gab es immer reife Pflaumen, Himbeeren und einen Überfluß an roten und weißen Johannisbeeren. Auf dem Feld rösteten wir Maiskolben und Kartoffeln. Das alles hatte zur Folge, daß wir dem Tisch von Tante Frieda wenig Ehre erwiesen.

Onkel Jakob, der viel älter war als Tante Frieda, war ein sehr ernster und nervöser Mann, der permanent unter großen Sorgen litt. Das war schon an seiner Art des Gehens zu sehen: nach vorne gebeugt und wackelnd wie eine Ente. Auch zwei seiner Töchter hatten diesen merkwürdigen Stil beim Gehen übernommen, was ihnen den

Beinamen „die Katschkes“ (die Enten) einbrachte. Mir gegenüber war Onkel Jakob permanent auf der Hut. Einmal wurde seine Angst bestätigt, als ich Else getrocknete Erbsen in ein Ohr stopfte, die der Hausarzt mit viel Mühe herausholen mußte. Meistens ging ich an Onkel Jakob in einem großen Bogen vorbei, aber an Markttagen, an denen sehr viel zu tun war, bot ich an, im Geschäft und im Wirtshaus zu helfen. Ich war neugierig, was die Bauern kauften bzw. tranken. Ich mußte dann Zucker und Salz oder andere Waren abwiegen bzw. Wodka in Wassergläser schenken, wobei Onkel Jakob mich keine Sekunde aus den Augen verlor. Scheinbar war er noch immer überzeugt, daß ich Unfug im Schilde führte. Die Ausstattung des Wirtshauses war so einfach wie möglich und bestand ausschließlich aus Tischen und Bänken aus rohem Holz. Die Bauern hatten nämlich von Zeit zu Zeit nach übermäßigem Alkoholgenuß das Bedürfnis, das ganze Lokal kurz und klein zu schlagen.

Am späten Abend wurden die Bänke im Wirtshaus zusammengeschoben, und es wurden Matratzen darauf gelegt, wodurch das Wirtshaus als Schlafzimmer für Gäste fungierte. Um mich nicht allein zu lassen, wurde auch für Bertolt eine Matratze im Wirtshaus hingelegt. Nachdem wir nochmals über die Geschehnisse des Tages gesprochen hatten, schliefen wir dann todmüde und umgeben von Wodka- und Weinluft ein.

Als ich wach wurde, kleidete ich mich in den sehr frühen Morgenstunden schnell an und ging zu Leib. Leib, ein Großcousin meiner Mutter, war der Bäcker im Dorf. Sein Haus und die Bäckerei waren bei der Dorfweide, die meistens so kahl war wie ein Billardtuch. Ich fand es herrlich, zuzusehen, wie die heißen Brote mit großen Holzschaufeln aus den Öfen geholt wurden. Um diese Handwerksaktivitäten zu sehen und vor allem die dazu gehörende Luft einzuschnauben, machte mir das frühe Aufstehen nichts aus.

Onkel Jakob und Leib waren sich meiner wohl nicht ganz sicher, und ich hatte guten Grund anzunehmen, daß meine Besuche bei Leib im Hause Hirschklau nicht mit Beifall begleitet werden würden. Bertolt war natürlich, schon aufgrund unseres gemeinsamen Schlafplatzes, „mitverschworen“. Nach dem Aufstehen hatte die ganze Familie so viel zu tun, daß meine Abwesenheit nicht auffiel. Wenn eine meiner Cousinen das Frühstück für mich auf den Tisch setzte, war ich wieder zurück. Doch ging es einmal schief. Als ich älter wurde, durfte ich Leib helfen, die Brote aus dem Ofen zu holen. Eines Tages mußte viel gebacken werden, und ich vergaß in meinem Eifer die Zeit. Onkel Jakob fragte, wo ich war und Bertolt, der meine Eskapade kannte, sagte ganz selbstsicher „wahrscheinlich im Häuschen“. Das „Häuschen“ war eine Holzbude neben dem Stall, wo ein breites Brett mit einem großen „Loch“ in der Mitte als Toilette für Familie, Besucher und Kunden diente. Aus dem einen oder anderen Grund geriet Onkel Jakob in Panik, und wackelte zum Häuschen, wo ich natürlich nicht war. Das schlimmste vermutend, lief er zum Wasserbrunnen. Nach langem Hinunterschauen kam er zu dem Schluß, daß ich nicht in den Brunnen gefallen war. Der arme Mann wurde nun völlig verrückt. Bertolt war inzwischen schnell zu Leib gelaufen, um mich zu holen. Nachdem ich das Mehl aus meinen Kleidern geklopft hatte, spazierte ich mit dem unschuldigsten Gesicht in die Küche. Onkel Jakob war inzwischen mit Kunden sehr beschäftigt und hatte mein Vermissen entweder vergessen oder war so froh, mich zu sehen, daß er nichts mehr sagte.

Nach einigen Tagen erwies sich jedes Jahr der Aufenthalt „auf dem Feld“ schnell als langweilig. Ich hatte alles wieder gesehen, und es war nichts dazugekommen. Ich konnte die Bauernhöfe besuchen, zum Bäcker Leib gehen – auch wenn das nicht legal war –, ich konnte mit meinen Cousinen und mit Bertolt durch den Obstgarten und die Felder streifen, aber das war auch alles. Wer etwas erleben und sehen wollte, mußte in Hliboka zum Bahnhof gehen, auch wenn dieses „Erleben“ und „Sehen“ für ein Kind aus der Großstadt lächerlich war. Die Jugend des Dorfes war gegen Abend beim Bahnhof. Außer einigen Lokalzügen kamen dann ein oder zwei internationale Züge, die ein bis zwei Minuten stehen blieben. Die Hliboker Jugend schaute neugierig durch die Coupéfenster und meinte, in die Welt zu sehen. Für mich als Großstadtkind war das nicht interessant, aber die Neugierde der Kinder und vor allem ihre Phantasien über das, was sie gesehen hatten, war doch eindrucksvoll für mich. Hinter einem der Fenster sahen sie einen gut gekleideten Herrn mit einem Monokel, hinter einem anderen eine Dame in einem rosa Kimono, und hinter wieder einem anderen eine Gouvernante mit einem schwarz-weißen Häubchen und einem Baby auf dem Arm. In ihrer Phantasie konstruierten sie ganze Geschichten, die sie dann den Passagieren, die sie höchstens Sekunden gesehen hatten, andichteten. Der „Moment Suprême“ kam, als der stellvertretende Stationschef, ein Schwiegersohn von Onkel Jakob, mit würdevollen Schritten, seiner roten Kappe auf dem Kopf und einer Signalkelle in der rechten Hand zum Zug ging, um das Zeichen zur Weiterfahrt zu geben. Einige Minuten später war das Märchen vorbei, und die kleine Station lag wieder totenstill und verlassen zwischen den Maisfeldern.

Ende der 1950er Jahre waren wir fast ein Jahr in Atlanta (Georgia/USA) und lernten dort das Ehepaar Tucker kennen. Dr. Tucker hatte eine Klinik für Gesellschaftstiere und war vor dem Zweiten Weltkrieg von Deutschland nach Amerika ausgewandert. Die Familie hatte in Deutschland in einem sehr kleinen Ort im äußersten Osten von Schlesien gewohnt. Eines Tages war seine 14-jährige Schwester verschwunden. Im ganzen Dorf wurde den ganzen Tag gesucht, und jeder vermutete das Schlimmste, bis ziemlich spät am Abend jemand erzählte, er habe zu seiner nicht geringen Verwunderung Luise Tucker an der Eisenbahnstation gesehen. Vater Tucker spannte darauf sofort das Pferd vor den Wagen und fuhr nach Schönwiese. Auf dem Bahnhof fand er seine Tochter, die ohne etwas zu sagen mit ihm nach Hause fuhr. Dort angekommen, bekam sie zuerst eine Tracht Prügel. Während ihr die Tränen über die Wangen liefen, sagte sie immer wieder „aber ich habe eine Welt gesehen". Es ist begreiflich, daß ich bei dieser Anekdote die kleine Bahnhofsstation von Hliboka vor mir sah …

In einem Jahr, nämlich 1934, war der Aufenthalt in Hliboka anders – ich weiß noch genau, daß es dieses Jahr war, weil in diesem Sommer Dollfuß in Wien ermordet wurde. Über einen Deich, der entlang den Schienen lief, so daß man auf den vorbeifahrenden Zug von oben hinunterschauen konnte, gingen wir nach Hause. Obwohl ich diese Stationsausflüge ganz anders erlebte, als die „eingesessene Jugend", ging ich doch immer wieder mit, weil abends nichts anderes zu tun war. So habe ich 1934 am Bahnhof von Hliboka, ich war 14 Jahre alt, meine erste Erfahrung auf dem Gebiet der Liebe oder besser Jugendliebe (das holländische Wort „Kalverliefde" ist meiner Meinung nach eine bessere Umschreibung dieses verwirrenden Zustandes) gemacht. Sie hieß Gita Beer und kam aus Kimpolung, einem Städtchen in den Waldkarpaten, nicht weit von Dorna Watra, worüber noch zu berichten ist. Auch Gita war einige Tage bei Familie auf Besuch, und wir sahen einander bald nach ihrer Ankunft. Es war Liebe auf den ersten Blick. Nachdem wir ein paar Mal zum Bahnhof gegangen waren, wagte ich es, eines Abends ihre Hand in meine zu nehmen, was sie zu meiner nicht geringen Überraschung zuließ. Gita war ein halbes Jahr älter. Ich war in jeder Hinsicht ein Kind, sie erschien mir als eine erwachsene Frau. Beide probierten wir eine Verlängerung unseres Aufenthaltes in Hliboka zu bewirken, aber das gelang nicht. Wir waren vom frühen Morgen bis in den späten Abend hinein zusammen.

Bei dem Händefesthalten ist es geblieben. Ich war sicher, daß es auf diesem Gebiet mehr zu erleben gab, aber hatte keine Ahnung, wie das ging ... Emotionen strömten über uns hin, aber fanden kein Ziel. Gita wußte auf diesem Gebiet viel mehr, aber überließ die Initiative mir. Beim Abschied flossen die Tränen. Einen Kuß trauten wir uns beide nicht zu geben, aber wir schworen ewige Treue und mindestens einen Brief pro Woche. Nach einem oder zwei Briefen war die Bezauberung von Hliboka vorbei. Ich habe Gita noch ein paar Mal in Dorna Watra – darüber bald mehr – gesehen, und obwohl die ganz Familie noch oft über das „Pärchen" sprach, ist die erste starke Verliebtheit nicht mehr zurückgekommen.

Gita, so hörte ich später, hat den Krieg überlebt, ist nach Israel gegangen, hat dort geheiratet und Kinder bekommen. Vielleicht lebt sie noch in einem Altersheim, ohne zu wissen, daß ich vor fast 80 Jahren ihre Hände die schönsten der Welt fand. Ich freute mich jedes Jahr wieder nach Hliboka zu fahren und ich freute mich genau so, wieder nach Sereth zurückzukehren. Das „Feld" war etwas völlig anderes als das sprudelnde Wien oder das stille Villendorf Pötzleinsdorf, aber nach zehn Tagen hatte ich wieder für ein Jahr genug von Hliboka und der Bahnstation am Abend. Wer es auf jeden Fall auch sehr begrüßte, mich mit meinem Koffer in den Zug steigen zu sehen, war Onkel Jakob. Das einzige Mal, daß ich ihn einigermaßen entspannt sah, war der Augenblick, in dem er dem langsam wegfahrenden Zug mit mir hinter dem Coupéfenster nachwinkte.

Die Familie Hirschklau ist schon zu Beginn des Krieges auf eine grausame Weise ums Leben gekommen. Nach dem Antreten der sehr antisemitischen Regierung Antonescu wurden das Geschäft und das Wirtshaus geplündert, und zwar von den Bauern, die jahrelang die Nachbarn der Familie waren. Nach der Plünderung wurde die Familie mit Knüppeln totgeschlagen. Toni konnte sich in den Maisfeldern verstecken, wurde aber letzten Endes durch Hunde entdeckt. Wie ein tollwütiges Tier wurde sie durch Bauern und Bäuerinnen am Feld totgeknüppelt. Das alles wußte Tante Jetty nach dem Krieg zu berichten. Der Einzige, der vor dem Blutbad flüchten konnte, war Bertolt. Nach vielen Irrwegen gelang es ihm, in die Sowjetunion zu kommen, wo er sofort in die Armee eingezogen wurde. Er überlebte den Krieg und wohnte in Moskau. Tante Jetty kannte seine Adresse und schickte mir diese, als ich für die Weltgesundheitsorganisation einige Wochen in Moskau sein mußte. Ich habe zweimal vor seiner Tür gestanden. Jedesmal hörte ich nach langem Klingeln Geräusche hinter der Tür, aber es wurde nicht aufgemacht.

Innerhalb von gut 48 Stunden übersiedelte ich vom „Feld" in einen in der damaligen Zeit mondänen Kurort in den Waldkarpaten. Tante Lola, die einzige Schwester meines Vaters, wohnte mit ihrer Familie in Dorna Watra. Sie war in ihrer Jugend in Sereth und weit darüber hinaus als eine Schönheit bekannt und war ein begehrtes Objekt von Heiratsvermittlern, in Jiddisch „Schadchen" genannt. So wurde Tante Lola bereits als junges Mädchen „geschadchend", und zwar mit einem Sohn der fortunierten Familie Faust. Onkel Simon hatte in Dorna ein großes Schuhgeschäft, sein älterer Bruder ein Hotel. Das junge Ehepaar bekam schnell einen Sohn, Fredy, der einige Jahre jünger war als ich. Die Familie lebte in einer geräumigen Wohnung in demselben Haus, in dem sich auch das Schuhgeschäft befand. Das Haus war in einen Bergabhang, den Rung, gebaut. Im Sommer vermietete jeder, der Wohnraum besaß, Zimmer an die zahlreichen Kurgäste. Auch die Familie Faust vermietete einen großen Teil ihrer Wohnung, nicht weil sie es finanziell nötig hatte, sondern wahrscheinlich deshalb, weil es jeder tat. Das hatte zur Folge, daß für die Familie und sicher für einen Gast der Familie nicht allzu viel Raum übrig blieb. Ich schlief mit Fredy in einem ganz kleinen Zimmer, während Tante und

Onkel im Wohnzimmer am späten Abend ein improvisiertes Bett mit Matratzen aufschlugen. Man mußte sich behelfen. Dies war für mich kein Problem. Ich ging sehr gerne nach Dorna.

Dorna Watra lag im Mittelgebirge auf 900 Meter und war vor dem Krieg ein beliebter Kurort. Im Kurhaus konnte man Schlamm- und Kohlensäurebäder nehmen und Burkut trinken, ein eisenhaltiges Mineralwasser. Sowohl den Bädern als auch dem Mineralwasser wurde eine heilsame Wirkung zugeschrieben, und sie konnten bei allen möglichen Krankheiten Besserung bringen. Dies alles hatte zur Folge, daß sich in den Sommermonaten die Einwohnerzahl von 3.500 verdoppelte oder sogar dreimal so hoch wurde. Durch das Städtchen, das kurz Dorna genannt wurde, lief ein kleiner Fluß mit demselben Namen. Wenn man vom Zentrum aus über die eiserne Brücke die Dorna passierte, lag rechts das Kurhaus und links der Kurgarten in der Flanke eines Berges. Der Park war gut versorgt mit Bänken, Blumenbeeten und gepflegten Bäumen. Jeden Tag spielte zwischen 10:00 und 12:00 Uhr eine Musikkapelle, und ich habe viele Male „Gold und Silber" von Lehár, „Sphärenklänge" von Josef Strauss und den „Kaiserwalzer" von Johann Strauss gehört. Wenn man bergaufwärts ging, wurde die Musik stets leiser, und das gab ein beruhigendes Gefühl.

Auch mit Gita bin ich einige Male im Park spazieren gegangen, ohne daß wir uns an der Hand hielten. Sie wohnte, wie bereits gesagt, in Kimpolung, nicht weit von Dorna und kam mit dem Zug oder Auto, um die Familie zu besuchen. Wir waren ein paar Jahre älter geworden und sahen mit einiger Verlegenheit auf unsere intensiv erlebte „Liebesperiode" zurück. Im Haus von Tante Lola und Onkel Simon wohnten einige Jungens und Mädchen meines Alters. Wir waren den größten Teil des Tages zusammen, pflückten Erd- und Himbeeren, die in den Wäldern um Dorna reichlich vorhanden waren, und machten kleine

Bergwanderungen. Hierbei mußte oft über kleine Felsen geklettert werden, und das war eine gute Gelegenheit, um die Mädchen an allen möglichen Stellen festzuhalten. Ein paar Mal durfte ich auch mit einigen älteren Jungens eine längere Bergtour machen. Sehr verlockend war eine Tour auf den 2.000 Meter hohen Oschur (was wegen der Form des Berges so viel wie Ei bedeutete). Mit einem Rucksack voll Proviant zogen wir weit vor dem Morgengrauen los, um erst am nächsten Abend müde zurückzukehren. Ungefähr auf der Mitte des Aufstieges lag die Baumgrenze. Danach kamen die Almen, auf denen die Kühe mit großen Glocken um den Hals weideten. Das Vieh wurde durch Hirten gehütet, die zu dem Volk der Huzulen gehörten. Sie wohnten in ganz kleinen Hütten, in denen sie aus der gewonnenen Milch Käse machten. Neben ihnen zu sitzen, war kein Vergnügen. Am Anfang der Weideperiode kochten sie ihre weißen Hosen und Hemden in Butter aus, um mit dem penetrant ranzigen Geruch die Läuse und anderes Ungeziefer von sich fernzuhalten. Man mußte wohl tief atmen, um eine Nacht in ihren Hütten durchbringen zu können. Viel wurde jedoch durch ihre Gastfreundschaft gut gemacht. Brot, frischer Käse und jede Menge Buttermilch waren vorhanden. Am besten war ihr Nachtisch – ihr Flötenspiel. Auf selbst hergestellten Holzflöten spielten sie bis in die tiefe Nacht ihre wehmütigen Klänge, die hier in der Einsamkeit der Berge und dem Widerhall unnachahmlich zum Ausdruck kamen. Jedes Mal, wenn ich Georg Enescus „Rumänische Rhapsodie“ höre, erkenne ich diese Klänge.

Noch höher auf dem Berg befand sich ein militärisches Fort mit einem Gefängnis für Soldaten, die sich etwas zuschulden hatten kommen lassen. Wir sahen einige Male das Fort im Nebel gegen den Gipfel und wollten gerne etwas mehr davon sehen. Zu diesem Zweck mußte man bei der Militärverwaltung in Dorna einen Passagierschein holen. Das haben wir getan, und während meines letzten Besuches in der Bukowina 1937 sind wir zu dem geheimnisvollen Fort aufgestiegen. Wir sahen kahlköpfige Soldaten in zerschlissenen Kakiuniformen, die Sandwich-Tafeln mit der beidseitigen Aufschrift „Dieb“, „Deserteur“ oder „Dienstverweigerer“ trugen. Der Kommandant, ein älterer Offizier, war sehr freundlich, und als er hörte, daß ein Gast aus Wien kam, war er sehr glücklich. Er war während des Ersten Weltkriegs einige Tage in Wien gewesen, und das scheint aufgrund seiner Erzählungen der Höhepunkt seines Lebens gewesen zu sein. Wer aus dem Fenster nur die hohen kahlen Mauern der Festung mit den dahinter liegenden kahlen Berghängen sah, konnte sich das gut vorstellen. Es war der gottverlassenste Ort, den ich je gesehen habe. Wir wurden zum Offizierstisch eingeladen, der auf Befehl des Kommandanten festlich mit Alpenblumen verziert worden war. Nach den vielen Gläsern Wodka, wovon ich als jüngster Besucher zumindest ein Glas trinken mußte, um auf die Gesundheit anzustoßen, wurde durch zwei Gefangene – beide „Diebe“ – eine große Holzplatte mit einer darauf dampfenden Polentatorte in den Speisesaal gebracht. Zwei Soldaten hielten einen großen Hasen an den Vorder- und Hinterpfoten fest, worauf der Kommandant mit einem sehr scharfen Messer dem Hasen die Kehle durchschnitt. Das warme Blut spritzte auf die Polenta. Ich war nicht nur todbleich geworden, sondern begann auch, aufzustoßen. Mit Gebaren und Tritten unter dem Tisch versuchten meine Kameraden, mich zur Ruhe zu bringen. Später hörten wir, daß dies eine besondere Form eines Willkommensgrußes für spezielle Gäste sein sollte.

Im Gegensatz zu dem mürrischen Onkel Jakob in Hliboka war Onkel Simon ein fröhlicher junger Mann, der immer Pläne hatte. Er wollte mir so viel wie möglich zeigen, aber hatte im Schuhgeschäft zu viel zu tun, besonders im Sommer, wenn so viele Touristen zu Besuch waren. So entstand die Möglichkeit, mit einer Flotte von Baumstämmen, die über große Flüsse zu Sägereien gebracht werden mußten, mitzufahren. Ich habe zwei Mal so eine Fahrt über die Goldene Bistriza mitgemacht. Die Fahrt dauert fast drei Tage. Der schnell strömende Fluß, die Manövrierkunst der Holzarbeiter, die prachtvolle Natur, die einfachen Mahlzeiten mit Brot, Käse und billigem Wein bleiben unvergesslich. Die Familie Faust hat den Krieg überlebt, aber sowohl Tante als auch Onkel sind ziemlich schnell nach dem Krieg verstorben. Fredy lebt in Israel.

Meine dritte und letzte Besuchsadresse war Tante Ida in Radautz. Auch hier war alles völlig anders als in Hliboka oder Dorna. Die Unterschiede hätten nicht größer sein können. Radautz (auf Rumänisch Radauti, wie es auch heute heißt) war der Geburtsort meines Vaters. Die Stadt war viel größer als Sereth und konnte nicht Schtetl genannt werden. Ein hoher Prozentsatz der Bevölkerung waren Juden, aber es gab auch verschiedene andere Bevölkerungsgruppen. Radautz war vor dem Krieg eine wohlhabende Stadt mit schönen Geschäften, Villenvierteln und gepflegten Parkanlagen. Vor einigen Jahren habe ich im Fernsehen eine Reportage über Radautz gesehen. Ich konnte nichts von der Stadt erkennen. Alles war grau, baufällig und völlig verarmt.

In einem der Villenviertel wohnte in einer Villa, umgeben von einem großen Garten, die Familie Jurgrau. Tante Ida war keine wirkliche Tante, aber wurde von der ganzen Familie als solche gesehen. In den letzten Jahren des Ersten Weltkriegs flüchtete Tante Ida mit ihrem Töchterchen Blanka und meiner Mutter nach Utendorf, einem kleinen Ort in der Nähe von Kitzbühel. Dort wohnten die beiden Frauen zurückgezogen, während ihr Mann bzw. Verlobter an der Front war. Viel Zeitvertreib gab es in dem Dorf nicht, aber die Lebensmittelversorgung war viel besser als in der Stadt, und es gab täglich frische Milch für die kleine Blanka. Durch die gemeinsamen Sorgen und durch das völlig aufeinander angewiesen sein, entstand eine Freundschaft, die sich in den darauf folgenden Generationen fortsetzte.

Die Familie Jurgrau war sehr wohlhabend und besaß ein großes Geschäft in Radautz – das man heute ein kleines Warenhaus nennen würde – obwohl der Verkauf von Lebensmitteln die Hauptsache war. Mitglieder der Familie, aber vor allem Onkel Jakob und Tante Ida, führten das Geschäft und mußten oft bis in die späten Abendstunden arbeiten. Vor allem an Markttagen war es übervoll, aber auch an anderen Tagen waren viele Kunden zu jeder Tageszeit im Geschäft. Ich ging ab und zu hin, aber hatte niemals das Gefühl, willkommen zu sein. Meistens drückte Tante Ida mir ein Stück Schokolade in die Hand, um schnell die wartenden Kunden zu bedienen. Zuhause wurde ich in die Obhut eines Dienstmädchens übergeben. Eines dieser Mädchen, Rosalinde, hat mir, als ich zehn oder elf Jahre alt war, sehr ausführlich die weibliche Anatomie demonstriert. Tante und Onkel sah ich nur beim Abendessen und zum Wochenende. Als ich noch klein war, spielte ich im Garten oder ging mit dem Dienstmädchen spazieren oder zu anderen Kindern auf Besuch. Im Laufe der Jahre wurde ich stets selbstständiger und zog durch die Stadt, in der immer etwas zu sehen war. Außerdem hatten wir auch eine „echte" Familie in Radautz, und zwar Onkel Herman – ein Bruder meiner Mutter – mit seiner Frau Bertha und Sohn Max. Er besaß – genauso wie Onkel Simon – ein Schuhgeschäft in einer der Hauptstraßen, wo auch die Jurgraus ihr Geschäft hatten. Onkel Herman wohnte, wie Onkel Simon, in demselben Haus, in dem sich auch das Geschäft befand. Ich ging gerne zu Tante Bertha, die weit und breit als hervorragende Köchin und Zuckerbäckerin bekannt war, auf Besuch. Wahrscheinlich kostete sie viel von ihren Produkten, was an ihrem Leibesumfang gut zu sehen war. Sobald sie hörte, daß ich auf dem Weg nach Radautz war, zog sie alle Register ihrer Torten- und Gebäckzubereitungen. So wurde ich jedes Jahr mit zwei großen Stücken ihrer berühmten Schokoladentorte begrüßt. Die nicht weniger berühmte Käsetorte versprach sie mir für den nächsten Besuch. Der erste und letzte Besuch wurde von einer besonderen Zeremonie begleitet. Dann wurden sehr vorsichtig aus einer Glasvitrine Kristallschüsselchen mit vergoldetem Rand und silberne Gabeln und Löffelchen genommen. Bei Tante Bertha ging es nicht nur um die Qualität ihrer Produkte, sondern auch um die Weise, wie sie diese präsentierte. Nachdem ich die Hälfte der Torte oder des Gebäckes gegessen hatte, sah sie mich mit großer Erwartung an und fragte, als ob sie das nicht schon mehrere Male getan hatte: „Wie schmeckt diese Torte?" Sie hatte große Vorräte und war gerne bereit, einen ganzen Vor- oder Nachmittag über ihr Hobby zu sprechen. Ihr Sohn Max war sechs oder sieben Jahre älter als ich und für mich ein erwachsener Mann. Seine Mutter hatte als Hobby Backen und Kochen. Er hatte ein Hobby von ganz anderer Art, und zwar die Verdrehung von Wörtern, und vor allem Namen. So fand er es herrlich, mich „Lampenkracher" oder „Krampelbacher" zu nennen. „Das ist mein Cousin ‚Lampenkracher' aus ‚Schwien', der lieber bei den reichen ‚Grurjausen' wohnt, als bei uns armen ‚Maishahnen'." Mein Onkel hieß so wie meine Mutter Heissmann. Max hatte meistens etwas anderes zu tun, als seinem kleinen Cousin Gesellschaft zu leisten, aber die wenigen Momente, in denen er es wohl konnte, waren immer ganz besonders. Einmal gelang es ihm, mittels einiger Zigaretten ein ganzes Stück auf der Lokomotive der Eisenbahn, die mitten durch Radautz fuhr, mitzufahren. Ein anderes Mal mietete er einen Fiaker, in dem wir beide, mit einem Zylinderhut winkend, die Fußgänger begrüßten. Wenn er Zeit hatte, was leider nur selten der Fall war, war es immer ein Fest. Onkel Herman war ein guter Schlucker. Im Gegensatz zu Onkel Jakob in Hliboka und Tante Ida fand er es eine Ehre, wenn ich ihn im Schuhgeschäft besuchte. Wenn ein Kunde im Geschäft war, führte er ein Theaterstück auf mit dem Titel „So verkauft man Schuhe“. Auch an seiner Figur war deutlich zu sehen, daß seine Frau kochen und backen konnte. Am Ende meines Besuches im Schuhgeschäft sagte er immer: „Geh' hinauf, Tante Bertha hat sicher noch ein leckeres Stückchen Torte.“ Die ganze Familie profitierte von Tante Berthas Koch- und Backkunst, auch wurde damit oft Spott getrieben. Letzten Endes hat Tante Bertha oder „dicke Bertha“ (im Ersten Weltkrieg wurde eine große Kanone so genannt), wie wir Kinder sie nannten, „über alle Fronten gesiegt“. Als sie nach dem Krieg mit Max und seiner Familie – Onkel Herman hat den Krieg nicht überlebt – nach Amerika emigrierte, war sie es, die im ersten Jahr die Familie mit ihrer Koch- und Backkunst am Leben hielt.

Während der Ferien kam Blanka, die Tochter von Tante Ida, die in Bologna Musik studierte, nach Hause. Zusammen mit ihrem Verlobten, Mischu Lenczner, der auch in Italien studierte, und zwar Medizin, organisierte sie Gartenfeste und Ausflüge, an denen ich auch teilnehmen durfte. Mischu ist später ein bekannter Spezialist für Lungenkrankheiten in Toronto geworden, wo ich die Familie einige Male besucht habe. Zu Beginn der 1960er Jahre mußten wir beide zufällig einen Vortrag bei einem Weltkongreß für Parasitologie in Rom halten. Im Programm standen in alphabetischer Reihenfolge als Vortragende Lenczner (Kanada) und Kampelmacher (The Netherlands) untereinander.

Ich denke, daß ich insgesamt 15 Sommerferien in der Bukowina verbracht habe, wovon ungefähr 13 mehr oder weniger bewußt geblieben sind. Das sind alles zusammen 24 Monate. Im Vergleich zu den 18 Jahren von meinem Leben in Wien steht diese Periode in keinem Verhältnis zu dem Raum, der hier eingenommen wird. Aber die Eindrücke in den Ferien waren so groß und so verschieden, daß ich jetzt auch beim Schreiben dieses Berichtes die Schlußfolgerung ziehen muß, daß ich nur einen kleinen Teil meiner Erinnerungen – und vor allem meiner Gefühle – aufs Papier habe bringen können. Es gäbe viel mehr zu sagen.

Im Jänner 1941 ist unter der Herrschaft von Antonescu, einem Verbündeten von Hitler, die virulent antisemitische „Eiserne Garde" unter Führung von Horia Sima nach Sereth gekommen. Alle Einwohner mußten innerhalb von zwei Stunden reisefertig sein, um durch den tiefen Schnee 30 Kilometer nach Hadikfalva (auf Rumänisch Dornesti) zu laufen, von wo sie in Viehwaggons nach Transnistrien gebracht werden sollten. Jeder durfte nicht mehr als ein Bündel mit Geld, Schmuck und anderen Kostbarkeiten in der Hand tragen. Diese Bündel mußten abgegeben werden, bevor sie in die Viehwaggons eingepfercht wurden. Alle Menschen, die älter als 70 Jahre oder krank waren, durften zu Hause bleiben. Sie wurden noch am selben Tag mit Gewehrkolben totgeschlagen und in ein Massengrab geworfen. Von den Menschen, die nach Transnistrien transportiert wurden, und die in drei Tagen weder etwas zu essen noch zu trinken bekamen, kam ungefähr die Hälfte nicht lebend an. Nur ganz wenige, worunter Tante Jetty war, haben Transnistrien überlebt. So ging es in vielen Schtetls, wobei vor allem die deutschen Einsatzgruppen den größten Teil der Arbeit verrichteten. Es gibt heute keine Schtetls mehr, und wo sie einst waren, kaum noch Juden. Ich habe nach dem Krieg kein Bedürfnis gehabt, diesen Teil von Europa zu besuchen, und will mit diesem Buch die Erinnerungen am Leben halten.

Daß die Ferien in Osteuropa jedes Jahr einen so großen Eindruck auf mich gemacht haben, ist durch die kolossalen Unterschiede zwischen dem Leben in der Weltstadt Wien und dem Leben in einem Schtetl zu erklären – alles war vollständig anders und oft entgegengesetzt. In Wien wurde der größte Teil der Zeit für Schule und weitere

Ausbildung verwendet, und zwar vom Kindergarten bis an das Ende des Gymnasiums. Mit der freien Zeit, die übrig blieb, mußte ökonomisch umgegangen werden, um alle Liebhabereien ausüben, und den Vorteil einer Großstadt genießen zu können. Was Letzteres betrifft, standen vor allem kulturelle Ereignisse im Vordergrund. Stark beeinflußt durch den Unterricht in der Schule und der persönlichen Vorliebe der jeweiligen Lehrer, waren wir bereits in sehr jungem Alter von der Bedeutung Wiens als kulturelles Weltzentrum durchdrungen. Hierbei stand die Musik von Beethoven, Mozart, Mahler, Schubert, Strauss und vielen anderen im Vordergrund. Das Wichtigste mit Bezug auf die kulturelle Atmosphäre in der Stadt war wahrscheinlich, daß die Kenntnisse von und die Verbundenheit mit, z. B. der Musik, nicht nur die intellektuelle Oberschicht betraf, sondern fast alle Schichten der Bevölkerung. Es war ganz normal, den Hausmeister oder den Tramkondukteur sagen zu hören „Was war die Kurz (die berühmte Koloratursopranistin Selma Kurz) wieder gewaltig gestern Abend", obwohl der Betroffene vielleicht einmal oder noch niemals in der Staatsoper gewesen war. Man wußte, was auf dem Programm stand, wußte, wer dirigierte, wer sang, las die Ankündigungen und Kritiken in der Zeitung und lebte mit diesem Geschehen. In den Schulen wurden Opern- und Musikaufführungen ausführlich besprochen, und so weckte man bereits früh das Interesse der Schüler für diesen Kulturbereich. Ich wurde, acht Jahre alt, von einem Onkel zum ersten Mal in die Oper mitgenommen, und zwar zu einer Aufführung von „Die lustigen Weiber von Windsor" von Otto Nicolai. Die Musik, die Aufführung (wovon ich nur wenig verstand und begriff), das eindrucksvolle Gebäude, die festliche Atmosphäre – es war alles so beeindruckend, daß man nicht außergewöhnlich romantisch sein mußte, um nicht ein Liebhaber der Oper zu werden. Der größte Teil der Mittelschüler konnte nur in die Oper gehen, wenn man einen Stehplatz akzeptierte. Dieser kostete auf der 3. Galerie einen Schilling und Parterre zwei Schillinge. Da die Frage nach Stehplätzen das Angebot weit übertraf, war es wichtig, sich bereits früh anzustellen. Wenn ein berühmter Solist auftrat, mußte am frühen Morgen schon in der Reihe gestanden werden, um am Abend, wenn die Kassen aufmachten, einen Platz zu bekommen – bei ganz großen Aufführungen bereits am Abend zuvor. Man war dann mehr als 24 Stunden „am Stehen".

Mit dem Ende der Aufführung war für uns oft noch nicht das Ende gekommen. Wir zogen dann zum „Bühnentürl", um auf die Solisten zu warten, ihnen erneut zuzujubeln, und um ein Autogramm zu bitten. Zum Glück konnten wir im Gebäude warm und trocken stehen, was vor allem in den Wintermonaten wichtig war. Wir standen in langen Korridoren, machten unsere Hausarbeit, lasen nochmals das Textbuch der Oper, die aufgeführt wurde, aßen unsere Butterbrote und machten Bekanntschaften. Einige vielleicht für das Leben, da die Zahl der Jungen und Mädchen ungefähr gleich war. Man machte Bekanntschaften, sprach viel Miteinander, auch über die verschiedenen Schulen und erzählte Anekdoten über Lehrer. So entstand im Laufe der Jahre eine ziemlich große Gruppe von jungen Leuten, die die Oper zum Hobby hatten. Was müssen wir stark gewesen sein! So erinnere ich mich, daß wir bei der Bühnentür fast eine Stunde auf den Sänger Jan Kipura warteten. Einige starke Burschen hoben ihn auf das Dach eines Taxis, auf dem er, mit Mühe stehend, nochmals die Arie „Und es blitzten die Sterne" aus der Oper „Tosca" sang. Der Verkehr stand still, und jeder hörte atemlos zu. Erneut Jubel und die Bitte um mehr. Es war nach Mitternacht, und das hatte zur Folge, daß ich die letzte Tram verpasste und mehr als eine Stunde zu Fuß nach Hause gehen mußte. Aber niemand klagte. Wir hatten einen unvergesslichen Abend erlebt!

Ein ganz besonderer Tag des Jahres war der letzte Abend im Jahr, der Silvesterabend, mit der traditionellen Aufführung der „Fledermaus" von Johann Strauss in der Wiener Staatsoper als kulturellem Höhepunkt. Da jeder von uns diese besondere Aufführung mitmachen wollte, war es nötig, im Morgengrauen und einige Male sogar kurz nach Mitternacht zur Oper zu gehen, um sich für einen Stehplatz anzustellen. Im Zusammenhang mit den Weihnachtsferien war das kein Problem. Jedes Jahr war es der Mühe wert, vor allem, wenn der bekannte Komiker Hans Moser die Rolle des Gefängnisdieners Frosch spielte. Nach Ende der Vorstellung schlenderten wir durch die volle Kärtenerstraße zum noch volleren Stephansplatz, um dort auf die zwölf Schläge der Bummerin zu warten. Die Bummerin ist aus Türkenkugeln gegossen, die die Stadt 1683 erreichten, ohne daß es zu einer Besetzung der Stadt Wien kam. Die Glocke ist so schwer, daß sie nur einmal im Jahr geläutet werden darf, und zwar mit den zwölf Schlägen, die das alte Jahr abschließen. Während der zwölf Schläge ist es Tradition, daß jeder Mann jede Frau am Stephansplatz unter dem Aussprechen von Neujahrswünschen küssen darf. Es mußte deshalb ein schönes und nettes Mädchen für diesen Abend eingeladen werden. Ihre Antwort war ein Hinweis auf ihre Sympathie für den Fragesteller. Oft war ein populäres Mädchen schon Anfang Dezember „besetzt". Nach Mitternacht gingen wir in einem Kaffeehaus oder Studentenkeller heißen Punsch trinken. Die ganze Nacht wurde gesungen und getanzt, und es war nicht ungebräuchlich, daß die meisten von uns an zwei aufeinanderfolgenden Nächten ihr Bett nicht sahen.

Die Oper war ein wichtiger, aber bei weitem nicht der einzige Brunnen kulturellen Vergnügens. Da gab es das Burgtheater mit prachtvollen Ausführungen klassischer Werke von z. B. Goethe, Schiller, Shakespeare und vielen anderen. Hier konnte man für wenig Geld einen Stehplatz genießen. Auch moderne Stücke wurden oft im Schulunterricht besprochen. Der Einfluß der Schule war bei all diesen Aktivitäten von großer Bedeutung. Wir wurden stimuliert, von den kulturellen Möglichkeiten so viel wie möglich Gebrauch zu machen, und viele Kunstbereiche wurden in der Schule besprochen. Der Nachteil war, daß auf Musik, Literatur, Tanz und Architektur so viel Nachdruck gelegt wurde, daß die exakten Fächer nicht genügend an die Reihe kamen. Das hatte zur Folge, daß ich zu Beginn meines Studiums viel über die neun Symphonien von Beethoven erzählen konnte, aber mit einem Buch „Einleitung zur Chemie" beginnen mußte. Die ersten Jahre des Studiums waren dann auch für mich bei weitem die schwersten.

Einmal im Jahr wurde der Alltagstrott angenehm unterbrochen. Im Monat Februar gingen wir mit dem Turnlehrer und einigen Professoren (auf den österreichischen Gymnasien wurden die Lehrer mit dem Titel Professor angesprochen) auf Wintersport, und zwar nach Saalbach in der Nähe von Zell am See. Wir wurden drei oder vier Wochen bei einem Bauern auf dem Heuboden einquartiert. Um 6:00 Uhr morgens mußten wir aufstehen und bekamen in der kalten Scheune einen Becher mit heißer Schokolade und ein paar dicke Butterbrote mit Marmelade. Im Dunklen mußten wir uns vor dem Hauptgebäude aufstellen. Wir hatten alle einen Riemen mit einem Kupferring, durch den ein Tau lief. Der erste Schüler in der Reihe trug an seinem Riemen eine weiße, der letzte eine rote Laterne. Auf diese Weise waren wir miteinander verbunden und konnten schnell ausgegraben werden, falls eine der fast täglichen Lawinen von den Bergen kam. Es gab nur einen Berg, den Schatberg, den wir mit Seehundfellen unter den Skiern bestiegen. An sonnigen Tagen konnten wir nach mehreren Stunden Aufstieg die herrliche Aussicht genießen. Die Felle wurden auf die Ski gespannt, um in der Sonne zu trocknen. Wir tranken etwas aus den Feldflaschen, rollten die

Felle auf und rasten den Berg hinunter. Was Stunden Aufsteigen gekostet hatte, wurde jetzt in gut 15 Minuten geschafft. Am Bauernhof bekamen wir eine kräftige Mahlzeit. Wobei Suppe mit Knödeln immer die Hauptrolle spielte. Nach einer verpflichteten Ruhezeit von einer Stunde begannen dann bis 18:00 Uhr die normalen Unterrichtsstunden. Um 21:00 Uhr mußten die Strohsäcke aufgesucht werden, um am nächsten Tag wieder den Schatberg zu bewältigen. Obwohl es jedes Jahr dasselbe Programm war, genossen wir doch in vollen Zügen den Monat Februar in Saalbach.

Eine Aktivität, die viel von meiner Zeit forderte, war die zionistische Jugendbewegung und der Sportverein Maccabi. Bereits in den letzten Klassen der Volksschule kamen ältere Jungen, die schon im Gymnasium waren, in den Pausen zu uns, um jüdische Lehrlinge für die Mitgliedschaft in einem Jugendverein zu interessieren. Zu Beginn wurde vor allem Nachdruck auf Pfadfinderaktivitäten, Ausflüge und Spiele gelegt. Langsam und vorsichtig wurden die Kinder in die Ideologie, nämlich die Verwirklichung eines eigenen jüdischen Staates, eingeführt. Im Laufe der 1930er Jahre wurde durch das politische Geschehen im Nachbarland Deutschland und der schnell an Kraft zunehmenden nationalsozialistischen Bewegung in Österreich der Sinn dieser Ideologie fast täglich deutlicher. Ich glaube, daß ein großer Teil der Wiener jüdischen Jugend (es wohnten vor dem Zweiten Weltkrieg 200.000 Juden in Wien) Mitglied einer Jugendbewegung war.

Der Unterschied zwischen den verschiedenen Vereinigungen beruhte auf politischer Zugehörigkeit. Es gab ganz rechte Gruppen mit sehr nationalen Auffassungen, die sich gegen den Kommunismus wandten, auf der einen und linke Bewegungen auf der anderen Seite. Es gab auch Gruppen in der Mitte. Einmal im Jahr gab es, trotz aller politischen Unterschiede, eine gemeinsame Manifestation, und zwar der „Herzlgrabgang“. An dem Geburtstag des

Begründers des Zionismus, Theodor Herzl, wurde sein Grab am Döblinger Friedhof besucht. Später wurden seine sterblichen Überreste nach Israel gebracht.

Zu Beginn war es fast ausschließlich Pfadfinderei. Zum Wochenende zogen wir durch den Wienerwald, wo der Verein eine Blockhütte besaß. Sport, Spiel, Singen und Lagerfeuer, das gefiel uns Zehn- und Elfjährigen sehr. Mit zunehmendem Alter wurden wir immer mehr in zionistische Aktivitäten einbezogen, oft schon früh in führenden Funktionen.

Der schnell an Popularität zunehmende Nationalsozialismus und die Aktivitäten der zionistischen Bewegung waren eine Art kommunizierende Gefäße. Umso stärker die Bedrohung der Nazis in Deutschland wurde, umso sinnvoller wurden die Ziele der zionistischen Bewegung. Der Traum eines Fluchthafens in einem eigenen Staat begann immer mehr zu leben. War mein Vater noch zu Beginn der 1930er Jahre ein überzeugter Sozialist, der dem Zionismus ziemlich skeptisch gegenüberstand, so sah er langsam ein, daß diese Bewegung doch Sinn hatte, auch wenn für ihn ein eigenes Land eine Utopie blieb. Meine Arbeit in der zionistischen Bewegung nahm jährlich zu. Mit 16 Jahren wurde ich Führer einer Gruppe mit 18 Bezirksleitern. In diesen Jahren war es sehr schwer, das richtige Gleichgewicht zwischen Schule, Elternhaus, kulturellen Interessen und Vereinigungen zu finden. Nach dem Mord an Dollfuß wurde Schuschnigg Bundeskanzler. Er versuchte, mit seiner Vaterländischen Front den schnell wachsenden Nationalsozialismus zu unterdrücken, aber es war von Beginn an ein verlorener Versuch, vor allem, nachdem im Nachbarland die Nazis an die Macht gekommen waren. Offiziell war die nationalsozialistische Partei in Österreich verboten, aber sie war tagtäglich überall sichtbar.

Am 1. Mai organisierte die Vaterländische Front eine große Manifestation im Fußballstadion von Wien. 1937 sollten hierbei ungefähr 1.000 Mittelschüler Übungen auf dem Pferd vorführen. Da mein jüdischer Freund Bertl Kammerman und ich zu den besten Turnern der Schule gehörten, konnte man uns nicht umgehen. So standen wir Schule nach Schule in schwarzen Turnhosen und weißen Hemden vor dem Stadion in Erwartung des festlichen Einmarsches aufgestellt. Ich weiß nicht, ob es organisiert war – wir waren auf jeden Fall nicht informiert –, aber mit dem Beginn des Einzuges wurde unter der Tribüne, auf der die Regierung und zahlreiche Diplomaten saßen, aus voller Brust durch viele Hunderte Gymnasiasten „Sieg Heil" geschrien. Mit diesem Nazi-Ausruf begrüßten die Wiener Schüler ihre Regierung und die Mitglieder des Corps Diplomatique.

Dies war der Beginn des Brüllens, welches acht Jahre dauern und schließlich in einem Meer von Blut und Tränen verstummen sollte.

Ich habe über meine Jugendjahre in Wien nur kurz einige mir wichtig erscheinende Facetten gestreift. Es gäbe viel mehr zu erzählen, z. B. über Politik, aber das haben viele vor mir ausführlicher und besser getan.

Trotz allem, was geschehen ist, sehe ich es als ein Geschenk des Schicksals an, daß ich in Wien geboren wurde.

Nach dem Krieg hat mein Beruf mich mehrere Male nach Wien geführt, sei es im Zusammenhang mit Kongressen, sei es als Experte auf dem Gebiet der Lebensmittelbestrahlung für die I.A.E.A. (International Atom Energy Agency). Jedes Mal habe ich meiner Frau die überwältigende Schönheit der Stadt und ihre kulturellen Höhepunkte gezeigt. Jedes Mal bin ich voller Erinnerungen nostalgisch durch die Straßen gelaufen, immer mit der Erkenntnis, wie viel mir diese Stadt gegeben, wie viel sie mir aber auch genommen hat.

Diese Haß-Liebe-Beziehung zu Wien wird wohl bis zu meinem letzten Atemzug bestehen bleiben!

II.
„In die Emigration“
(Flucht für den Frieden)

01. Jänner 1938 – 31. Dezember 1938

Einleitung

Während meiner Internierung als illegaler Flüchtling im Strafgefängnis Veenhuizen habe ich in gut einer Woche versucht, meine Erlebnisse im Jahr 1938 in Tagebuchaufzeichnungen festzuhalten. Mit Mühe „organisierte“ ich einige Bogen Papier und ein Stückchen Stummelbleistift, um in dem vollen, lärmigen Saal auf der Ecke eines Tisches meine Erlebnisse aufzuschreiben. Das Bündel habe ich während des Krieges und danach aufbewahrt, ohne die Aufzeichnungen je zu lesen.

Im Herbst 1987 erschien in der niederländischen Presse, und wie sich später erwies, auch in Zeitungen anderer Länder, eine Annonce. Der Bürgermeister von Wien, Dr. Zilk, bat darin um Tagebücher und Briefe aus dem Jahr 1938, die im Zusammenhang mit den Erinnerungen „50 Jahre nach dem Anschluß“ standen. Ich schickte mein „Bündel“ nach Wien und bekam einige Wochen später den Bericht, daß das genau das war, was man suchte. Kurz danach wurde das Manuskript definitiv ausgewählt und in 10.000 Exemplaren gedruckt mit dem Titel „In die Emigration“ – einem Titel, den ich niemals gewählt hätte, wenn ich die Freiheit der Wahl gehabt hätte. Das Buch ist allen Mittelschulen in Österreich zur Verfügung gestellt worden. Da in diesem Buch die Ereignisse von 1938 viel besser beschrieben sind, als ich dies heute aus der Erinnerung tun könnte, habe ich den ursprünglichen Text übernommen, obschon es mir als siebenundachtzigjährigem Holländer schwerfällt, dem Stil des achtzehnjährigen Wiener Gymnasiasten zu folgen. Vor allem bei den philosophischen Erwägungen des Achtzehnjährigen fällt es mir schwer, dies als von mir geschrieben zu erkennen.

1. Jänner 1938

Nur noch zwei Minuten, und ein neues Jahr beginnt. Erregt und freudig zugleich eilen die Menschen über den Stephansplatz zu Wien. Nun aber bleiben alle stehen und sehen wie gebannt auf die große Uhr, die gleich die zwölfte Stunde anzeigen wird. Auch ich stehe unter dieser Menge, auch ich habe, wie viele Andere, die hier stehen, einen schönen Abend verbracht und bin an diesen historischen Ort geeilt, um den Beginn eines neuen Jahres zu erleben. Und nun beginnen die Glocken dumpf zu läuten, immer lauter wird der Klang und tönt hinaus in die eiskalte Winternacht. Ich sehe in die Gesichter der Menschen. Die Einen sind freudig erregt und denken vielleicht an ein neues schönes Jahr. Andere aber blicken finster drein und hüllen sich fester in ihre Mäntel. Vielleicht erhoffen sie sich nichts von diesem neuen Jahr. Ich blicke auf die Uhr und dann zum Himmel. Plötzlich durchzuckt mich der Gedanke, ich bilde mir ein, etwas gesehen zu haben. Ich weiß nicht was, ich kann es nicht sagen, aber es war etwas Schlechtes. „Ein schlechtes Jahr", sage ich zu mir. Dumpf läuten die Glocken. Die Menge ist wieder in Bewegung, maskierte Gestalten eilen über die Straße, ein Bettler steht an der Mauer und friert. Ich sehe ihn an und murmle immer wieder: „Ein schlechtes Jahr." Die Glocken haben aufgehört zu läuten, ein neues Jahr hat begonnen. 1938. Mit einem, für Silvester, viel zu ernsten Gesicht, gehe ich zur Straßenbahn und fahre nach Hause. Durch den glitzernden Schnee schreite ich. Bevor ich einschlafe, habe ich nur noch einen Gedanken. Wie wird dieses Jahr sein und wo werde ich den nächsten Silvesterabend verbringen?

2. Jänner 1938

Wir haben noch einige Tage schulfrei. Ich lerne jetzt fleißig und wiederhole alles für die Matura. Sie bildet für mich eine große Sorge. Wenn ich sie bestehe, wird sich mir ein schöner Weg ebnen, ich werde weiter studieren, ich werde ein gebildeter Mensch sein. Wie schön ist es, die Zukunftsträume zu durchdenken. Ich werde in eine herrliche Schule gehen, ich werde später einen guten Posten haben, werde viel Geld verdienen und meine Eltern erhalten. Ich werde ein Haus haben, eine schöne, nette Frau, ein Auto … Gott, was werde ich nicht alles haben?

Mitten im Träumen ruft mich meine Mutter zum Essen. Ich kann die Suppe nicht essen, weil Karfiol drinnen ist. Nach dem Essen gehe ich zu einem Freund. Dort unterhalten wir uns herrlich, spielen und singen.

18. Jänner 1938

Es ist immer dasselbe Einerlei. 7:00 Uhr aufstehen, anziehen, in die Schule fahren. Fünf Stunden sitzen, nachmittags lernen, schlafen gehen. Oft beklage ich mich über dieses Leben, oft frage ich, wie schön es wäre, frei zu sein. Die Schule erscheint mir als Zwang. Jetzt in der achten Klasse ist dieser Drang nicht so stark, denn ich habe das Ärgste hinter mir, und von der Zukunft erwarte ich natürlich nur Gutes. Schlechte Gedanken läßt der Mensch nicht weiterschreiben, unschöne Bilder will er nicht erblicken. Nur in das Gute, nur in das Schöne kann er sich ganz hineinleben. Nur da kann er seine Gedanken entfalten und die Zukunft vor sich ausbreiten. Wie oft sagen wir: „Wie schön wäre es, wenn ich wüßte, was dann und dann sein wird." Aber sie vergessen immer eines. Sie werden auch Schlechtes sehen müssen. Der Eine mehr, der Andere weniger. Wie viele würden sich das Leben nehmen, wie viele würden größenwahnsinnig werden, wenn sie in die Zukunft blicken könnten?

26. Jänner 1938

In der Schule hat sich heute ein kleiner Vorfall abgespielt. Ein Christ hat einem Juden „Saujud“ zugerufen. Diese Affäre ist in der ganzen Schule bekannt, da der Herr Direktor den Schüler zu hart bestraft hat. Er hat ihm 16 Stunden Karzer aufgepellt. Die Nazikollegen toben natürlich. Wir aber freuen uns innerlich ganz besonders. Wir leben in einem Staate, der an einen anderen grenzt, in dem Juden leben, die dieses Wort keinesfalls als Beleidigung empfinden. Dabei können wir mit den christlichen Kollegen ganz ruhig diskutieren, und viele sagen sogar, daß diese Bestrafung vollkommen richtig war. Diese Menschen heucheln nicht Freundschaft, sie meinen es wirklich ernst und fühlen vielleicht bis zu einem gewissen Grad mit uns. Aber wir wissen genau, daß wir auch mit den radikalen Kollegen weiter so freundschaftlich sein werden wie bisher. Nach der Schule gehe ich mit Kammer zum Gürtel, um dort einzusteigen. Wie ich beim Zeitungsstand vorbeikomme, lese ich die rote Überschrift: „Zwei Nazi zum Tode verurteilt.“ – „Viel zu Wenig“, sage ich leise vor mich hin und warte weiter auf die Straßenbahn. Der Nachmittag vergeht, wie gewöhnlich. Ich zwinge mich selbst zum Lernen, bin froh, wenn ich fertig bin. Wenn ich aber im Bett liege, dann habe ich schon wieder die Sorgen. Werde ich morgen drankommen? Wie wird die Prüfung ausfallen?

2. Februar 1938

Ein Tag gleicht dem anderen. In der Schule und zu Hause gibt es nur ein Thema: die Matura. Nicht einmal der Sonntag kann als Freizeit benützt werden. Es heißt lernen, lernen und nochmals lernen.

8. Februar 1938

Als ich heute nach der Schule zur Straßenbahn ging, wurden Extraausgaben ausgerufen. Schuschnigg und Hitler werden zum 12. in Berchtesgaden zusammenkommen. Alle Leute sind sehr erregt. Wir Juden hoffen, daß eine Einigung der streitenden Parteien erfolgen wird. Die Nazis dagegen erhoffen einen sofortigen Anschluß.

12. Februar 1938

Es gibt nur ein Gespräch in Wien: Hitler – Schuschnigg, nur eine Frage: Was werden die zwei besprechen? Auch in der Schule ist alles in Erregung geraten. Während der Unterrichtsstunden gibt es Diskussionen. Heute ist die Besprechung.

14. Februar 1938

Über die Berchtesgadener Besprechung herrscht merkwürdigerweise Stillschweigen. Es gehen ganz wüste Gerüchte herum. Man hört sogar, daß Hitler an Schuschnigg ein Ultimatum gestellt haben soll. Alles Alltägliche tritt in den Hintergrund, Menschen, die niemals etwas mit Politik zu tun gehabt hatten, führen mitten auf der Straße Diskussionen.

Heute Abend werde ich zur Generalprobe für das große Schauturnen anläßlich des 40jährigen Jubiläums des Makkabi gehen. Dies ist für alle eine kleine Ablenkung von den großen geschichtlichen Ereignissen. Alle hoffen, daß die politische Entwicklung sich zu ihren Gunsten entscheiden wird.

20. Februar 1938

Adolf Hitler hält eine dreistündige Reichstagsrede, die von fast allen Sendern der größeren Staaten übernommen wird. Sogar Österreich übernimmt sie. Es ist fast nur leeres Geschwätz, da Hitler hunderte Zahlen vorliest und Statistiken über sein Aufbauprogramm bekannt gibt. Nach dieser Rede fahre ich zum großen Schauturnen in die Sophiensäle. Hell erstrahlen die vielen, vielen Lampen im Saale. Auf der Ehrentribüne sitzen Persönlichkeiten vom Staate, von der jüdischen Gemeinde und anderen Gruppen. Nun beginnt der feierliche Einmarsch. Hunderte von jüdischen Mädchen und Jungen marschieren in den Saal, hunderte von jüdischen Frauen und Männern jubeln ihnen zu. Hell leuchtet eine aus Glühbirnen verfertigte Schrift: 40 Jahre Makkabi-Turnen. Die jüdische Elite der Stadt Wien hat sich hier eingefunden, um einen Teil ihrer Jugend zu sehen. Nach einer Rede des Präsidenten wird die Tikwah gesungen. Nachher wird bis spät in die Nacht getanzt. Was würden diese Menschen tun, wenn sie nur einige Sekunden lang Bilder von der Zukunft vor sich sehen könnten?

24. Februar 1938

Am Abend bin ich bei Kammer. Dort höre ich die Rede Schuschniggs. Vom objektiven Standpunkt aus gesehen übertrifft sie bei weitem die Rede Hitlers. Obwohl die österreichischen Juden in den vergangenen Jahren wenig Grund hatten, diesen Mann zu billigen, ist er ihnen nur allein durch die fabelhafte Rede sympathisch geworden. Der Inhalt war klar und deutlich, und als der Bundeskanzler mit den Worten „rot-weiß-rot bis in den Tod" schloß, er und das Parlament die Bundeshymne sangen, da konnte jedermann mit diesem Menschen mitfühlen. In den letzten Tagen sind tausende Mitglieder der VF [Vaterländische Front] zu wirklichen Anhängern des Regimes geworden. Wir Juden sagen uns in diesen Tagen, daß wir fest zu diesem Manne stehen müssen, der uns vor den ärgsten Feinden beschützen will.

8. März 1938

Heute hat Schuschnigg in Innsbruck verkündet, daß Sonntag eine Volksabstimmung stattfinden wird. Die Frage wird lauten: Für oder gegen Österreich? Die Erregung des Volkes ist auf den Höhepunkt gestiegen. Viele Geschäfte sind gesperrt. Vor den Radiogeschäften stehen zur

Zeit der Nachrichten hunderte Menschen, die ihrem Beioder Mißfallen laut Ausdruck geben. In der Schule grüßen die vaterländischen Kollegen und die Juden nur mehr mit: „Österreich“. In den Abendstunden ziehen Massen in die Innere Stadt und es kommt zu wüsten Schlägereien zwischen Vaterländischen und Nazis. Es gehen die wüstesten Gerüchte herum. Alles befindet sich in fieberhafter Erregung, jeder versucht, möglichst viel Nachrichten zu hören, und man ist stundenlang bei den Radioapparaten. Heute wurde im Staat eine große Amnestie verkündet. Fast alle politischen Häftlinge sämtlicher Parteien und Richtungen werden auf freien Fuß gesetzt.

9. März 1938

Als ich heute Abend nach dem Turnen zum Gürtel kam, marschierten Nazikolonnen vorbei. Sie schreien im Chor: „Ein Volk, ein Reich, ein Führer“, und „Juda verrecke“. Ununterbrochen marschieren sie vorbei. Manche tragen bereits SA-Uniform, die anderen Hakenkreuzabzeichen. Das Tragen von Abzeichen ist erlaubt worden. Man sieht auch drei Pfeile. Wie die Massen beim Gürtel vorbeiziehen, beginnen einige „Österreich“ zu rufen. Es entsteht ein furchtbares Handgemenge. Nur mit größter Mühe kann ich mich in ein Haustor retten und dort warten. Draußen geht das Getöse weiter. Im Bett kann ich lange nicht einschlafen. Diese Geschehnisse wirken auf uns ganz fürchterlich. Die Erregung ist so groß, daß die Menschen unfähig sind, etwas zu tun. Jeder wartet auf Neuigkeiten, jeder hat das und das gehört. Wir wissen, daß wir historische Tage erleben.

10. März 1938

Vormittags war ich im Spital zur Untersuchung. In der Stadt ist jetzt vollkommene Ruhe, aber für den Abend sind wieder Demonstrationen angesagt. Nachmittags lerne ich für den nächsten Schultag. Um ½ 7 Uhr ruft Tante Eva an und teilt uns mit, ein ausländischer Sender habe gemeldet, daß Seyß-Inquart zum Bundeskanzler ernannt worden sei. Unsere Erregung ist unbeschreiblich. Mama ruft überall an, während ich zum Radio eile. Inzwischen kommt Papa nach Hause, berichtet aber, nichts gehört zu haben, und es sei vollkommene Ruhe. Plötzlich ertönt die Stimme des Ansagers: „Achtung, Achtung, es spricht Bundeskanzler Kurt von Schuschnigg." Alles horcht auf, alles fiebert in Erwartung des Kommenden: „Österreicher und Österreicherinnen, Kameraden: … ich weiche der Gewalt …, und so grüße ich denn zum letzten Mal mein Volk mit den Worten: ‚Gott Schütze Österreich'". In solchen Augenblicken ist der Mensch unfähig zu denken, alle Gedanken werden ausgeschaltet und man glaubt, ins Leere zu blicken. Im Radio hört man die Stimme des Ansagers: „Schuschnigg nicht abtreten" und gleich darauf die österreichische Bundeshymne, ganz leise gespielt. Ein geschichtliches Ereignis hat sich abgespielt, wir erleben historische Minuten. Tränen treten uns in die Augen, wir blicken uns an, wir verstehen uns. In solchen Augenblicken braucht man nicht zu sprechen, jeder weiß genau, was in der Seele des anderen vorgeht. So stehen wir längere Zeit fassungslos, niedergeschmettert, können und wollen wir nicht begreifen, was wir eben gehört haben. Hell tritt der Mond aus den Wolken und übergießt mit seinem silbernen Licht die Landschaft. Ich stehe am Fenster und sehe hinaus. Mitten in die Stille sage ich ganz automatisch: Ist denn das möglich? Wir sind ja in Deutschland. Dieses eine Wort zerreißt das Band, das uns gefangen hält. Deutschland ist Hitler, und dieser Name sagt uns alles. Rasend schnell fliegen die Gedanken durch den Kopf. Da tönt aus dem Radio die Stimme Seyß-Inquarts. Er fordert die Bevölkerung zur Disziplin auf und betont, daß bei allfälligem Einmarsch deutscher Truppen vollkommene Ruhe zu herrschen habe. Papa meint, man solle sofort wegfahren. Doch er weiß nur gut, daß dies unmöglich ist. Bis 2:00 Uhr Nacht gehen wir im Zimmer auf und ab. Dann gehen wir zu Bett. Ohne Schlaf wälze ich mich herum. Plötzlich beginnt im Hofe der besoffene Hausbesorger zu brüllen. Bis zum Morgen geht das Gebrüll. „Heil Hitler, aufhängen dös Judengesindel". Das ist der Empfang im neuen Staate. Früh morgens schlafe ich endlich fiebernd ein. Meine letzten Gedanken sind „Gott schütze Österreich".

12. März 1938

Die ersten Sonnenstrahlen des erwachenden Frühlings scheinen in mein Zimmer. Hell erleuchten sie die Wände und die Schatten huschen entlang der Kasten. Draußen hört man das leise Zwitschern eines Vögleins. Eben bin ich aufgewacht. Einige Minuten liege ich im Halbschlaf und weiß von nichts. Aber plötzlich sehe ich aus dem Fenster. Ist das möglich? Ich reibe mir die Augen, ich schaue genauer. Ja, dort am gegenüberliegenden Haus ist eine Flagge aufgezogen worden, eine Flagge, die für uns das Symbol des Schlechten ist, die Flagge des Teufels. Hell leuchtet das Rot, in der Mitte ein weißer Kreis mit einem Hakenkreuz. Und dort noch eins, und dort, und dort … Immer mehr sehe ich. Ich sinke ins Bett zurück, vergrabe den Kopf in den Kissen, ich will nicht denken. Jetzt beginne ich langsam zu begreifen, ich komme mir wie ein Stein im Meere vor. Ich im Meere der Hakenkreuzbanner. Ich bin nur ein winziger Teil dieses Steines, denke ich weiter, das ganze ist das jüdische Volk in Deutschland. Was wird dieser Stein erdulden müssen? Wie oft wird er überspült werden, wie oft werden Stücke seines Inneren hinausgerissen werden? Vor dem Schlafzimmer höre ich wieder die Stimme des Ansagers und laufe hinüber. Die Eltern sind bleich und ermüdet, sie haben kein Auge geschlossen. Soeben wird gemeldet, daß morgen eine Volksabstimmung stattfinden wird. Die Geschäfte, Schulen und staatlichen Einrichtungen bleiben bis auf weiteres geschlossen. Den ganzen Vormittag jammerte Mama, sie könne die Hakenkreuzfahne am gegenüberliegenden Hause nicht sehen. Wir verhängen die Fenster. Inzwischen hat der Hausbesorger wieder zu brüllen begonnen. Als ich um Milch gehen will, hält mich Papa zurück, da der Hausbesorger wie irrsinnig im Stiegenhaus herumeilt und dem Hausherrn die Fenster einschlagen will. Laut brüllt er: „Aufhängen wer mer euch, jetzt bin i Hausherr." Lange muß ich bei der Tür warten, als er in den Hof geht, husche ich schnell vorbei. Bitter, sage ich zu mir, wir dürfen ja nicht einmal mehr frei umhergehen. Auf der Straße ist vollkommene Ruhe, von allen Häusern wehen die Flaggen, fast alle Leute tragen Hakenkreuzabzeichen. Still vergeht der ganze Tag, man sitzt und blickt ins Leere, man versucht sich die Zukunft vorzustellen und kann es doch nicht. Immer wieder denken wir nach, wie das und das in Deutschland war, welche Gesetze wir zu erwarten hätten, und so fort. Wir essen den ganzen Tag fast nichts, wir sind unfähig, etwas zu tun, wir fassen alles nicht. Aber eines wissen wir, eines ist uns klar und eines fassen wir vollkommen: Es kommt für uns etwas Fürchterliches, etwas, das wir noch nicht wissen, das wir noch nicht begreifen wollen. Jeder weiß, daß sich sein ganzes Leben ändern wird, daß man in einen neuen Lebensabschnitt eintritt, in dem er nur Schlechtes zu erwarten hat. In den nächsten Tagen werden wir warten, warten auf den Klotz, der herabfallen muß, um uns zu treffen.

13. März 1938

Ganz Österreich ist in Erregung. Heute ist eine Volksabstimmung. Ein Theaterspiel für die übrige Welt. Das Ergebnis ist ja bereits festgelegt worden. Am Morgen hören wir aus dem Radio: „Hallo, Hallo, hier Reichssender Wien..., Wetterbericht für Bayern und Deutsch-Österreich ..." Dies, wirkt auf uns fürchterlich, obwohl es ja selbstverständlich ist. Heute hört man, daß sehr viele Leute bereits geflüchtet sind, daß andere in ihrer Verzweiflung Selbstmord begangen haben. Zu unserer großen Überraschung gibt es auch Helden. So hört man, daß eine ganze Offiziersgruppe in einer Wiener Kaserne ihre Säbel zerbrochen hätte. Helden! Die Menschen gebärden sich wie verrückt. Leute, die früher schärfstens gegen dieses Regime gesprochen hatten, sind jetzt nicht wiederzuerkennen. Überall wird „Heil Hitler“ gebrüllt und man glaubt sich in einen Hexenkessel versetzt.

15. März 1938

Wir befinden uns noch immer in einem traumhaften Zustand. Heute ist Hitler nach Wien gekommen. Dieser Empfang dürfte in der Weltgeschichte einzig dastehen. Hundertausende zogen auf den Wiener Heldenplatz, um ihrem Führer zu danken. Stundenlang wurde gebrüllt und getobt. Ich frage mich immer wieder, wie es in der Seele dieses Menschen aussehen muß. Was muß er sich denken, wenn ihm hunderttausende zujubeln. Muß er nicht größenwahnsinnig werden? Wir drehen natürlich das Radio nicht auf, aber alle Nazis haben ihre Apparate auf die höchste Lautstärke gestellt. Den ganzen Tag wird gebrüllt und gefeiert. Ich frage mich nur, wann einmal für uns die Zeit zum Brüllen und Feiern kommen wird. Ich glaube: Nie!

20. März 1938

Es ist noch immer schulfrei. In den letzten Tagen haben sich fürchterliche Dinge abgespielt. Persönliche Feinde lassen nun ihrer Rache freien Lauf. Ununterbrochen werden jüdische Frauen und Männer zum Reiben genommen. Man fühlt sich ins Mittelalter versetzt. Verhaftungen und Selbstmorde sind bereits etwas Alltägliches. Einige sadistische Bestien haben ein besonderes Vergnügen daran, Juden Tag und Nacht zu besuchen, um „Hausdurchsuchungen nach kommunistischem Hetzmaterial vorzunehmen“. Jüdische Frauen werden gezwungen, mit

Messern, die Plakate für die Schuschnigg-Wahl abzukratzen. Als ich heute durch den neunten Bezirk kam, sah ich eine grölende Menge. In der Mitte lagen einige Juden, auch ältere Frauen, und mußten ein Hakenkreuz wegwaschen. Als einer der Männer nicht niederknien wollte, gab ihm der SA-Mann einen heftigen Tritt. Ringsherum steht das Volk, das rote Wien, die Stadt der Gemütlichkeit. Die Bestie im Menschen erwacht, endlich ist der Tag gekommen, an dem sich der Mensch an seinesgleichen die sadistische Lust auslassen kann. Am meisten aber toben die Frauen. Entsetzt wende ich mich von diesem grauenvollen Bild ab. Planlos wandere ich durch die Straßen, deren äußeres Bild vollkommen verändert ist. Plötzlich sehe ich vor mir Felder, weite Felder. Männer und Frauen arbeiten im Schweiße ihres Angesichts. Die einen schleppen Lasten, während die anderen die Erde bebauen. Hinter ihnen stehen große Männer mit starken Peitschen. Soeben läßt einer seine Last fallen, um für einige Sekunden auszuruhen. Da saust bereits die Peitsche durch die Luft und fällt klatschend auf den Rücken des Mannes. Da nimmt er seine Last und trägt sie stöhnend weiter. Was hat sich geändert? Es ist eine Lüge, daß die Kultur sich in 2.000 Jahren ungeheuer entwickelt hat. Wir stehen hier genau auf dem selben Platz, auf dem wir vor 2.000 Jahren gestanden haben. Werden wir denn immer unsere Lasten nehmen müssen und stöhnend weiter gehen?

28. März 1938

Heute hat die Schule wieder begonnen. Viele Kollegen tragen Uniformen und sogar die heißen Vaterländischen haben sich auf Mantel und Rock Abzeichen angesteckt. Wir sind sehr überrascht, daß die Kollegen sich so ausgezeichnet benehmen. Einige ignorieren uns, einige bedauern uns und andere diskutieren mit uns. Geschimpft oder geschlagen wird überhaupt nicht. In den Stunden wird nur über die Politik gesprochen, die Professoren grüßen am

Beginn derselben mit erhobener Hand „Heil Hitler“, worauf die anderen antworten. Während der Stunde höre ich wie ein Kollege einem anderen erzählt, wie er einem Juden den Bart und die Haare abgeschnitten hätte. Sie kichern so laut, daß der Professor sie mit folgenden Worten ermahnt: „Es ziemt sich für einen SA-Mann nicht, während der Stunde zu stören.“ Deutsche Heldentaten, uns gegenüber jedoch sind sie vollkommen ruhig. Man spricht über belanglose Dinge. Die Vorgänge in der Schule wirken auf uns niederschmetternd. Auf der Straße sieht man nur Wahlpropaganda. Plakate, Aufschriften, sogar ganze Straßen sind bemalt und mit Flugzetteln übersät. Das jüdische Leben ist vollkommen erstorben, man traut sich nicht einmal recht auf die Straße. Die wüstesten Gerüchte gehen herum. Wenn sie nur alle unrichtig wären. Sie sind es leider nicht!

4. April 1938

Der Mensch ist ein Gewohnheitstier. Wir beginnen uns langsam an alles zu gewöhnen. Die Hakenkreuzfahnen, die Abzeichen und das Grüßen sind für uns zu Selbstverständlichkeiten geworden. Wenn wir hören, daß jemandem dies und das geschehen sei, schütteln wir den Kopf und haben den Vorfall in den nächsten Minuten vergessen. Wir sind vollkommen abgestumpft gegen alle Ereignisse, die sich in der Umwelt abspielen. In der Schule geht es jetzt sehr bunt zu. Unsere Kollegen benehmen sich sehr anständig, aber die Schüler der Unterklassen raufen Tag für Tag mit ihren jüdischen Mitschülern. Wir haben eine eigene Schutztruppe zusammengestellt, die auf sämtlichen Gängen patrouilliert. Wenig Zweck! Jeden Tag muß die Direktion einschreiten und die Meute in Güte um Ruhe ermahnen. Die Professoren benehmen sich jetzt gegen uns sehr anständig. Man hört fast nichts. In der ersten Maihälfte soll die schriftliche Matura stattfinden. Die Matura war früher meine größte Sorge. Doch jetzt denke ich fast überhaupt nicht mehr daran. Es ist mir ganz egal, ob ich sie bestehen werde oder nicht. Die Hauptsache, aus dieser Hölle herauszukommen.

7. April 1938

Je näher man dem 10. April kommt, umso stärker wird die Wahlpropaganda. So etwas haben wir noch nicht gesehen. Flugzettel, Plakate, Aufschriften, Leuchtschriften und Spruchbänder sorgen für die Aufklärung des Volkes. In der Schule gehen die Kämpfe weiter. Wenn zwei jüdische Familien zusammenkommen, versuchen sie sich gegenseitig im Erzählen von Schauergeschichten, die meistens leider wahr sind, zu übertreffen. Man nimmt jetzt die Leute nicht nur zum Reiben, sondern auch in Kasernen und zu sonstigen Arbeiten. Es sind ja billige Arbeitskräfte vorhanden. Man hört, daß junge Mädchen für einige Tage in Kasernen festgehalten werden. Die jüdische Bevölkerung meidet so viel als möglich die Straße, aber nur wenige entrinnen ihrem Schicksale. Es gibt wenige, die nicht zu irgendwelchen Arbeiten herangezogen werden. In verschiedenen großangelegten Reden hetzen die Führer das Volk, das sowieso schon zur Bestie geworden ist, gegen die jüdische Bevölkerung auf. Vom Ausland ist man vollkommen abgeschlossen. Das Abhören von Moskau bedeutet Todesstrafe. In den Zeitungen findet man täglich spaltenlange Artikel, die dem Volke von den langjährigen Verbrechertaten des auserwählten Volkes erzählen. Täglich ziehen Gruppen einiger Burschen in die von Juden bewohnten Bezirke, um Fenster und Geschäftsauslagen einzuschlagen oder zu plündern. Die meisten jüdischen Geschäfte sind vollkommen ausgeraubt.

10. April 1938

Der Tag des großen Schauspiels ist endlich gekommen. Es wird Theater gespielt und die Schauspieler lachen der ganzen Welt ins Gesicht. Das Ergebnis dieser Wahl ist sowohl vorher beschlossen worden, als auch gefälscht. In den ersten Abendstunden werden die ersten Wahlergebnisse verlautbart. Zu unserer großen Überraschung gibt es auch in Wien Nein-Sager. Der Vorgang bei dieser Wahl ist ja hochinteressant. Kommt ein Wähler, so wird ihm ein Zettel gereicht, auf dem ein „Ja“ steht. Falls er diesen ablehnt, wird er sofort angemerkt, da die Sprengel so gewählt sind, daß jeder den anderen kennt. In den späten Abendstunden wird gemeldet, daß fast 99 Prozent mit „Ja“ gestimmt hätten. Ein objektiver Zuschauer muß sich immer wieder fragen, ob es möglich ist, daß wenige Männer die ganze Welt und auch ihr eigenes Volk in so hohem Maße betrügen können. Mit dieser Wahl ist ein Schlußpunkt gesetzt worden für ein Drama, dessen Geschehnisse noch kein Mensch erfassen kann. Austria erit in orbe ultima. Vorbei ist der Spruch aus grauer Vorzeit. Der Name Österreich ist von der Landkarte gestrichen worden, ein Österreich gibt es nicht mehr. Und der letzte Held, den dieses einst stolze Land besaß, ist im Kerker. Die Liebe zu seiner Heimat hat ihm verboten, diese zu verlassen. Obwohl ihm freier Abzug gewährt worden war, hatte er sich geweigert, den Boden seiner Väter zu verlassen. In ihm schlummert noch der Gedanke eines selbständigen Landes. Austria erit in orbe ultima.

22. April 1938

Das Leben nimmt seinen gewohnten Lauf. In der Schule wird jetzt sehr fleißig gelernt. Die nationalsozialistischen Schandtaten werden natürlich fortgesetzt. Da man sich aber bis zu einem gewissen Grad schon daran gewöhnt hat und abgestumpft ist, werden sie nicht mehr so scharf empfunden. Das jüdische Leben ist völlig erstorben und es wird auch kein Versuch gemacht, irgendwelche Organisationen ins Leben zu rufen. Am ärgsten wüten meistens die Hausbesorger und die persönlichen Feinde. Aber auch solche Leute, mit denen man früher befreundet war, versuchen sich von Juden zurückzuziehen, um nicht in schlechten Ruf zu kommen. Fast alle Café- und Gasthäuser haben Judenverbot. Ebenso sind auch viele Schulen für Juden verboten worden.

23. April 1938

Heute nachts hörte ich gegen 12:00 Uhr einige dumpfe Detonationen rasch nacheinander. Wenige Minuten später gellten fürchterliche Hilferufe durch den Hof. Das Schreien war so schrecklich, daß es mir durch Mark und Bein ging. Schreiend lief jemand die Treppen herauf und klingelte bei uns Sturm. Dabei brüllte jemand in höchster Not um Hilfe. Dieses Schreien war so unmenschlich, daß man nicht erkennen konnte, wer die Person sei. Als Papa erschrocken zur Tür eilte und aufmachte, stürzte unsere Hausbesorgerin mit blutdurchtränktem Nachthemd herein und fiel in Ohnmacht. Sie hatte im Fuße und im Handgelenk eine Revolverkugel stecken und das Blut sickerte bis auf den Boden herab. Bald waren ungefähr 10 Personen im Vorzimmer, Polizisten und Privatleute. Inzwischen versuchte Mama die Ohnmächtige zum Bewußtsein zu bringen. Später wurde sie von der Rettungsgesellschaft weggeführt. Als man unten in die Wohnung eindrang, fand man den Hausbesorger leblos auf. Er hatte sich selbst gerichtet. Diese Geschehnisse haben uns sehr erschüttert. Wir empfinden keine Schadenfreude, aber eine gewisse Erleichterung, daß gerade dieser Mensch, der uns soviel angetan hat, freiwillig aus dem Leben geschieden ist. Im Stall fand man zwei Gewehre und mehrere Flaschen Salzsäure. Da er nicht ganz zurechnungsfähig gewesen sein dürfte, müssen wir von ganzem Herzen Gott danken, daß es so gekommen ist. Bleibt uns denn wirklich gar nichts erspart?

6. Mai 1938

Heute habe ich Geburtstag. Ich denke nach, ob ich an diesem Tag nicht eher trauern als feiern soll. Die Stimmung an diesem Tag ist ganz dem äußeren Milieu angepasst. Papa hat ganz vergessen, mir zu gratulieren. Es ist gar kein Wunder, man hat ja den ganzen Tag an Dinge zu denken, die das Erhalten des eigenen Ichs betreffen. Man versucht jetzt, nicht nur die Juden seelisch zu bedrücken, sondern ihnen auch das tägliche Brot zu nehmen. Hunderte Geschäfte befinden sich in Arisierung, das heißt, sie werden dem Juden weggenommen und dem Herrn SA-Mann übergeben. In den letzten Tagen habe ich Gelegenheit, die Geschehnisse der Umwelt ein bißchen zu vergessen, da ich den ganzen Tag für die Matura lerne.

14. Mai 1938

Obwohl heute der erste Tag der schriftlichen Matura ist, bin ich gar nicht aufgeregt und habe glänzend geschlafen. In der Schule wird man etwas befangener. Man sieht die vielen Kollegen in schwarzen Anzügen und erhält durch das äußere Bild den Eindruck eines feierlichen Vorganges. Um 8:00 Uhr wird begonnen. Der erste Gegenstand ist Deutsch. Wir jüdischen Schüler beschließen das Thema „… Warum Großdeutschland" zu wählen. Ich schreibe ruhig fünf Stunden lang und bringe 18 große Seiten zusammen. In diesem Aufsatze versuche ich ganz objektiv zu sehen und schließe mit dem Satze: „Wenn aber auch einmal dieses dritte Reich zugrunde gehen wird, wenn auch einmal sein Führer nicht mehr sein wird, immer wird das deutsche Volk Männer unter sich haben, die es gleich Karl dem Großen, Bismarck und Adolf Hitler zu jener Größe emporführen werden, die es im Laufe der Jahrhunderte gehabt hat."

Am Nachmittag schlafe ich, um mich für den nächsten Tag zu stärken.

15. Mai 1938

Heute bin ich etwas aufgeregt, da Latein ist. Ich weiß das, da wir uns die Reihenfolge der Gegenstände schon einige

Tage vorher beschafft hatten. Ich bin überzeugt, daß ich diese Arbeit ohne Hilfsmittel nicht bestehen werde. Aber es kommt anders. Der Professor tritt ein, mäuschenstill ist es im Saale. Kaum hat er den dritten Text ausgegeben, da geht ein Flüstern von Bank zu Bank. Binnen zwei Minuten weiß die ganze Klasse, welche Stelle vorliegt. Ich habe im Rockfutter zehn und auf dem Klosett weitere zehn Übersetzungen versteckt. Nach dreistündiger harter Arbeit gelingt es mir, den Spickzettel gut abzuschreiben. Die Arbeit ist sicher gelungen. Befriedigt gehe ich nach Hause.

17. Mai 1938

Gestern war Mathematik und heute Englisch. Beide Arbeiten dürften gut ausgefallen sein, da ich in Mathematik vorbereitet war und in Englisch einen fertigen Aufsatz hatte. Heute ist ein herrlicher Tag. Grell scheint die Frühlingssonne und beleuchtet die blühenden Bäume. Nachmittags ging ich auf den Schafberg, saß dort lange Zeit und blickt auf die Stadt hinab. Es ist ganz eigentümlich, daß ich heuer dieses Erwachen der Natur ganz anders empfinde. Früher lebte man mit dem Frühling auf und freute sich an dem Grünen der Natur. Aber jetzt fehlen sämtliche Gefühle und Empfindungen für diese Bilder. Herrlich breitet sich die Stadt unter mir aus. Ich sitze ganz allein oben und versuche alles zu vergessen, was geschehen ist. Wie schön war einst diese Stadt. Aber ich muß nur ein wenig hinabblicken, schon sehe ich eine Fahne. Jäh werde ich zurückgewiesen in den Alltag, jäh steigen alle schrecklichen Bilder und Ereignisse vor mir auf. Nur weg, weg und diese Stadt nicht mehr sehen, versuchen seine Geburtsstadt zu vergessen. Aber der Lauf der Gedanken ist nicht zu hemmen. Ich frage mich, kann ich denn diese Stadt einfach vergessen, in der ich geboren und aufgewachsen bin, in der ich soviel Schönes erlebt habe? Ich weiß, daß ich es nie können werde. Da leuchtet wieder eine Fahne. Ich stehe auf, um nach Hause zu gehen. Ich weiß, wir dürfen nicht vergessen, unser Unglück wird uns immer vor Augen stehen, wird uns immer an die Wirklichkeit ermahnen so wie ich, so darf auch das jüdische Volk nicht ruhen. Es muß immer wandern. Langsam verschwindet die Sonne hinter einer dunklen Wolke.

22. Mai 1938

Heute habe ich eine große Enttäuschung erlebt. Meine deutsche Matura-Arbeit ist mit „nicht genügend“ klassifiziert worden, und zwar mit der Begründung, daß der Schlusssatz nicht mit den Ideengängen des Nationalsozialismus übereinstimmt. Ich muß nun am 3. Juni zu einer mündlichen Prüfung antreten und dazu die gesamte deutsche Literaturgeschichte beherrschen. Diesen gewaltigen Stoff muß ich binnen wenigen Tagen lernen. Es wird eine ungeheure Arbeit geben. In den letzten Wochen habe ich mich wenig um die äußeren Vorgänge gekümmert und bin eigentlich froh, von all dem wenig zu wissen.

28. Mai 1938

Es ist 5:00 Uhr früh und ich sitze in der Veranda, um zu lernen. In dieser Zeit lerne ich am meisten, denn es ist mäuschenstill und niemand stört mich. Ich werde mit dem Stoffe bestimmt fertig werden und werde dann den Vorteil haben, Literaturgeschichte zu können. Alle anderen Maturaarbeiten sind bei mir sehr gut ausgefallen. Es wäre natürlich noch zu bemerken, daß der Professor, welcher die Arbeit klassifizierte, nun ehemaliger Schutzbündler ist. Ganz gleich, welcher Anschauung die Leute früher waren, sie sind alle umgefallen.

3. Juni 1938

Um 8:00 Uhr beginnt die Matura. Ich bin vollkommen ruhig, da ich den ganzen Stoff beherrsche. Nur eine Schikane des Professors kann mich aus dem Konzept bringen. Schon das Zimmer allein wirkt eigentümlich auf mich. Die vordere Wand wird gänzlich von einem Bilde Adolf Hitlers eingenommen. Die übrigen Wände sind von Fahnen überzogen. Wie bei einem Gerichte sitzen die Vorstehenden auf einem erhöhten Tisch. Obwohl man durch die äußere Ausstattung befangen werden muß, behalte ich ruhige Nerven und versuche nur an meinen Stoff zu denken. Viele Kollegen sind in Uniformen gekommen, um dadurch Eindruck zu machen. Endlich werde ich gerufen. Sofort sehe ich, daß ich die Fragen, die auf einem Zettel aufgeschrieben sind, tadellos kann. Ohne Unterbrechung führe ich sie aus. Nachher findet eine kleine Feier statt, bei der sich die Professoren verabschieden und uns alles Gute wünschen. Langsam steige ich die Treppen hinunter und trete in den warmen Frühlingstag hinaus. Eine Frage geht mir dauernd durch den Kopf. Welche Freude hätte ich empfunden, wenn ich diese Matura in normalen Zeiten bestanden hätte? Man sieht mir gar nicht an, daß ich von einer Matura komme. Betrübt gehe ich in die Greißlerei, um nach Hause anzurufen. Dann nehme ich meine Tasche und gehe zu Fuß nach Hause. Im Park blühen schon alle Sträucher. In den Sandkisten spielen die Kinder und bauen Tunnel durch den Sand. Jugenderinnerungen tauchen vor mir auf, so habe ich auch einmal gespielt. Heute habe ich aber einen Schlußpunkt gesetzt unter ein Drama, das man Gymnasium nennt.

15. Juni 1938

Die Freizeit ist für mich etwas ganz Neues. Ich versuche mich jetzt von den Mühen der letzten Tage auszuruhen. Aber dies wird nicht lange dauern, da ich versuchen muß, meine Ausweispapiere zu bekommen. Da man dazu viele Ämter besuchen und sich bei diesen vielen Stunden anstellen muß, wird das mehrere Wochen dauern. Das Leben verläuft jetzt etwas ruhiger. In Frankreich hat man für uns um eine Einreise nachgesucht, wir hoffen bald wegzufahren.

26. Juni 1938

Es ist ½ 5 Uhr früh, ganz matt stehe ich auf, um zum Taxamt zu fahren. Es ist heute bereits das achte Mal, daß ich so früh hinfahre. Noch nie ist es mir gelungen, dranzukommen. Schnell fahre ich mit dem Rade durch die stillen Straßen. Herrlich ist diese Morgenluft. Wie schön wäre aber erst dieser Sommer bei der Großmutter gewesen, denke ich. Als ich hinkomme, stehen bereits hunderte Menschen dort, immer dasselbe. Ich stehe Tag für Tag immer um eine halbe Stunde früher auf, um zurecht zu kommen. Es nützt nichts, denn viele Leute stellen sich schon am Abend an. Ein Großteil dieser Leute handeln mit Nummern und können dadurch ihre Familie erhalten. Es spielen sich dort die schrecklichsten Szenen ab. Immer wieder treiben die Polizisten die müde Menge zurück. Wie eine Herde verfolgter Schafe drücken sich die Juden zusammen. Ich sehe sofort, daß ich auch heute nicht drankommen werde, aber da ich nichts anderes zu tun habe, bleibe ich stehen. Auf einem Stockerl sitzt eine alte buckelige Frau und schläft. Als ich in ihre Nähe komme, wacht sie auf und blickt mich an. Dieser Blick spricht von nichts anderem als von Elend und Sorge. Ich frage sie, ob sie sich um Ausweispapiere anstelle. Lange blickt sie in die Ferne, dann spricht sie langsam vor sich hin: „Mann und die beiden Söhne sind in Dachau. Mein Glück haben sie mir entrissen. Von was soll ich leben. Leben sie denn noch? Nein, nein, in dieser verfluchten Erde will ich nicht begraben liegen.“ – „Was war Ihr Mann“, frage ich sie leise. Wieder blickt sie mich an und sagt: „Direktor bei der Phönix, Haus und Auto haben wir gehabt.“ Plötzlich knickt sie ein, schluchzend verbirgt sie das Gesicht in den Händen. Ein Menschenschicksal, denke ich. „Zurück, Saujuden“, brüllt ein Polizist und treibt die Menge zusammen.

8. Juli 1938

Seit einiger Zeit ist unser Bund wieder erlaubt. Ich führe eine Gruppe von 15-jährigen Jungen. Es sind lauter feine Burschen, und ich habe mit ihnen große Freude. In der letzten Zeit gehe ich zu den Tagen, an denen ich mich nicht anstelle, mit ihnen zur Donau baden. Heute ist auch so ein Tag. Wir treffen uns in Nußdorf und gehen zu zweit, um nicht aufzufallen. Solche Tage sind sehr schön. Wir baden und liegen in der Sonne, vergessen für viele Stunden all' das Elend, das sich dort unten in der staubigen Stadt abspielt. Aber auch dort sind wir nicht ganz sicher. Sobald wir jemanden vorbeikommen sehen, sprechen wir nicht und blicken weg. Ein feines Schicksal, denke ich, man darf sich nicht einmal mehr sehen lassen. Und alle diese kleinen Erlebnisse sagen mir immer wieder: Heraus, heraus aus dieser Hölle.

26. Juli 1938

Sommerliche Stille herrscht über allen Ereignissen. Außer anstellen und baden gehen gibt es wenig Abwechslung. Auch im politischen Leben haben die Sommerferien begonnen und es herrscht vollkommene Ruhe.

28. August 1938

Auch im Monat August hat sich nichts ereignet, so daß das jüdische Leben wieder zu pulsieren beginnt. Man hört sogar, daß die Bäder in der Umgebung Wiens von Juden dicht besetzt sind. Es ist heuer das erste Mal, daß ich im Sommer in Wien bin und ich empfinde dies sehr unangenehm, zumal uns noch eine seelische Bedrückung auferlegt ist. Wir dürfen weder im Bad noch an irgend einem anderen Vergnügungsplatz gesehen werden. Nach wochenlangem Anstellen ist es mir endlich gelungen, die Papiere, die zur Erlangung eines Passes notwendig sind, zu erlangen. Von einer Ausreise kann natürlich noch lange keine Rede sein, da seit einiger Zeit alle Staaten die

Einwanderungsbestimmungen verschärft haben. Obwohl mein Onkel in Frankreich schon vor langer Zeit für uns eingereicht hat, ist bis jetzt keine Bewilligung erfolgt. Ich würde sehr gerne illegal auswandern, aber die Eltern sind dagegen und wollen abwarten.

15. September 1938

Heute habe ich nach 2 Monaten Anstellen endlich meinen Paß bekommen. Aber was habe ich davon, ich kann ja nicht wegfahren. Auf jeden Fall bin ich aber für den Zufall gewappnet.

24. September 1938

Seit einigen Wochen ist auf politischem Gebiet etwas aufgetaucht. Ein Schrei geht durch das Deutsche Reich: Sudetenland. In allen Zeitungen, auf allen Plakaten hört man nur davon. Täglich werden stundenlang Hetzreden gegen die Tschechoslowakei gesendet. Nun ist es soweit gekommen, daß man gegen die Tschechen in Wien fast so wie gegen die Juden vorgeht. Ihre Schulen werden demoliert und ihre Geschäfte geplündert. Heute hat Hitler mit Einmarsch gedroht, und wie man früher über den Umbruch gesprochen hat, so gibt es auch jetzt nur ein Gespräch: der Anschluss des Sudetenlandes. Uns persönlich betrifft diese Sache nicht, aber wir sind neugierig, wie sich die Welt dazu stellen wird. Die Sommerferien sind beendet und damit auch die Pause der nationalsozialistischen Schandtaten. Überall hört man wieder von Schlägereien, Plünderungen und anderen sadistischen Spielereien der Machthaber und Funktionäre. Da die Nazis sich nicht an den Tschechen persönlich rächen können, übertragen sie all ihre Wut auf die Juden. Sogar das Volk wird aufgehetzt, und zwar mit der Parole: Die Juden sind schuld am Kriege, da sie diesen inszenieren, um ihre Geschäfte machen zu können. Die Kriegsgefahr wird von Stunde zu Stunde bedenklicher, und wir müssen das Ärgste befürchten. Ein

Krieg würde unser Schicksal besiegeln. Das wissen wir ganz genau.

27. September 1938

Als ich heute Abend mit Kammer nach Hause ging, erzählte er mir, er denke morgen wegen der großen Kriegsgefahr illegal abzureisen. Er forderte mich auf, mitzufahren und erklärte mir, daß die Sache ganz sicher sei. Ein Führer würde uns für 600 Mark in die Schweiz führen. Ich bin natürlich von diesem Plan ganz eingenommen. Als ich nach Hause komme und davon erzähle, höre ich von meinem Vater, daß morgen eine Begegnung zwischen Hitler, Mussolini, Chamberlain und Daladier in München stattfinden werde. Durch diese neue Lage ist die Kriegsgefahr natürlich stark vermindert, und auch ich sehe ein, daß es besser ist, zu warten. Wir alle fühlen so, als wäre eine ungeheure Last von uns gehoben worden. Es ist nicht auszudenken, was alles für uns gekommen wäre, wenn wirklich ein Krieg ausgebrochen wäre.

29. September 1938

Wieder sind Tage großer geschichtlicher Ereignisse hereingebrochen. Jedes Individuum aber steht unfähig dabei und muß zusehen, wie ganz wenige Männer Gut oder Böse erwägen. Alles liegt in der Hand dieser wenigen Männer. Wenn sie Krieg beschließen, dann haben die Massen, die immer schweigen und kuschen müssen, zu marschieren, zu marschieren in den sicheren Tod. Und gerade in den letzten Tagen, als dieses Gespenst „Krieg“ über alle hereinzufallen drohte, da huschten plötzlich all die schrecklichen Bilder der verflossenen Kriegsjahre wieder auf. Aber nun ist die Gefahr vorbei. Wieder haben sich die großen Westmächte von Diktatoren zwingen lassen, zurückzugehen. Adolf Hitler hat wieder auf ganzer Linie gesiegt. Genau wie im März ist wieder ganz

Deutschland in Aufruhr, genau wie damals wird tagelang gefeiert und dem Führer gedankt.

5. Oktober 1938

Es ist 10:00 Uhr abends, und ich habe eben das Licht abgedreht und mich in die Decke gewickelt. Plötzlich höre ich im Halbschlaf, daß draußen geläutet wird. Papa spricht draußen mit jemandem, und da ich annehme, es sei der Hausbesorger, versuche ich einzuschlafen. Nach zehn Minuten kommt plötzlich meine Schwester hereingestürzt und erzählt mir aufgeregt, daß soeben ein uns bekannter SA-Mann da gewesen sei mit der Meldung, daß alle Juden bis 6:00 Uhr früh Wien zu verlassen hätten. Züge würden in großer Anzahl auf den Bahnhöfen bereitstehen. Ich begann natürlich laut zu lachen und machte sie darauf aufmerksam, daß heute nicht der 1. April sei. Im Stiegenhaus hörte man jetzt Lärmen und Türzuschlagen. Ich sprang aus dem Bette und als ich meinen Vater ansah, da wußte ich, daß diese Nachricht wahr sei. Meine Mutter rannte wie irrsinnig im Zimmer herum und zitterte am ganzen Leibe. Ich selbst war unfähig, das zu begreifen. 150.000 Menschen sollen binnen wenigen Stunden die Stadt verlassen. Nein, das war natürlich nur ein Scherz, den man uns zu Jom-Kippur bereiten wollte. Das war ja die Idee eines Wahnsinnigen. Während alle wie zu Stein erstarrt dastehen, eile ich zum Telefon, um sofort Bekannte anzurufen. Überall höre ich dasselbe. Wir wissen nicht, was wir machen sollen. Um 12:30 Uhr gehe ich vors Haus, um einen Bekannten zu erwarten, der zu uns herausfährt, um mit uns alles zu besprechen. Vor dem Haustor stehe ich im Regen. Matt beleuchtet die Straßenlaterne die herbstlichen Blätter, die der Wind aufwirbelt. Der Schein spiegelt sich auf der nassen Straße. Es ist ja nicht auszudenken, sage ich mir, es ist ja unmöglich.

Oben sagt denn Papa, es wäre das Beste, sofort nach Saarbrücken zu fahren. Mama ist vollkommen erschöpft, wir wissen nicht, was wir mit ihr anfangen sollen. Während wir aufgeregt umherlaufen, ist es 2:00 Uhr nachts geworden. Müde gehe ich in mein Zimmer. Ich will schlafen, will vergessen, das, was mir unmöglich erscheint. Erschöpft schlafe ich ein.

6. Oktober 1938

Schon um 6:00 Uhr stehe ich auf und fahre sofort zu einem Bahnhofe, um dort Erkundigungen einzuziehen. Als ich hinkomme, werde ich von den Bahnangestellten wegen meiner Frage ausgelacht. Zu Hause wissen sie auch schon, daß das ganze ein schlechter Scherz der Wiener Parteileitung war. Dieser hat seinen Zweck ganz erreicht, da bei einem großen Teil der Juden Jom-Kippur nicht gehalten werden kann. Das sind Scherze, die sich ein Staat mit einem Teil seiner Bevölkerung erlaubt. Kann man hier noch leben? Nein, es ist ganz ausgeschlossen. Immer brennender muß der Wunsch werden, aus dieser Hölle zu entfliehen. Jom Kippur 1938 wird mir das ganze Leben im Gedächtnis bleiben.

23. Oktober 1938

Seit langer Zeit bin ich im Bunde überaus tätig. Oft bin ich ganze Tage im Heime, da ich jetzt mehrere Gruppen führe. Diese Arbeit lenkt mich sehr vom alltäglichen Leben ab. Ich habe mich auch vor einiger Zeit beim Hechaluz zur Auslandhachscharah gemeldet. In meiner Gruppe sind einige Burschen, die wirklich große Talente sind. So haben wir uns auch heute Abend zusammengefunden, um die neunte Symphonie von Beethoven zu hören. Diese Symphonie war für mich ein ganz besonderes Erlebnis. Ich versuchte mit der Musik all das zu erleben, was ich in den letzten Monaten mitgemacht habe. Jeder hohe Ton erinnerte mich an alle die furchtbaren

Dinge, die ich erlebt habe. Später versuchte ich auch mit diesem herrlichen Zusammenklang der Töne in die Zukunft zu wandern. Hoch schwellen die Töne an, jubeln auf in höchster Freude, sinken gleich hinab in die tiefe Finsternis. Aber zum Schluß klingt alles aus in der größten Musikschöpfung eines Irdischen. Im „Hymnus an die Freude" schwillt die Musik zu höchster Stärke an, jubelt auf und erfüllt alles mit dem Gefühl der Freude und Versöhnung. Alles ist wieder gut geworden, alles hat sich wieder mit dem Vergangenen ausgesöhnt und jauchzt auf im neuen Leben der Freude. Ganz benommen gehe ich zu Bett. Ein Erlebnis der Vergangenheit und vielleicht auch der Zukunft.

7. November 1938

In den letzten Tagen war nicht viel los, aber heute wurde gemeldet, daß ein deutscher Gesandtschaftsrat in Paris von einem jungen jüdischen Burschen erschossen wurde. Die ganze jüdische Bevölkerung ist ziemlich erregt, da man Rache fürchtet. Da der Zustand Rath's sich von Stunde zu Stunde verschlechtert, muß man sich auf das Ärgste gefasst machen.

9. November 1938

Soeben wurde gemeldet, daß Gesandtschaftsrat Rath seinen Verletzungen erlegen ist. Von Juden wurde überhaupt nichts erwähnt, aber jeder hat das Gefühl, daß etwas kommen muß.

10. November 1938

Als ich in der Frühe in die Küche kam, wusch sich Papa. Ich setzte mich nieder und sagte noch zu ihm: „Warum wäscht Du Dich heute so gründlich?" Fünf Minuten später läutet es und ich gehe zur Türe um aufzumachen. Draußen steht ein Herr und verlangt meinen Vater. Er führt ihn zur Ortsgruppenleitung, genau so, wie all die tausenden Juden geführt werden. Meine Mutter läuft verzweifelt von einem Zimmer zum anderen. Ich bin unfähig, einen klaren Gedanken zu fassen. Ich laufe hinunter und komme noch zurecht, wie mein Vater in einem Auto weggeführt wird. Noch wissen wir nicht, was geschieht. Es scheint was Fürchterliches zu drohen. Langsam gehe ich wieder nach Hause, ich weiß nicht, soll ich es meiner Mutter sagen. Oben kämpfe ich noch mit mir, dann sage ich es ihr. Lang blickt sie an mir vorbei auf die Straße hinab, dann bricht sie schreiend zusammen. „Ich seh' ihn nicht mehr, mein Mann, mein Mann." Ich streichle sie, ich beschwöre sie, es nützt nichts. Verzweifelt wälzt sie sich im Bett herum. Da sehe ich vor mir das jüdische Volk sich wälzend unter den Qualen seiner Bedrücker. Und plötzlich taucht in mir eine Wut auf, eine unbändige Wut, und ich schwöre ihnen Rache. Rache für meinen Vater, für all' die tausenden Brüder, die heute in die Gefängnisse geschleppt werden, um dort das Schrecklichste zu erleben. Ausgeburten der Menschheit, sadistische Bestien stillen ihre tierischen Gelüste an dem Nebenmenschen. 10. November, ein Pogrom ist über die deutschen Juden hereingebrochen, ein Pogrom im 20. Jahrhundert. Ein Pogrom, wie er sich nur in einem Lande ohne Kultur, in einem Lande, wo Bestien befehlen, zutragen kann. Muß ich nicht selbst zur Bestie werden? Muß nicht meine Rache gegen dieses Volk ewig bestehen? 10. November. Tag des Grauens, ein Tag, den wir Euch nicht vergessen werden, so lange wir auf dieser Welt leben. Wieviel Tränen fließen heute, wieviel Menschen zittern in höchster Not. Langsam sinken die Novembernebel auf die Stadt hinab, hüllen alles ein, wie mit einem Totenschleier und verdunkeln unser Gemüt. Zu Hause weinen die Frauen, Kinder schreien, und in den Gefängnissen drängt man tausende Menschen zusammen wie eine Herde von Schafen. Es ist 22:00 Uhr abends, hunderte Frauen stehen vor der Roßauerkaserne und blicken mit verweinten Gesichtern auf das Gebäude. Johlend ziehen einige Hitlerjungen vorbei und spotten. Ununterbrochen regnet es und auch der Himmel scheint diese Menschheit zu bedauern, die sich gegenseitig zerfleischt.

12. November 1938

Ist dieses Leben noch zu ertragen? Fragen wir uns. Wir wissen nicht, wo unsere Angehörigen sind, ja nicht einmal, ob sie noch leben. In wenigen Tagen hat sich meine Mutter völlig verändert, verzweifelt geht sie den ganzen Tag umher. Ich sitze stundenlang mit anderen Kollegen, die zu mir geflüchtet sind, im Keller eingesperrt, da man auch mich sucht. Wir fragen uns immer wieder, was wir gemacht haben? In Wien schätzt man die Zahl der Inhaftierten auf viele Tausende. Ihr Schicksal und unser Schicksal ist völlig dunkel. Tag und Nacht stehen die Frauen vor den Gefängnissen, verzweifelt und niedergeschmettert.

14. November 1938

Unsere Stimmung ist unbeschreiblich. Seit vielen Tagen wissen wir überhaupt nicht, wo mein Vater ist. Heute geht ein Gerücht, daß bereits alle in Dachau sein sollen. Man darf überhaupt nicht an die Zukunft denken. Der materielle und seelische Ruin steht uns bevor. Die Verzweiflung hat heute ihren Höhepunkt erreicht, da man nicht weiß, was mit den Leuten geschieht. Alle jüdischen Geschäfte sind gesperrt, die meisten demoliert. Auf den Straßen sieht man fast keine Juden, da sich alle gleich Verbrechern verborgen halten. Sehr viele schlafen bei Ariern, um dadurch ihrem Schicksal zu entgehen. Weiter stehen Tag und Nacht hunderte Frauen vor den Gefängnissen, blicken auf die kahlen Mauern unter dem grauen Himmel und warten, warten...

16. November 1938

Heute früh haben wir endlich von meinem Vater eine Karte bekommen. Er ist in der Kenyongasse. Ich fahre sofort mit Wäsche und Lebensmitteln hin. Dort stehen bereits sehr viele Leute. Man darf nur das Paket abgeben. Es ist ein schwacher Trost. Wir haben wenigstens die Gewissheit, daß er noch hier ist.

17. November 1938

Als ich abends nach Hause komme, eilt meine Mutter zur Tür. „Der Papa ist hier", schreit sie und bricht in Tränen aus. Im Moment kann ich das gar nicht fassen und traue mich nicht in das Zimmer. Mein Vater ist nicht wiederzuerkennen. Man kann es gar nicht glauben, daß ein Mensch sich in einer Woche so verändern kann. Bis 2:00 Uhr nachts sitzen wir zusammen und mein Vater erzählt. Er erzählt Dinge aus einem fernen Land, aus einem Land, in dem Tiere wohnen. Was man hört, kann man nicht glauben, sich nicht vorstellen. Der große Pogrom scheint abgeblasen zu sein. Nur die verbrannten Tempel und die zertrümmerten Geschäfte zeugen von deutscher Kultur im 20. Jahrhundert. Die Trümmer der Tempel werden weggeräumt, die Geschäfte wieder repariert werden. Aber eines wird nicht weggeräumt und repariert werden können, eines wird in uns bleiben, so lange wir leben und so lange es Kinder ihren Kindeskindern erzählen können. Bleiben wird unser Haß gegen Deutschland und seine sadistischen Bestien!

24. November 1938

Wieder ist nach der großen Flut Ebbe eingetreten. Langsam beginnt man zu fassen, was geschehen ist. Das jüdische Leben beginnt langsam zu pulsieren.

30. November 1938

Heute abend bin ich etwas später nach Hause gekommen. Mein Vater war sehr besorgt und kam mir entgegen, um mir einen Krach zu machen. Meine Mutter schimpfte auch sehr als ich nach Hause kam und sagte, daß ich in der nächsten Zeit sicher nicht so spät nach Hause kommen werde. Um 12:00 Uhr ging ich schlafen.

1. Dezember 1938

Ich stehe etwas spät auf und gehe in die Küche, um mich zu waschen. Mein Vater grollt mir noch etwas wegen gestern. Ich erzähle ihm, daß die Aussichten für meine Ausreise sehr schwach seien. Ganz nebenbei sage ich ihm, daß ein Bekannter von uns seit einer Woche in Amsterdam sei und daß es diesem sehr gut gehe. Mein Vater meint, ich könnte mal zufällig seine Eltern fragen, wie er gefahren sei. Vormittags bin ich in der Stadt und gehe zu den Eltern dieses Burschen. Dort höre ich, daß auch sein Bruder gestern gefahren sei. Zu Mittag erzähle ich dies meinen Eltern und sage ihnen, daß es das Beste wäre, nächste Woche zu fahren. Als ich nach dem Essen am Diwan liege, überlege ich die Situation gründlich. Und plötzlich steht mein Entschluß fest. Nicht warten, ich fahre heute noch. Ich denke an die letzten Wochen. In wenigen Minuten habe ich mich zu einem Schritt entschlossen, der mein ganzes Leben verändern und bestimmen soll. Meine Mutter will und kann das nicht fassen. Aber ich gebe nicht nach, heute fahre ich noch weg, heute muß ich noch aus dieser Hölle hinaus in eine bessere Zukunft. Ich rufe meinen Freund Fredl an, er überlegt nicht lange, er zögert nicht eine einzige Sekunde. „Wir fahren um 11:00 Uhr“, ruft er durch's Telefon und laut rufe ich zurück: „Ja, um 11:00 Uhr.“ Meine Chawerim haben die Nachricht erhalten und sind sofort bei mir. Es ist bereits halb acht, ich fahre zu meinem Onkel, um mich zu verabschieden. Wie besessen rase ich auf dem Rad auf der nassen Straße dahin. Das letzte Mal auf meinem Rad, denke ich. Mein Onkel ist so verblüfft, daß er mir nur sagen kann: „Auf Wiedersehen, in Paris.“ Zu Hause sind ungefähr 15 Personen, Freunde und Bekannte, die sich von mir verabschieden wollen. Kurzschluß, ein schlechtes Zeichen, denke ich. Bei Kerzenbeleuchtung sitze ich mit meinen Chawerin zusammen, und zum letzten Mal singen wir wehmütige Lieder. Der Abschied ist sehr kurz. Meine Mutter steht noch immer fassungslos, so als könnte sie nicht begreifen, was vorgeht. Mein Vater und Fredls Eltern begleiten uns zur Bahn. Elf Uhr nachts. Langsam beginnt der Zug sich in Bewegung zu setzen. Beim Abschied hat mir mein Vater ein Medaillon gegeben.

„Gott schütze Dich“, steht darauf. Und nun beginnt der Zug immer schneller zu fahren. Zusammengesunken steht mein Vater auf dem Bahnsteig und winkt. Holpernd fährt der Zug über die Weichen, Heiligenstadt, Purkersdorf ... Und plötzlich wache ich auf, wie aus einem Schlaf und sehe mich um. Plötzlich beginne ich zu begreifen, was ich getan habe. Achtzehn Jahre in schönen Verhältnissen im Elternhaus gelebt und jetzt hinaus in eine unbekannte Zukunft. Aber der Drang nach der Freiheit ist stärker als das Gefühl für die Heimat. Gleichmäßig mit dem Rattern des Zuges hämmert es in mir. „Was wird sein, was wird sein.“ Ich lehne mich in die Ecke des Abteils zurück, ich blicke auf die Uhr. Es ist Punkt 12:00 Uhr. Der 1. Dezember 1938 ist vorbei. Gestern wußte, ja, ahnte ich nicht im Entferntesten das, was heute geschehen ist. 1. Dezember, dieser Tag wird mir mein Leben lang im Gedächtnis bleiben. Ich greife in die Tasche und ziehe das Medaillon hervor. „Gott schütze Dich“ denke ich ununterbrochen, und das Schaukeln des Zuges wiegt mich in leichten Schlummer.

2. Dezember 1938

Es ist unmöglich, zu schlafen. Leise bespreche ich mit Fredl, was in Köln sein wird. Wir fahren ins Dunkle, in eine ganz ungewisse Zukunft. Langsam hält der Zug in Passau. Wir verlassen das ehemalige Österreich. Die ganze Nacht brüte ich vor mich hin. Immer wieder versuchen wir uns vorzustellen, was sein wird. Fredl meint, daß in Köln bestimmt jemand sein wird. Wie Verfolgte sitzen wir im Zug, niemanden wollen wir ansprechen, jeder uniformierten Person weichen wir aus. Ich kann mir überhaupt keine Vorstellung darüber machen, wie wir nach Holland kommen würden. Vormittags fahren wir durch das Rheintal. Die überwältigende Schönheit dieses Landes lässt uns für einige Zeit unsere Sorgen vergessen. Um ½ 5 Uhr fahren wir endlich, sehr erregt, in die Halle des Kölner Bahnhofes ein. Wir steigen aus und gehen hinaus. Nirgends irgend jemand, der uns ähnlich sieht. Vor dem Bahnhof erhebt sich der ungeheure Kölner Dom. Ich habe das Gefühl, als würde mich seine Last niederdrücken. Einige Chauffeure frage ich, wo der Synagogenverein sei. Keiner kann mir Antwort geben. Ziellos wandern wir entlang der verkehrsreichsten Straße Kölns. Alles ist weihnachtlich geschmückt. Girlanden und Sterne aus Tannengrün sind über die Straße gespannt. Lichtreklamen, hell erleuchtete Auslagen und Menschen, Menschen, Menschen. Die Menge schiebt uns vor. Bei einem Zeitungsstand frage ich wieder, wo hier der Synagogenverein sei. Ein alter Mann will uns hinführen. „Geht ihr auf dem Gehsteig“, sagt er, „und ich auf der Straße, damit man nicht sieht, daß ich mit Juden gehe.“ Hoffentlich sind das die letzten Eindrücke aus dem Dritten Reich, denke ich und gehe verbissen weiter. Endlich sind wir da. Oben treffen wir einen Herrn, der gerade weggehen will. „Was?“ brüllt er uns an, „illegal über die Grenze? Wir sitzen schon fünf Jahre hier und können nicht hinaus, da kommt ihr aus Wien?“ Niedergeschmettert gehen wir hinunter. Unten treffen wir einen Burschen, der uns warnt, da die Gestapo jeden verhaftet. Wir sind ganz verzweifelt und wissen uns keinen Rat. „Nur nicht nach Wien zurück“, denke ich ununterbrochen. Wieder kommen wir zum Bahnhof. Wir sitzen im Restaurant und einer fragt den anderen „Was nun?“ Mir ist furchtbar heiß, ich sitz und grüble. „Komm“, sage ich zu Fredl, „gehen wir hinaus.“ Wir hatten uns in Köln eine Landkarte gekauft und gesehen, daß München-Gladbach nahe der Grenze sei.

Wieder sitzen wir im Zug. In München-Gladbach sehen wir, daß ein Zug nach Kaldenkirchen weiterfährt. Ich frage einen Schaffner, ob dieser Ort in der Nähe der Grenze sei. „Ziemlich“, sagt er und geht lächelnd weiter. Im Zuge sind viele Schulkinder, und wir fallen nicht besonders auf. Ich sitze und sehe in die Finsternis hinaus, gespannt wie in einem Kino, neugierig, was weiter geschieht. Ein SS-Mann geht durch den Zug. Kaldenkirchen. Wir steigen aus und sprechen den SS-Mann an. „Wir möchten eine legale Ausreise aus Deutschland“, sage ich mutig. Lange blickt er uns an, dann deutet er uns, mitzukommen. 20 Minuten lang führt er uns kreuz und quer durch den Ort. Unsere Nerven sind auf Höchstspannung, da wir nicht wissen, wohin er uns führt. Endlich bleiben wir vor einem Hause stehen. Ein zweiter SS-Mann öffnet und bedeutet uns einzutreten. Im Zimmer sitzt ein dritter, der uns aufmerksam mustert. Das Radio und ein gedeckter Tisch machen auf uns einen beruhigenden Eindruck. „Ihr wollt also illegal nach Holland?“ beginnt der, der uns aufgemacht hat. „Jawohl“, antworte ich. Wir werden untersucht und zu meiner großen Überraschung lassen sie uns 60 Mark in Silber. Zum Schluß sagt uns der Obersturmführer: „Jungens, macht's gut. Ihr müßt hinüberkommen. Denn kehrt ihr zurück, dann kommt ihr in ein Schulungslager … und dort kommt ihr nicht früher hinaus, bevor ihr weiße Bärte habt. Viel Glück, haut ab.“ Wir stehen in einer hellen Mondnacht und sehen uns an.

„Los“, sage ich, und in dem einen Wort steht die ganze Entschlossenheit meiner achtzehn Jahre. Schnell werfen wir die Tasche mit den Lebensmitteln weg. Nur einige Konserven stecken wir in die Hosen und dann geht's nach Westen. Bald sind wir außer dem Ort und schleichen weiter über die Felder und durch Wälder nach Westen, der Freiheit entgegen. Wie durch Fleiß scheint der Mond in seiner ganzen Helle, keuchend geht es weiter durch Dickicht, Morast und Gruben. So wandern wir einige Stunden, plötzlich stecken wir in einem undurchdringlichen Tannengehölz. Und nun beginnen wir zu kämpfen mit Händen und Füßen, wie gegen einen Feind. Immer wieder muß ich mir vorstellen, daß die Bäume SA-Leute sind. Endlich haben wir uns durchgekämpft und kommen nach kurzer Zeit zu einem schwarzen Pflock, der oben weiß angestrichen ist. Ungefähr 20 Meter von diesem steht ein finsteres Haus. „Das dürfte die Grenze sein“, flüstere ich zu Fredl. Hand in Hand schleichen wir am Haus vorbei und gehen die Straße hinunter. Bald sehen wir eine Tafel und Fredl hebt mich hinauf. „Verboden Tvegang“ steht drauf. Erleichtert atmen wir auf und gehen mutig weiter. Bald kommen wir durch einen Ort, der in völliger Dunkelheit liegt. Auf der Eisenbahnstation lesen wir den Namen: Belfeld. Als wir über die Schienen gehen, stolpern wir über die Signaldrähte. Sowohl Fredl als auch ich fallen die Böschung hinunter. Verwundert blicken wir umher, aber nichts unterbricht diese fast unheimliche Stille. Und plötzlich stehen wir mitten auf einer Straße, die asphaltiert und sehr breit ist. Es scheint eine wichtige Verkehrsstraße zu sein. Als wir einige Meter gehen, lesen wir: 6 km Venloo, 17 km Roermond. Unentschlossen bleiben wir stehen und sehen die Straße hinab. Man hört nun das Summen eines Motors, zwei Lichter tauchen auf und schon stehe ich winkend in der Mitte der Straße. Das Auto jedoch bleibt nicht stehen, sondern rast weiter. Wir beginnen nun in Richtung Roermond die Straße abwärts zu gehen. Nachdem wir ungefähr einen Kilometer gegangen waren, bemerken wir eine silbrige Fläche, die sich durch die Felder zieht. „Die Maas“, flüstere ich ganz erregt zu Fredl. Plötzlich fällt mir ein, daß es besser wäre, nach Venloo zu gehen. Da wir sehr müde sind, halte ich es für schwierig, die 16 Kilometer noch in der Nacht zu bewältigen. So kehren wir schließlich um und wandern nach Venloo zu. „Wir müssen sofort nach Hause telegrafieren“, sage ich zu Fredl, „denn die Freude unserer Eltern wird kolossal sein.“ Freudig erregt, beginnen wir schneller zu gehen. In Venloo werden wir noch achtgeben ... Ich wende mich um und werde von einem überaus starken Licht geblendet. Und plötzlich stehen, wie aus dem Boden geschossen, zwei Gestalten vor uns. Unser Schrecken ist unbeschreiblich. Da sie große Helme, weiße Schnüre und Pistolen tragen, erkennen wir sofort unsere Lage. „Wer seid ihr?“ beginnt einer in gebrochenem Deutsch. Ich spiele vorläufig den Tauben und zwinkere Fredl zu. Da jedoch der Mann eindringlich wird, beginne ich ihm einen Roman zu erzählen. Wir seien aus Amsterdam und hätten jemanden in Belfeld besucht und gingen nun nach Venloo, um nach Hause zu fahren. Kaum bin ich fertig, erkenne ich auch schon, was ich für einen Blödsinn gesagt habe. Ironisch lachen uns die Grenzer an. „Papiere?“ fragt der eine. Ich sehe ein, daß es das Beste wäre, überhaupt nicht zu antworten. Langsam, mit klopfenden Herzen, werden wir von den beiden Grenzern zur nächsten Stadt eskortiert. Ich flüstere Fredl zu, daß er Paß und deutsches Geld in die Hose fallen lassen soll. Ich tue dasselbe. Wir marschieren schon eine Stunde lang ununterbrochen erwägend, was mit uns geschehen wird. Ich bin zur Überzeugung gekommen, daß mir nichts passieren kann und es das Beste wäre, die Wahrheit zu sagen. Ich bleibe stehen, um etwas auszuruhen. Plötzlich ziehe ich den Paß hervor und überreiche ihn dem Grenzbeamten. „Nun, also“, sagt er und betrachtet aufmerksam unsere Pässe. Dann müssen wir weitergehen, immer weiter eine Straße hinab, einer ungewissen Zukunft entgegen.

3. Dezember 1938

Vollkommen erschöpft kommen wir gegen ½ 1 Uhr nachts in einem kleinen Städtchen an. Bei einem großen Gebäude klopfen die Grenzer an. Gespannt erwarten wir die kommenden Dinge. Als nicht geöffnet wird, gehen wir zu einem anderen Haus. Ein Mann öffnet das Fenster und spricht mit den Grenzbeamten. Nach kurzer Zeit erscheint er unten, begrüßt uns höflichst und wir werden in ein in der Nähe liegendes Haus geführt. In der Stube erkenne ich sofort, daß wir uns auf einer Polizeistation befinden. Der Mann scheint der Oberste der Polizei dieses Städtchens zu sein. Sein süßes Lächeln beginnt mich zu ärgern. In seinem Blick liegt eine herausfordernde Ironie und mit fremdem Akzent beginnt er zu fragen. Die gesamte Aussage wird in ein Buch geschrieben. Übrigens sagt er immer „Du lügst" zu mir. Nachdem er uns vollkommen ausgefragt hat, wurden wir untersucht. Alles was wir besitzen, müssen wir abgeben. Als er auch meinen Gürtel verlangt, bekomme ich ein sehr unangenehmes Gefühl. Langsam schlägt er die Bücher zu, blickt uns spöttisch an und sagt: „Die Herren werden jetzt schlafen gehen." Dabei lächelt er ganz unverschämt, als ob er sich über uns lustig machen wolle. Man führt uns hinaus, aber statt zum Ausgang, gehen wir in einen Gang hinein, in dem sich Türen befinden, deren Zweck man sofort erkennen kann. Ich hatte kaum zu denken begonnen, als ich schon in einer Zelle war und die Türe zugeschlagen wurde. Ein Schieber, der sich in der Tür befand, wurde geöffnet, und der Herr Polizeioffizier teilte mir höflichst mit, daß es um 8:00 Uhr heißen Kaffee gebe. Nachdem draußen Ketten und Riegeln vor die Tür geschoben wurden, wünschte man uns gute Nacht. Langsam verklangen die Schritte in der Ferne. Wir waren gefangen.

Lange blieb ich erstarrt stehen, ohne all' das fassen zu können, was sich in den letzten Stunden zugetragen hatte. Ein Klopfen an der Wand versetzte mich in die Wirklichkeit zurück. Zwischen mir und Fredl mußte eine meterdicke Wand sein, da das Klopfen wie aus weiter Ferne kam. Ich stieß fest mit dem Fuße an die Wand und bekam auch Antwort. In der Zelle war es furchtbar kalt, und da das Fenster offen war, peitschte der Sturm den Regen herein. Eine Holzpritsche, einige zerrissene Decken und mehrere Eisenringe waren das Mobiliar der Zelle. Das Fenster war so hoch, daß ich es nicht erreichen konnte, und außerdem waren dicke Eisenstangen angebracht. Als ich die Decken aufhob, sah ich, daß in der Pritsche ein Loch war, unter dem ein Blechtopf stand. Diesem Topf entstieg ein furchtbarer Geruch. Da es mir davor graute, mich auf die dreckigen Decken zu legen, begann ich, auf und ab zu gehen, um mich etwas zu erwärmen. Als es nichts nützte, hüllte ich mich in die Lumpen ein und legte meinen heißen Kopf auf die nasse Pritsche. Meine Erregung war so groß, daß ich, obwohl es die zweite Nacht ohne Schlaf war, nicht einschlafen konnte. Ununterbrochen plagten mich schreckliche Gedanken. Bald sah ich mich von SS-Leuten aufgegriffen, bald durch Wälder und Flüsse wandern. Vor mir stand ganz deutlich ein Gespenst: Deutschland. Meine Zukunft war ungewiss, man konnte mich zurückschicken oder gar ausliefern, man konnte mich ebenso gut tagelang in diesem mittelalterlichen Kerker hausen lassen. Wütend pfiff draußen der Sturm, kalte Regentropfen klatschten auf die Pritsche und kleine Bächlein begannen unter die Decken zu rieseln. Draußen begannen die Kirchenglocken die vierte Morgenstunde anzuzeigen.

Das ist unser Schicksal. So flieht dieses heimatlose Volk seit 2.000 Jahren aus einem Land in das andere, um sich vor dem Teufel „Pogrom" zu retten. So wird dieses schutzlose Volk in die Kerker gestoßen, so wird es getreten und gemartert. Eine ungeheure Wut stieg in mir auf, ich wollte die Tür eintreten, ich wollte mich befreien von der Schande eines Jahrhunderts. Warum hat man mich hier eingesperrt? Was habe ich verbrochen? So fragte ich mich immer wieder. Weil ich vor dem Feinde geflohen war, wurde ich vom Feind eingesperrt. Ich konnte all' das nicht fassen. Langsam begann ich zu bereuen. Ich sah mein Zimmer zu Hause und mein Bett, das jetzt leer stand. Immer neue Bilder drängten sich mir auf und fragten: „Warum bist du weg?" Aber ich konnte mir keine Antwort geben. Langsam begann ich zu weinen, langsam begannen die ersten Strahlen eines neuen Tages in meine Zelle zu kommen. Draußen läuteten die Glocken, ein Hund bellt.

Die grimmige Kälte ließ mich nicht liegen, furchtbar müde und zerschlagen begann ich wieder meine Wanderung. Ununterbrochen sprach ich mir Trost zu, schalt mich selbst feig. Ich klopfte an der Wand, keine Antwort. Inzwischen war es ganz hell geworden, und ich konnte draußen einen Kirchturm und eine Uhr sehen. Es war 7:00 Uhr früh. Die Kälte war unerträglich, meine Glieder ganz steif. Ich begann zu turnen und zu springen, umsonst. Die Zähne schlugen gegeneinander. Plötzlich entdeckte ich bei der Tür einen Klingelknopf. Sofort begann ich zu läuten, und wenige Minuten später näherten sich Schritte meinem Gefängnisse zu. Die Klappe wurde hochgezogen und eine weibliche Stimme rief: „Wer bellt?" Zuerst wollte ich sagen, daß ich kein Hund wäre, aber bald fiel mir ein, daß bell auf Deutsch Glocke heißt. Nachdem ich gehört hatte, daß der Polizeioffizier erst um 8:00 Uhr käme, wurde die Klappe wieder zugeschlagen. Eine Stunde lang versuchte ich vergebens, mich zu erwärmen, und als schließlich sich die Schlüsseln in den diversen Schlössern zu drehen begannen, war ich glücklich, endlich aus diesem mittelalterlichen Loche hinauszukommen. Nachdem ich draußen stand, wurde Fredl's Tür aufgemacht. Dieser Anblick wird mir wohl unvergesslich bleiben. Verschlafen, schmutzig, die Hose in der Hand, blickte er ängstlich um sich. Wir wurden in die Stube geführt, wo wir uns sofort zum Ofen setzten. Bald wurde uns ein graues, warmes Wasser und einige kohlschwarze Brote gereicht. Nachdem wir uns etwas erwärmt hatten, begann wieder das Verhör. Ich versuchte alles mögliche anzuführen und wies hin, daß wir bei Rückkehr nach Deutschland in ein Konzentrationslager kommen würden. Man versprach uns, nach Haag zu telefonieren. Kaum hatten wir uns etwas erwärmt, wurden wir wieder in den bekannten Gang vor die bekannten Türen geführt. Ich bat, daß man uns zusammen in eine Zelle stecken solle, was aber glatt abgelehnt wurde. Erbittert gingen wir in das kahle Verlies hinein. Wieder begann der Kampf mit der Kälte. Unzählige Male bat ich, uns nur für wenige Minuten zum Ofen zu lassen. Umsonst. Ich fragte mich ununterbrochen, wie so etwas in einem demokratischen Staat möglich sei. Aber ich hatte falsch spekuliert. Dieses Land, in das ich geflohen war, sollte ich zur Genüge kennen lernen. Die Stunden bis zum Mittag zu beschreiben ist müßig. Hinauf auf die Pritsche, herunter. Hinauf, herunter. Aber ich hatte noch Hoffnung, ich Narr glaubte noch an Menschlichkeit und Freiheit. Um 1:00 Uhr wurden wir gefragt, ob wir Mittagessen wollten. Ich bejahte, um in das warme Zimmer zu kommen. Als wir jedoch dort waren, wurde uns gesagt, daß kein Essen zu bekommen wäre. Während wir nun saßen und die Lage besprachen, begann im nächsten Zimmer der Herr Polizeiinspektor ein Lied zu pfeifen, das mir nur allzu bekannt vorkam. Er pfiff das Horst-Wessel-Lied. Da wußte ich alles. Kurz darauf trat er lächelnd ein und erklärte uns, daß er alles versucht habe. Wir mußten jedoch noch heute Abend nach Deutschland. Diese Nachricht gab uns den Gnadenstoß. Bleich saßen wir da, sahen uns nur an und dachten. Man ließ uns mit besonderer Zugabe noch eine halbe Stunde sitzen.

Da nun der Polizeioffizier weggegangen war, blieben wir mit einem Beamten im Zimmer. Da er etwas Deutsch konnte, erzählte er uns leise, daß wir es mehr im Süden versuchen sollten. Dabei wies er auf eine an der Wand hängende Landkarte. Sofort war ich dort. Mit aller Gewalt versuchte ich mir die Karte einzuprägen. Nach kurzer Zeit wurden wir wieder in die Zellen geführt. Draußen begann es zu dämmern, und noch immer fielen die Regentropfen gleichmäßig durch das Gitterfenster auf den kalten Steinboden. Es schien, als wollte der Himmel mit uns weinen. In der Dämmerung sah ich Bilder der Phantasie. Das Ankommen in Wien, die Verzweiflung des Misslingens. Ich bin nicht fähig, die folgenden Stunden zu schildern. Manchmal sah ich uns von Gestapo gefangen, in ein Lager gebracht, und in dieser höchsten Not erlebte ich all das Schreckliche der vergangenen Monate wieder. Es wurde immer finsterer, bis schließlich in der Zelle vollkommene Finsternis herrschte. Plötzlich wurde ich aufgerüttelt und schon standen wir im Zimmer. Dieselben zwei Beamten, die uns gestern erwischt hatten, schrieben etwas in unsere Pässe, die Sachen wurden uns zurückgegeben, und wir traten hinaus in die finstere Nacht. Es hatte inzwischen zu regnen aufgehört. Große Tümpel bedeckten die Straße, und hie und da kam uns ein holpriger Karren entgegen. Wie am Tage vorher gingen wir voran, während uns die zwei Soldaten scharf im Auge behielten. Es mochten ungefähr 15 Minuten vergangen sein, als wir aus einem Walde auf eine Landstraße gelangten. Am Rand stand ein schwarzer Pflock, der oben weiß angestrichen war. Wir standen wieder an der holländisch-deutschen Grenze. Wir wurden abgeschoben. „Dort drüben ist Kaldenkirchen. Gehen sie gerade aus. Gute Nacht." Schweigend blieben wir stehen und blickten hinüber zu den Lichtern des Städtchens Kaldenkirchen. „Auf Wiedersehen", sagte ich. „Oh, neun niet auf Wiedersehen, Adieu", antworteten die Grenzer. „Oh ja." Auf Wiedersehen in einem schönen, freien Holland.

Wir gingen einen Feldweg entlang. In der Ferne sah man die Silhouetten der zwei Grenzer, die uns mit den Augen verfolgten. Nachdem wir eine Zeit lang auf offenem Feld gegangen waren, kommen wir zu einem größeren Gebüsch. Und plötzlich handelten und dachten wir instinktiv. Wir wußten, es gab kein Zurück nach Deutschland, kein Zurück in den Kerker, in das Land des Teufels. Wir waren heraus, wir durften nicht zurück. Schnell krochen wir ins Gebüsch und warteten. Alle Angst war verflogen, wir waren wieder frei und mußten trachten, diese Freiheit zu behalten. So verging eine Viertelstunde, eine halbe Stunde. Schweigend saßen wir auf der feuchten Erde zwischen dem nassen Gestrüpp. Ich zog meinen Paß heraus und leuchtete mit einem Zündholz hinein. „Toelatin geweigerd“ [Zulassung verweigert], stand drinnen. Es mußte 10:00 Uhr nachts geworden sein, als wir langsam aus dem Gebüsch hinauskrochen. Es hatte wieder leicht zu regnen begonnen. Wir begannen einen Kampf gegen Sturm, Regen und Morast. Wir sahen überhaupt nicht auf den Weg, liefen kreuz und quer durch die Felder auf die holländische Grenze zu. Nach kurzer Zeit war ich vollkommen durchnässt. Keuchend liefen wir weiter, oft bis zu den Knien versinkend. Bald sahen wir eine Straße, auf der man manchmal Fahrräder bemerkte. Vorsichtig geworden, begannen wir uns bei jedem Lichtschein niederzuwerfen. Auf, nieder, in den Morast, aus dem Morast. Inzwischen waren wir in einen Ort gekommen und standen vor einem Zaun. Nachdem wir hinübergesprungen waren, befanden wir uns in einem Garten. Etwas weiter stand ein Haus, aus dessen Fenstern heller Lichtschein drang. Wir mußten unbedingt durch den Lichtkegel, da es keinen anderen Ausweg gab. Zuerst lief ich, dann Fredl. Am Fenster waren Schatten erschienen, so daß wir gleich über den zweiten Zaun springen mußten. Wir waren auf einer gut asphaltierten Straße. Langsam und gebückt schlichen wir dahin ohne Richtung, ohne Ortskenntnis, nur mit festem Ziel. Ich konnte diese Ungewißheit nicht länger ertragen und klopfte an einem Haus an. Zuerst Ruhe, dann feste Schritte und die Tür wurde geöffnet. „Heil Hitler", sagte ein jüngerer Mann, „was wünschen Sie." – „Wo ist hier die holländische Grenze?" fragte ich, wie eingelernt. Krachend flog die Tür zu. Im ersten Moment war ich so verblüfft, so fassungslos, daß ich mich nicht rühren konnte. Wir waren also wieder in Kaldenkirchen. Dieses letzte deutsche „Heil Hitler" raubte mir die Fassung, machte mich vollkommen mürbe. „Es ist ganz egal, wohin wir kommen", sagte ich zu Fredl, „gehen wir diesen Weg entlang. Kommen wir nach Holland gut, wenn nicht, fahren wir nach Wien zurück." Nur diese dritte Nacht ohne Schlaf, nur der Hunger und die Enttäuschung, konnten diesen Entschluss hervorbringen. Komme, was kommen mag, gehen wir immer gerade aus. So begannen wir wieder zu wandern, auf einem Wege, der uns zur Freiheit oder in den Kerker „Deutschland" führen mußte. Wir mochten ungefähr zehn Minuten gegangen sein, als uns der Weg in einen dicken Tannenwald führte. Ununterbrochen versuchten wir nach dem Mond die Weltrichtungen zu bestimmen. Aber wir gingen weiter ins Ungewisse. So ging es schweigend weiter durch den dunklen Wald und den Morast. Socken und Kleider waren vollkommen durchnässt, und bei jedem Schritt patschte das Wasser in den Schuhen. Wir hatten schon längst die Hoffnung aufgegeben, nach Holland zu kommen, aber wir gingen trotzdem immer weiter in den Wald hinein, wie von etwas Unbestimmtem getrieben. Plötzlich bemerkten wir eine Tafel. Als Fredl mich hinaufhob, konnte ich die Aufschrift lesen. „500 m zur Reichsgrenze". Unsere Freude kannte keine Grenzen, froh begannen wir zu laufen, immer weiter durch den dunklen Wald der Grenze zu.

Einmal stolperte ich über einen Stumpf, und als ich näher hinblickte, bemerkte ich, daß ein goldener Ring daraufgemalt war. Es waren die Markierungen der deutschen Reichsgrenze. Vor uns tauchte eine Lichtung auf, und bald darauf traten wir ins Freie hinaus. Auf's höchste überrascht blieben wir, wie gebannt, stehen. Wir blickten uns um, wir staunten und konnten es nicht glauben. Wir stehen an derselben Stelle wie vorgestern. Da ist der schwarze Pflock mit der weißen Kappe, dort das finstere Haus, die Straße, die nach Belfeld führt. Genau so wie vorgestern schlichen wir vorsichtig um das Haus. Aber heute sind wir schon belehrter. Wir gehen nicht mehr auf der Straße, sondern auf dem Felde gebückt. Wie wir so dahinkriechen, durchnässt und verdreckt, erkenne ich, daß erst jetzt unüberwindliche Schwierigkeiten beginnen. Keiner hat Geld, keine Ortskenntnis, keine normale Kleidung – nur Gefahr. Es gibt nur einen Weg, und der heißt Menschen suchen, bei denen wir uns ausruhen können und die uns den Weg zeigen. In dieser dritten Nacht ohne Schlaf kriechen wir vollkommen erschöpft ganz langsam weiter. Ich habe mir gemerkt, daß an der Straße eine Mühle steht und ich will dort hineingehen. Über dem Eingang ist ein Schild angebracht, auf dem ein Wappen und eine Inschrift ist. Es kann nur eine Grenzstelle sein. Schritte nähern sich der Tür. Rasend schnell biege ich um das Haus, reiße Fredl mit, und schon laufen wir die Straße hinunter. Hinter uns hören wir das Holpern eines Wagens. Schnell liegen wir flach auf dem Felde, als eine kleine Kutsche vorbeifährt. Erst nachdem sie vollkommen unseren Augen entschwunden ist, richten wir uns auf und kriechen, bis an die Knöchel im lehmigen Ackerboden versinkend, auf dem Acker weiter. Es ist mir ganz klar, daß es unmöglich ist, diese Nacht weiter zu marschieren, und wir beschließen, in ein Haus zu gehen. Etwa hundert Meter von uns entfernt steht ein Gehöft auf freiem Felde. Einige Fenster sind erleuchtet. Rasch springen wir über Kohl und andere Pflanzen und bleiben klopfenden Herzens vor der Haustüre stehen. Nachdem wir geläutet haben, nähern sich Schritte der Türe. Eine ältere

Frau öffnet uns und blickt uns überrascht an. Ich sage, daß wir ausruhen möchten und komme, obwohl sie mich nicht zu verstehen scheint, sofort hinein. Mit triefenden Kleidern, zerrissen und beschmutzt, stehen wir in einer Küche, bestaunt von dem Bauern, seiner Frau und sechs Kindern. Mitleidig sehen sie uns an, und obwohl sie uns nicht verstehen, dürften sie alles erraten. Aus dem Zimmer tritt ein großer Mann mit Holzpantoffeln. Auch er sieht uns überrascht an und beginnt plötzlich deutsch zu sprechen. Nachdem wir die Mäntel abgeworfen haben, führt man uns in das Zimmer. Im ganzen Hause herrscht ein eigentümlicher bäuerlicher Geruch. Die Frau sitzt mit einer Näharbeit und wirft uns hie und da einen fragenden Blick zu, während der Bauer und die Kinder uns wie Wundertiere anstarren. Barfuß sitzen wir am Ofen, unsere Kleider hängen ringsherum, und aus einer riesigen Kanne schenken wir uns Kaffee ein. Der deutschsprechende Mann, ein benachbarter Bauer, der sich hier angesiedelt hat, unterhält sich mit uns. Die ganze Umgebung macht auf mich einen eigentümlichen Eindruck. Die leise tickende Wanduhr, die Petroleumlampe und das Familienbild wirken beruhigend und anheimlich. Bald erkennen wir, daß wir zu Menschen gekommen sind, die uns helfen wollen. Nachdem wir vieles erzählt haben, beginnt der deutsche Bauer mit uns zu besprechen, wie wir weiterkommen könnten. Klar setzt er uns die Schwierigkeiten auseinander. Da heute Samstag ist, müssen wir noch diese Nacht weiter. Ein Problem ist das Geld. Lange besprechen die Bauern, was sie uns für das deutsche Geld geben wollen. Scheinbar kommen sie zu keinem Resultat. Der deutsche Bauer erklärt uns nun, wie wir zu gehen hätten. Wir müssen vor 11:00 Uhr an der Maas sein, dort mit der Fähre, die aber bewacht wird, hinüber und bis zur nächsten Eisenbahnstation marschieren. Genau erklärt er uns den Weg bis zur Fähre nach Steil und weiter bis zur Eisenbahnstation Weert. Da der Weg sehr lange und schwierig ist, beschließen wir, daß ich mir den Weg nach Steil und Fredl sich diesen nach Weert merken solle. Wohlig bewege ich die Füße vor dem warmen Ofen. Seit vielen Stunden waren sie im Wasser, und es wird ein Wunder Gottes sein, wenn nichts passiert ist. Dumpf schlägt die Wanduhr die zehnte Stunde, gespenstige Schatten kriechen die Wand entlang, schweigend sitzen wir in der Stube. Die Frau sagt immer wieder „Ohne Papiere" vor sich hin und schüttelt dabei den Kopf. Sie meint wahrscheinlich, daß wir ohne Papiere (Visum), nicht weiterkommen würden. Langsam ziehen wir die noch immer nassen Strümpfe an. In die Schuhe kommen wir kaum hinein. Wieder ist die Sprache auf das Geld gekommen. Nach langem Zögern geben uns die Bauern einen Schein und vier einzelne Geldstücke. Wir legen 53 Mark in Silber auf den Tisch. Der Deutsche hat uns versprochen, uns bis zu seinem Gehöft, das auf unserem Wege liegt, zu begleiten. Es ist für mich eine Erleichterung, daß wir nicht allein in die Nacht müssen. In der Küche hängen wir unsere Mäntel um und danken den Leuten. Schweigend, jeder mit seinen Gedanken beschäftigt, treten wir ins Freie hinaus. Am Wege erklärt uns der Bauer immer wieder den Weg, damit wir es nicht vergessen. Nach kurzer Zeit kommen wir zu seinem Gehöft. Er heißt uns warten und bringt uns dann jedem ein paar dicke, schwarze Bauernstrümpfe. Dankbar nehmen wir dieses schöne Geschenk an. Ich habe überhaupt den Eindruck, daß dieser Mensch uns einen Bruchteil von dem gutmachen will, was seine Brüder drüben verbrochen haben. Fünf Minuten noch begleitet er uns, um uns auf den richtigen Weg zu führen. Dankbar drücken wir ihm die Hand. Ich weiß nicht, wie er heißt, er weiß nicht, wie ich heiße. Er war ein Mensch, ein hilfreicher, den wir in höchster Not gefunden hatten. Das Gehöft auf dem freien holländischen Boden, an den Deutschen, der Mensch war, werde ich immer denken.

Froh marschierten wir nach Holland hinein, endlich mit festem Ziel. Obwohl es die dritte Nacht ohne Schlaf ist, geht es schnell weiter. Alle Müdigkeit ist geschwunden, es heißt Nerven behalten für den Kampf, für die Freiheit. Bald tauchen vor uns Lampen auf und bald stehen wir auf derselben Alleestraße, auf der wir gestern geschnappt worden waren. Aber Schaden macht klug. Kaum sehen wir ein Licht herankommen, liegen wir schon im Straßengraben. Ein Auto kommt heran. Schnell sind wir über einen Zaun gesprungen und fallen einen steilen Abhang hinunter. Wir lachen. Durch einige dunkle Gassen gelangen wir zur Maas. Leise plätschert das Wasser und ewig geht sein Lauf. Unentschlossen steigen wir zum Ufer hinab und bemerken ein Schiff, das dort verankert liegt. Da wir die Fähre nicht sehen, steige ich auf das Schiff und klopfe mit dem Fuße auf den Eisendeckel. Erst nachher kam mir in den Sinn, eine große Unvorsichtigkeit begangen zu haben. Sofort höre ich auch schwere Tritte. Ein Mann mit Schifferkappe und wildem Barte fragte mich etwas in mürrischem Ton. Er scheint etwas Deutsch zu verstehen. Denn als ich frage, wie man ans andere Ufer gelangen könne, zeigt er mit dem Finger stromaufwärts. Inzwischen ist Fredl näher gekommen. Erst jetzt beginnt uns der Mann näher zu betrachten. „Ah, deutsche Flüchtlinge“, sagte er überrascht und eilt schnell in das Schiffsinnere. Höchst überrascht bleiben wir auf dem Schiffe stehen. Nach kurzer Zeit aber erscheint er wieder und legte uns folgenden Plan vor. Etwa 200 Meter stromaufwärts zeigt er uns ein grünes Licht – die Fähre, unsere Hoffnung. Schon wollen wir weitereilen, aber er erzählt uns, daß sie Tag und Nacht von Posten bewacht wird. Unsere ganze Hoffnung ist genommen, furchtsam starren wir zum grünen Licht hinüber. Soll es uns nicht gelingen, die dunklen Fluten dieses Flusses zu überschreiten. Doch der Schiffer will versuchen, den Posten abzulenken, so daß wir einsteigen könnten. Er heißt uns warten und eilt voran. Mit gemischten Gefühlen bleiben wir stehen. Will uns der Mann helfen oder will er den Posten holen? Sekundenlang überlege ich, ob wir nicht fortlaufen sollen. Nein, wir müssen alles auf eine Karte setzen, wir müssen glauben, daß uns der Mann helfen will. Der Mann läuft in der Ferne auf das grüne Licht zu. Hart am Ufer steht eine Kirche mit hohen Mauern, zum Zerreißen gespannt sind unsere Nerven. Alle Müdigkeit, all die Hoffnungslosigkeit mischt sich mit dem gespannten Warten. Nun bemerken wir den Mann auf einem Hügel, knapp vor der Kirche. Er steht im Lichtkegel einer Lampe und winkt. Dumpf schlagen die Glocken die elfte Stunde. Dumpf rauschen die Fluten der Maas. Gespenstisch steht der Mann auf dem Hügel, während wir hineilen. Es ist ein Bild, das ich nie vergessen werde. Wohin eilen wir? Auf die Fähre? Oder in die Arme des Postens, der vielleicht hinter der Mauer steht? Das Herz schlägt mir bis zum Halse hinauf. Endlich sind wir da. Schon stehen wir auf einer Brücke. Ein Mann dreht eine Kurbel, ein anderer mit Holzpantoffel und Rad eilt herbei und plötzlich löst sich die Brücke vom Ufer los, Schnüre werden gezogen, der Motor heult auf. Alles in wenigen Sekunden. Wir fahren, wir fahren, dem anderen Maasufer entgegen. Wie eine Statue, wie ein Gottgesandter steht der Schiffer noch immer im hellen Lichtschein am Kirchenhügel. Jetzt nimmt er seine Kappe ab und winkt. Dumpf klingen die Glocken aus. Dumpf rauscht die Maas. Wir fahren, wir fahren dem anderen Maasufer zu. Bald legt auch die Fähre drüben an, und mit jubelndem Herzen laufen wir auf den Boden hinaus. Der Mann mit dem Rade versteht ebenfalls gut deutsch und nachdem er gehört hat, daß wir Flüchtlinge sind, verspricht er, uns bis zur nächsten Ortschaft zu begleiten. Einmal noch drehe ich mich um, einmal noch sehe ich die Kirche, den Hügel, den Schiffer und die grüne Fahrlampe von Steil. Ein großes Hindernis ist überstanden, aber wie viele sind noch zu überstehen?

Doch momentan wandern wir froh mit dem Manne die holländische Landstraße entlang. Auch er erklärt uns den Weg zur nächsten Eisenbahnstation und warnt uns immer wieder vor den häufigen Patrouillen. Bald nähern wir uns einer Ortschaft, und nachdem uns der Mann nochmals alle Kreuzungen, Biegungen und Straßen erklärt hat, drückt er uns herzlich die Hand. Langsam gehen wir am Straßenrande weiter. Nach ungefähr zehn Minuten kommt plötzlich ein Radfahrer in schneller Fahrt entgegen. Schon liegen wir hinter einem Damm, doch der Mann bremst knapp vor uns scharf ab. Vorsichtig schaue ich hervor und erkenne unseren Begleiter. Noch immer erschrocken und mißtrauisch kommen wir hervor. Er lobt unsere Vorsichtigkeit und gibt uns ein Paket Käse, das er vergessen hat, uns zu überreichen. Zum zweiten Mal verabschieden wir uns von unserem Helfer. Wir wandern immer geradeaus, der Reichsstraße entlang. Schweigend, immer schneller in das Land hinein.

4. Dezember 1938

Es war die furchtbarste Nacht meines bisherigen Lebens. Werde ich sie je vergessen können? Habe ich nicht in dieser unendlich langen Nacht alles gebüßt. 50 Kilometer in einer Nacht, die die dritte ohne Schlaf war, und in höchster Gefahr. Kann man diesen Weg überhaupt beschreiben, frage ich mich jetzt? Nein, man kann nur das Äußere dieses Marsches erzählen, aber was wir fühlten, was wir litten, das werde ich niemals erzählen können. Wir marschierten auf der Landstraße und zählen Kilometer nach Kilometer. Jede zehnte Minute müssen wir uns in den Straßengraben werfen, und so besteht dieser Marsch in einem Auf- und Niedergehen. Die Strümpfe, die wir noch nicht wechseln konnten, vollkommen durchnäßt, die Schuhe aufgeweicht, die Mäntel verdreckt. Die Augen kaum fähig offen zu halten, schleppen wir uns Kilometer für Kilometer, Stunde für Stunde hin, ohne eine Eisenbahnstation zu erreichen. Wie Ahasver, der ewige Jude, verfolgt und vertrieben. Bald muß ich mich immer wieder auf einen Kilometerstein niedersetzen. Fredl muß mich dann aufrütteln, denn ich schlafe sofort ein. Einmal tauchen knapp vor uns zwei Lampen auf, die schnell auf uns zukommen. Kaum stehen wir hinter einem Baume, nur zur Not verdeckt, fährt auch schon eine Patrouille vorbei. Zum Unglück stecke ich noch den Kopf hervor, aber werde nicht bemerkt. Noch immer erschrocken gehen wir weiter. Später kommen wir bei einem Heuschober vorbei. Sofort kriechen wir ins nasse Stroh hinein, um die Strümpfe zu wechseln. Es ist eine Wohltat, endlich wieder ein paar trockene Strümpfe anzuhaben. Der Bauer hat uns gesagt, daß wir 20 Kilometer bis Weert hätten, aber nirgends sehen wir eine Tafel, die diesen Ort anzeigt, nirgends Eisenbahnschienen. Auf jeden Richtungsanzeiger, auf jede Tafel klettere ich hinauf, unzählige Male versuchen wir nach den Sternen die Weltrichtungen zu finden, aber von einer Eisenbahnstation ist weit und breit nichts zu sehen. Nur die breite Straße läuft immer weiter, und wir auf ihr. Es ist 2:00 Uhr, es wird 3:00 Uhr und es wird 4:00 Uhr. Aber die Straße läuft weiter. Ich bin so erschöpft, daß ich während des Gehens, den Kopf auf die Schulter Fredls gelehnt, schlafe. Oft eine Viertelstunde lang gehe ich im Schlafe und wache dann plötzlich auf. Noch immer müssen wir uns in den Graben werfen. Nimmt diese Nacht der Qualen kein Ende?

Ich weiß gar nicht, ob ich gehe. Als ich wieder auf der Schulter Fredls eingeschlafen bin, weckt er mich plötzlich durch einen Stoß auf. Überrascht horchen wir in die Nacht hinaus. Ja, dort vorne, es muß ganz nahe sein. Wir haben das Geräusch eines fahrenden Zuges gehört. Ein Zug fährt auf Schienen. Schienen führen zu einer Eisenbahnstation. Schneller gehen wir weiter, längst sind wir 20 Kilometer gegangen. Plötzlich wieder dieses Geräusch, jetzt näher, aber von einer anderen Seite. Wir gehen von der Straße ab auf einen Seitenweg, da wir von dort ein Geräusch hören. Nach zehn Minuten stehen wir vor einer Mühle mit Wasserrad. Das war das Geräusch. Furchtbar enttäuscht kehren wir um und kommen auf die Landstraße. Inzwischen ist es 4:00 Uhr morgens geworden. Eine eisige Kälte hat eingesetzt. Zitternd schleppen wir uns weiter. Aber jetzt? Ja, das war deutlich, der Pfiff einer Lokomotive, aber in weiter Ferne. Mit neuer Hoffnung schleppen wir uns weiter, denn von Marschieren ist schon lange keine Rede mehr. Es mochte wohl kurz nach vier Uhr morgens sein, und tiefe Nacht, als wir plötzlich, wie zu Stein erstarrt, stehen bleiben. Vielleicht war es nur die Phantasie, die Übermüdung, die unseren erhitzten Gemütern einen Streich spielen konnte. Etwa hundert Meter vor uns stieg plötzlich ein mit roten und weißen Lampen beleuchtetes Etwas in die Höhe. Immer höher stieg das Ungeheuer, blieb plötzlich stehen und verlöschte. Fassungslos und erschrocken trauten wir uns keinen Schritt weiter. So standen wir einige Minuten, unfähig uns zu bewegen. Doch plötzlich leuchtete das Ungeheuer wieder, senkte sich herunter und wenige Sekunden später raste etwas Beleuchtetes vorbei. Das Ungeheuer war ein beleuchteter Bahnübergang.

Ich lache heute darüber, aber damals war meine Angst verständlich. Die drei Nächte ohne Schlaf, nur im Regen und auf dem Marsche, konnten so etwas hervorbringen. Obwohl wir nun wußten, was das Ungeheuer war, waren wir so erschrocken, daß wir uns nur ganz langsam heranschlichen. Knapp an der Straße stand auch ein hohes Bahnwärterhäuschen und ein Stellwerk. Schnell huschten wir vorbei, stolperten über einen Zaun, ein Hund heulte auf, wir sprangen über einen Zaun und liefen den Bahndamm entlang. Nach kurzer Zeit mußte ich mich auf einen Balken setzen, denn ich konnte nicht mehr weiter. Sofort schlief ich. Fredl weckte mich und wir horchten in die Nacht hinaus. Es war ein Geräusch, als ob ein Zug über eine lange Eisenbrücke fahren würde. Langsam gingen wir weiter. Schon hörten wir das Klingen der Schienen, zwei Lichter, und knapp an uns fuhr mit großer Geschwindigkeit ein Lastzug vorbei. Nach kurzer Zeit hörten wir wieder dieses Geräusch, und diesmal war eine Täuschung unmöglich. Es war eine Brücke. Wir begannen logisch zu überlegen. Schon in Wien hatte ich nur eine Karte angeschaut. Es gab hier nur einen Fluß – die Maas. Es konnte also nur eine Maasbrücke sein. Wir jedoch waren schon über die Maas. Nun begann es mir zu dämmern. Wir waren die ganze Nacht im Kreis gegangen. Dieser Schluß verblüffte uns einigermaßen, und da wir wußten, daß alle Brücken von Posten besetzt waren, andererseits wir auch nicht über die Maas nach Deutschland wollten, kehrten wir mit rasender Geschwindigkeit um und beschlossen in entgegengesetzter Richtung zur nächsten Station zu gelangen. Bald standen wir auch beim Stellwerk, und gerade als wir vorbeigingen, wurde die Türe geöffnet und heller Lichtschein fiel auf uns. Sofort drückten wir uns an die Mauer und begannen zu laufen. Bald waren wir außer Gefahr und marschierten mit neuer Hoffnung den Schienen entlang. Nach einigen Kilometern begann es auch zu dämmern. Langsam konnte man die Landschaft erkennen. Alle Müdigkeit war gewichen, und da es furchtbar kalt war, gingen wir schnell. Es wurde 6:00 Uhr, es wurde 7:00 Uhr, ja, es wurde sogar um 8:00 Uhr taghell, aber eine Bahnstation war nirgends zu sehen. Wie ein riesiger Schleier hob sich der Nebel von den Feldern ab. Hie und da ein Bauernhaus oder eine Mühle. Eine unheimliche Stille, die göttliche Ruhe eines Sonntagmorgen.

Ein neuer Tag war angebrochen, eine furchtbare Nacht lag hinter uns. Und so flog Kilometer auf Kilometer an uns vorbei, die Sonne stieg höher, manchmal fuhren Züge an uns vorbei. Gegen 10:00 Uhr sahen wir eine Station vor uns. Wir gingen hinein und hörten, daß hier kein Schnellzug halte, sondern daß die nächste Station Weert acht Kilometer weiter sei. Ein Endspurt begann. Kurze Zeit nur ruhten wir aus, dann ging es weiter. Nach einer Stunde sahen wir auch eine größere Siedlung in der Ferne. Die Schienen teilten sich, und wir verließen den Bahndamm, um auf die Straße zu gelangen. Da es Sonntag war, fuhren sehr viele Leute auf der Straße, und wir bemerkten bald, daß uns jeder nachschaute. Wir putzten unsere Mäntel, so gut es ging. Ich stopfte meinen Hut in die Hosen und warf die dreckigen Handschuhe weg. Um punkt 12:00 Uhr kamen wir am Bahnhof von Weert an und lösten zwei Karten nach Amsterdam. Da der Zug erst um 13:00 Uhr ging, huschten wir in das nächste Kaffeehaus hinüber. Der Kellner schaute uns ziemlich verdutzt an, als wir auf Deutsch ein Frühstück bestellten. Sofort stürzten wir uns auf Käse, Brot und Tee, da wir seit vielen Stunden nichts mehr im Magen hatten. Da nach kurzer Zeit ein Polizeioffizier kam, zahlten wir schnell und verließen fluchtartig das Lokal. Als ich mich bei der Tür umdrehte, bemerkte ich kotige Fußspuren, die von uns herrührten. Am Bahnhof gingen wir sofort in ein Klosett, um dort die Ankunft des Zuges abzuwarten. Nach kurzer Zeit fuhr auch ein herrlicher Schienenzeppelin ein. Zuerst wagten wir uns kaum, auf die mit Leder überzogenen Stahlrohrsitze niederzusetzen. Das Ärgste schien nun überwunden zu sein. Müde legten wir uns zurück und sahen auf die an uns vorbeifliegende holländische Landschaft hinaus. Und nun kam die große Frage. Was wird in Amsterdam sein? Wer nimmt uns dort auf? Diese Frage ging uns nicht aus dem Sinn. Wir hatten mit den schwierigsten Strapazen das ärgste Hindernis überwunden, aber was würde weiter sein? Die Landschaft lenkte uns etwas von unseren Gedanken ab. Sehr oft fuhren wir über Brücken und sahen kleine und größere Schiffe. Wasser schien überhaupt den Großteil des Landes zu bedecken. Am Bahnhof von Utrecht sahen wir einen Neger, der mit allen möglichen Farben bekleidet war. All diese Dinge nahmen unsere Aufmerksamkeit so in Anspruch, daß wir gar nicht bemerkten, daß wir bereits durch eine Stadt fuhren. Nach kurzer Zeit fuhren wir in eine Halle ein. Es war der Amsterdamer Westbahnhof. Da unsere Karten bis zum Hauptbahnhof gingen, fuhren wir weiter. Unsere Erregung hatte den Höhepunkt erreicht. Aufgeregt rutschten wir auf unseren Plätzen herum. Das Stadtbild, der Lärm, die Ungewissheit, die Müdigkeit – das alles wirkte auf uns ein. Wir fuhren in eine riesige Halle ein und stiegen aus.

Furchtsam suchend gingen wir mit der Menge dem Ausgang zu. Plötzlich kam ein Träger mit weißer Jacke auf uns zu und sagte ganz gelassen: „Schulem aleychem, das Comité für jüdische Flüchtlinge befindet sich s'Gravenhecke 7." Ich glaube wir haben ihn wie Ochsen angestarrt. Zuerst waren wir so überrascht, daß wir nicht sprechen konnten. Nachdem wir uns etwas erholt hatten, ließen wir uns den Weg beschreiben und dankten dem Träger. Freudig traten wir aus dem Bahnhof heraus. Hatten schon die Fahrt, die Landschaft und all das einen Eindruck auf uns gemacht, so wurde dieser durch das Stadtbild noch gewaltig erhöht.

Vor uns ein riesiger Hafen mit unzähligen Schiffen, hohe Zugbrücken, Straßenbahnen, Lärm, Menschen, Hupen, Sirenen. Furchtsam bahnten wir unseren Weg durch die Menge. Nach langem Fragen kamen wir zum Comité. Und nun kamen neue Überraschungen. Dort schien alles selbstverständlich. Sofort bekamen wir eine Nummer und mußten warten. Plötzlich bemerkte ich Fredl Schwarz, der einen Tag vor mir weggegangen war. Überrascht begrüßten wir uns. Er gibt uns eine Adresse, die wir dann drinnen sagen sollen. Wir werden vorgerufen, werden nach Daten gefragt und bekommen einen Brief, mit dem wir am nächsten Tag zur Polizei gehen müssen.

In einem anderen Zimmer erhalten wir einen Zettel für die Pension, und wenige Minuten später sitzen wir mit

Fredl in der Straßenbahn, um zu unserem zukünftigen Heim zu gelangen. Wir haben noch immer keine Zeit, alles zu überdenken, denn Fredl erzählt alles, was er weiß. Nach diesem ganzen Empfang muß der Apparat des Comités ein ganz gewaltiger sein. Nach kurzer Fahrt steigen wir aus und gehen die Van Woustraat, eine herrliche breite Straße mit schönen Häusern, entlang. Vor Laha's Lunchroom bleiben wir stehen und treten ein. Der Empfang ist überaus herzlich, sofort werden wir allen Kameraden vorgestellt, und man setzt uns ein prächtiges Mahl vor. Die beiden Inhaber des Speiseraumes weichen nicht von unserer Seite, und bald kennen alle Kameraden unsere Geschichte. Und nach dem Essen kommt der schönste Augenblick. Das Telefongespräch mit Wien. Alle stehen im Kreise um uns herum, und sowohl ich als auch die Eltern sind so überrascht, daß wir kaum sprechen können. Erst jetzt bemerke ich, daß ich kaum stehen kann. Die Sohlen sind voll Blasen und die Füße geschwollen. Als uns kurze Zeit darauf Herr Laha in unser Zimmer führen will, das nicht weit entfernt ist, kann ich kaum gehen. Unser Zimmer ist zehn Minuten von unserer Pension entfernt gelegen, und die Leute geben sich die größte Mühe mit uns. Es ist ein schönes Zimmer mit freier Aussicht über das ganze Stadtviertel. Heute müssen wir zusammen in einem Bett schlafen, da erst morgen ein zweites kommt. Schnell streifen wir die schmutzigen Kleider ab und kriechen ins Bett. Lange liege ich wach und kann nicht einschlafen. Die Übermüdung und die Geschehnisse der letzten Tage und Stunden sind zu groß. Draußen klingelt die Straßenbahn und hell scheint der Mond. Ich bilde mir ein, dies sei mein Zimmer und ich sei – zu Hause.

5. Dezember 1938

Müde und zerschlagen wache ich um 10:00 Uhr vormittags auf. Nachdem wir uns gewaschen und angezogen haben, gehen wir in die Pension. Das Frühstück ist herrlich und ausreichend. Später gehen wir zur Polizei. Man ist dort sehr nett, nimmt alle unsere Daten auf, und wir erhalten eine Karte, mit der wir uns zweimal in der Woche melden müssen. Mit diesem Gang haben wir alle Pflichten erledigt, und froh gehen wir zum Mittagessen durch die wunderschöne Stadt. Nach dem Essen besichtigen wir alle Sehenswürdigkeiten, und so verläuft der Tag recht schön. Am Abend fallen wir vollkommen fertig ins Bett und stehen am nächsten Tag spät auf.

6. Dezember 1938

Nach Tagen der Mühe und Verzweiflung ist wieder Sonnenschein in mein Leben gekommen. Mit Schlafen und Essen reichlich versorgt, versuchen wir uns möglichst schön die Stunden zu gestalten. Obwohl wir nun schon den dritten Tag in Amsterdam sind, können wir all das, was um uns und mit uns geschieht, kaum fassen. Wie ein Wunder erscheint mir diese gewaltige Organisation, die für uns sorgt. Auch heute stehen wir erst gegen 10:00 Uhr auf, und nun spürt man die Schmerzen ganz gewaltig. Die Füße sind vollkommen angeschwollen und der ganze Körper matt. Nach dem Frühstück gehen wir in ein Bad. Mit unserer Polizeikarte erhalten wir eine fünfzigprozentige Ermäßigung. Das Gefühl, in einem herrlich gekachelten Raume unter einer warmen Brause zu stehen, ist in diesem Moment unbeschreiblich. Mit dem Schmutze fühlte ich eine Hülle des Alten abfallen und kam mir im wahrsten Sinne des Wortes als Neugeborener vor. Nach dem Essen führen uns Freunde in das „Haus der deutschen Flüchtlinge". Auch dort kommen wir aus dem Sichwundern nicht hinaus. Wir erhalten sofort eine Mitgliedskarte und gehen in den Lesesaal herunter. Bis 17:00 Uhr lese ich ausländische Zeitungen, dann gehen wir in das Kaffeehaus im ersten Stock. Für drei Cent erhalten dort die Emigranten einen Kaffee mit Gebäck. Wir sitzen wie Menschen.

Und dieses Gefühl ist erhaben. Niemand kann uns zum Reiben holen, niemand beschimpfen, keine Uniform kann uns erschrecken und wir dürfen aufrecht sitzen. Beim Gehen nehme ich mir vor, öfters dieses Haus zu besuchen. Am Abend gehen wir mit Freunden durch die Stadt spazieren und bewundern das Nachtleben Amsterdams.

7. Dezember 1938

Den heutigen Tag haben wir ausschließlich im Comité verbracht. Wir erhielten dort Taschengeld und Kleiderbons. Mit diesen gingen wir in die Stadt und konnten uns in den feinsten Geschäften ein Paar Schuhe, Hemden, Socken und Pyjama auswählen. Am Abend waren wir bei unseren Hausleuten zu Gast. Die Leute bewirten uns herrlich und wir finden keine Worte, ihnen zu danken. Dort hörten wir auch die Nachrichten des Reichssenders Wien. Es war ein ganz eigentümliches, erhabenes Gefühl.

8. Dezember 1938

Heute habe ich den ersten Brief von zu Hause erhalten. Die Eltern sind glücklich, daß ich hier bin. Diesen Brief werde ich mir immer aufheben. Am Abend waren wir bei dem reichsten Manne Amsterdams. Seine Tochter ist beim Makkabi, und die Heimabende finden in der prunkvollen Villa statt. Die Leute sind sehr nett und versprechen uns jede Hilfe zukommen zu lassen.

10. Dezember 1938

So vergeht ein Tag nach dem anderen. Wir haben bereits eine feste Lebenseinteilung. Vormittags zur Polizei oder zum Comité, nachmittags in das Ostende-Heim und am Abend in die Stadt. Ich frage mich immer wieder, wie lange das so gehen kann. Denn dieser Zustand des Glückes kann doch nicht lange dauern. Aber wie wird er sich ändern? Morgen bin ich nach Schlaemmingen zu einer bekannten

Familie eingeladen. Ich freue mich schon sehr auf diese Fahrt.

11. Dezember 1938

Früh stehe ich auf, um rechtzeitig zum Autobus zu kommen. Die Fahrt ist herrlich. Auf fabelhaften Autostraßen nähern wir uns dem Sitze der Regierung Haag. Hier steige ich aus, um mit der Straßenbahn nach Schlaemmingen weiter zu fahren. Haag selbst ist eine prachtvolle Villenstadt, und Reinlichkeit in der ganzen Stadt ist besonders auffällig. Nach einer halben Stunde komme ich in Schlaemmingen an und gelange durch einige Gassen zu meinen Bekannten. Dort muß ich lange und ausführlich erzählen. Darauf beschließen wir, zum Meere zu fahren, das einige Minuten entfernt ist. Auf einer Erhöhung steht das Grand Hotel, ein interessanter Bau. Am Hügel angelangt, breitet sich unter meinen Füßen das Meer aus. Zum ersten Mal in meinem Leben sah ich das Meer. Minutenlang blieb ich stehen, ohne sprechen zu können. Unendlich weit dehnte sich die Wasserfläche vor meinen Augen aus. Obwohl es Dezember ist, scheint die Sonne warm. Wir gehen auf die Strandpromenade hinunter. Obwohl jetzt überhaupt keine Saison ist, sieht man Autos aus aller Herren Länder. Eine Eisenkonstruktion geht weit in das Meer hinein und am Ende befindet sich ein Kaffeehaus. Ich weiß gar nicht, was ich zuerst bewundern soll. Der Sand, die Muscheln, der Wellenschlag – alles ist mir neu und überraschend. Nach dem Essen gehen wir wieder zum Meer. Da jetzt Flut ist, schlagen riesige Wellen bis zur Promenade herauf. Neben dem Kurort Scheveningen breitet sich ein großes Fischerdorf aus, in dem gerade heute ein Nationalfest ist. Die Straßen sind mit Netzen und orangefarbigen Fahnen prächtig geschmückt. Im Hafen liegt eine unüberschaubare Menge von Fährbooten. Am Abend fällt mir der Abschied wirklich schwer. In der Nacht komme ich in Amsterdam an und falle todmüde von den Eindrücken dieses Tages überwältigt ins Bett.

Ich träume von zu Hause, aber immer wieder werden die Bilder von einer endlosen Wasserfläche und riesigen Wellen unterbrochen.

14. Dezember 1938

Jeden Tag kommen neue Flüchtlinge an, und ihre Zahl wird immer größer. Wir verbringen jetzt oft die Abende beim Makkabi. In den letzten Tagen ist uns jedoch ein neuer Feind grausam entgegengetreten: Die Kälte. Am Abend können wir kaum einschlafen, und heute früh lag in der Waschschüssel ein Eisblock. Am Morgen laufen wir schnell in die Pension, um uns etwas zu erwärmen. Heute zeigt das Thermometer -20°C an.

17. Dezember 1938

Die Kälteperiode wird immer ärger. Heute bekamen wir von unserer Hausfrau einen Petroleumkocher. Wir stellen Wasser auf, um durch den Dampf das Zimmer zu erwärmen. Inzwischen hat es auch zu schneien begonnen, und alle Grachten sind über Nacht zugefroren.

18. Dezember 1938

Heute waren wir nach vielen Monaten wieder im Kino. Wir mußten dabei an viele andere Sonntage zurückdenken. Am Abend waren wir wieder bei unseren Hausleuten und gingen ziemlich spät schlafen. Da ich vor kurzer Zeit in Deventer bei einer landwirtschaftlichen Stelle vorgeladen war, hoffe ich zu Beginn des neuen Jahres irgendwo im Norden des Landes auf Hachscharah geschickt zu werden.

19. Dezember 1938

… und ich werde diesen Tag nicht vergessen

Gegen 7.30 Uhr erwache ich und will gleich aufstehen, um zu sehen, ob Post, die ich erwarte, da ist. Fredl bleibt noch etwas liegen. Fröstelnd ziehe ich mich an, steige die

Treppen hinunter und trete in den eiskalten Dezembermorgen hinaus. Dichter Nebel liegt über der Stadt, nur manchmal von einem starken Wind zerrissen. Die Lampen brennen noch, jedoch im Osten bemerkt man das Kommen des neuen Tages. Eingehüllt in meinen dünnen Gummimantel, laufe ich in die Pension. Beim warmen Ofen taue ich etwas auf. Ein Bekannter zeigt mir ganz nebenbei eine Karte der Polizei, auf der er für heute vorgeladen wird. Ich setze mich zum Frühstückstisch. Fast jeder hat sich heute zu melden. Nun beginnt auch mich die Sache zu interessieren, und obwohl unser Wirt dauernd bemerkt, dies sei nur eine zufällige Kontrolle, eile ich nichts Gutes ahnend nach Hause. Am Wege laufe ich an Fredl vorbei. Richtig. Im Postkasten liegen zwei Karten. Gegen 10:00 Uhr nähern wir uns der Fremdenpolizei. In einer Seitengasse stehen mehrere Autobusse, die mir viel zu denken geben. Von allen Seiten strömen Leute mit Karten in das Gebäude, und so werden auch wir weitergeschoben. Die Beamten scheinen sehr nett und führen uns hinein. In einem riesigen Gang stehen hunderte Menschen mit Karten. Immer neue kommen herein. Wir stehen noch immer nahe bei der Tür. Ein älterer, dicker Herr will hinaus, um sich Zigarren zu kaufen. Einige Polizisten bedauern höflichst, ihn nicht hinaus lassen zu können. Überrascht schaue ich Fredl an. Er nickt mit dem Kopf. Man hat uns eingefangen. Die Menge schiebt sich vor. Zu zehn und zehn werden die Leute in den ersten Stock geführt und dann wieder bei einer anderen Tür hinaus. „Wir kommen in ein Lager", – „Es geht nach Deutschland", – „Krieg", – „Wer weiß, was da geschehen ist." So gehen die Parolen flüsternd und erschreckt durch die Masse. Jeder hat ein etwas unangenehmes Gefühl und möchte recht bald dran kommen, um zu sehen, was hier vorgeht. Plötzlich wird in meiner Nähe eine Tür geöffnet, ein Mann ruft: „Unter 30 fahren" und schon fliegen wir hinein. An Tischen sitzen mehrere Beamte. Wir müssen uns einer nach dem anderen aufstellen. Der erste kommt zum Beamten und wird – durchsucht. Nun wissen wir, wieviel es geschlagen hat. Totenblaß stehen die Leute und können es nicht fassen. Ich komme an die Reihe. Ich bin sehr aufgeregt und kann mich kaum bezähmen. Der Beamte sucht in meinen Taschen. „Haben Sie ein Messer“, brüllt er mich an. „I, I, Ich weiß nicht“, stotter ich. Aus einer Tasche zieht er mein Messer hervor und legt es auf den Tisch. Dann greift er mich nochmals ab und stößt mich weiter. Jetzt ist Fredl an der Reihe. „Name, Geburtsdatum“, schreit ein Beamter, „Paß, Papiere“, brüllt der Nächste. So geht es weiter. Fredl steht neben mir und wir werden in den ersten Stock in ein kleineres Zimmer geführt. Dort treffen wir Bekannte aus unserer Pension. Alle zehn Minuten werden 10 bis 20 Leute hinausgerufen. Die Leute, die schon länger oben sind, meinen, daß wir in ein Kamp kommen, andere machen Deutschland-Andeutungen. Alles sitzt wie auf Nadeln. Bleich sehen sich die Menschen wie gehetztes Vieh einander an. „Kampelmacher, Erroin, Kamiel …“ Mit einem Ruck fahre ich in die Höhe und dränge mich zur Türe vor. Wieder einer nach dem anderen aufstellen. Vorn und hinten ein Kriminalbeamter werden wir in den Hof und dort in eine Garage geführt. Dort sind schon einige Vorgänger und mehrere Polizeibeamte. Das Tor wird geschlossen. Die Beamten erzählen, daß wir in ein Kamp mit Zentralheizung, Kaffeehaus und Kino kommen. Manche glauben es, manche nicht. Jeder bekommt eine Tasse Kaffee. Das heiße Getränk gibt uns etwas Mut, und nur allzu gerne hören wir den Erzählungen der Beamten zu. Immer Neue kommen in die Garage hinein. Plötzlich wird das Tor geöffnet, Kommando: Antreten in Zweierreihen, Ausweise. Richtig stramm steht die Front. Ein Beamter mit einem großen Korb gibt jedem zwei Brote. Rechts um, Marsch, trapp, trapp, marschieren wir aus dem Polizeihof hinaus. Links und rechts steht Polizeikordon. „Bis hierher

Autobus 6". Einer nach dem anderen wird hereingeschoben. „Abfahrt". Autobus 6 fährt ab. Ich sehe Fredl an und er mich. Mühsam versuche ich meine Gedanken zu ordnen. Vorne und bei uns sitzt ein Detektiv. Wir fahren durch Amsterdam – und nehmen Abschied. Das Gehirn ist wie gelähmt. Ich kann es nicht fassen, was hier geschehen ist. Einige lachen, andere singen, manche haben Tränen in den Augen und denken verzweifelt über etwas nach.

Wir kommen in die Vorstadt und schließlich auf eine Reichsstraße. Nun bemerken wir langsam, daß es nach Osten geht. Ununterbrochen fragen wir die Beamten, wohin wir kämen. Doch ein Achselzucken ist die Antwort. Im Autobus ist es ruhig geworden, nur hie und da sprechen zwei miteinander. Wir fahren nun bereits drei Stunden – immer nach Osten. Manche gehen vor Nervosität und Kälte auf und ab. Einige müssen hinaus, der Wagen hält. Draußen gibt ein Detektiv acht und es darf immer nur einer draußen sein. Immer wieder lesen wir die Richtungstafeln und schauen auf einen Kompaß, den einer zufällig mit hat. Kein Zweifel, wir fahren bereits sechs Stunden immer geradeaus nach Osten. Die Verzweiflung wächst von Minute zu Minute. Nur wenige glauben wirklich daran, daß wir in ein Lager kommen. Hartnäckig verweigern die Detektive jede Auskunft. Es wird 2:00 Uhr, 3:00 Uhr, 4:00 Uhr, 5:00 Uhr, und Autobus 6 fährt immer geradeaus auf dem langen Band, das nach Osten, nach Deutschland führt. Im Wagen ist es unheimlich still geworden. Einige schlagen mit den Händen und Füßen herum, um die steifen Glieder zu erwärmen. Aus den Fenstern kann man fast überhaupt nichts mehr sehen, da diese von einer dicken Eisschicht bedeckt sind. Es beginnt zu dämmern. Langsam senken sich Nebel auf das holländische Flachland und ein Schneesturm setzt ein. Es wird immer dunkler. Einige kratzen das Eis von der Scheibe ab, um die Orte lesen zu können. Ja, leider, es geht weiter nach Osten, und wir müssen ziemlich nahe der deutschen Grenze sein. „Was geschieht mit uns? Was kommt?" Diese Fragen hämmern ununterbrochen im Kopfe herum. Es ist ganz finster geworden.

Ermüdet liegen wir in den Sitzen und starren vor uns hin. Seit zehn Stunden fahren wir nun in Richtung Deutschland. Warum plagt man uns, warum werden wir im Ungewissen gelassen. Manchmal geht unser Weg durch Ortschaften, und ein schwacher Lichtschein beleuchtet kärglich diese unglücklichen Menschen, die vollkommen verzweifelt wie Schlachtvieh etwas Unbestimmtem zugeführt werden. Die Kälte ist unerträglich. Fest muß man die Zähne zusammenbeißen, um nicht umzusinken. Plötzlich große Bogenlampen, eine scharfe Kurve und der Autobus bleibt nach zwölfstündiger Fahrt endgültig stehen. Draußen sprechen mehrere Stimmen. Wir sind so erfroren, daß wir kaum aufstehen können. „Alles aussteigen, antreten in Zweierreihen", geht wieder das Kommando. Mühsam kommen wir hinaus. Soldaten, Polizei, Autobusse, Lampen sind das erste, was wir sehen. Es stehen schon einige solche Wagen, wie der unsrige hier. Wir selbst stehen stramm in Zweierreihen vor einem länglichen Gebäude mit 6 vergitterten Fenstern. Vor uns jedoch ist ein großer, grüner Zaun mit Stacheldraht. „Scheinbar Dachau Numero zwei", bemerkt jemand hinter mir. Die Zähne schlagen wild gegeneinander. „Marsch." Wir gehen dem Zaune entgegen, eine kleine Tür wird aufgemacht und die Insassen des Autobus 6 werden für länger gut aufgehoben. Wir kommen in einen quadratischen Raum, der an allen Seiten hoch mit Stacheldraht umgeben ist. Ohne alles aufzunehmen, werden wir weiter in ein Gebäude geschoben. Was? Ich reiße die Augen auf. „Was ist das?" rufe ich laut. Verwundert blieben wir stehen. Vor uns sind Säle mit Tischen und Lampenreihen. Auf jedem Tische stehen mehrere große Blechschüsseln und Tisch reiht sich an

Tisch – unübersehbar. Mit nahezu hysterischem Lachen stürzen sich die Anwesenden auf uns, um Bekannte zu suchen. Sechs Mann werden zu einem Tisch geführt. Auf jedem Platz steht eine Blechschüssel mit folgendem Inhalt: Ein großer Blechtopf, eine Blechkanne, ein Kamm, eine Seife, daneben ein winziges Stückchen Butter und ein noch winzigeres Stückchen Käse mit einem kohlschwarzen Brot. Ich beginne zu lachen. Wie die Irrsinnigen lachen alle. Aber es ist ein hysterisches Lachen der Verzweiflung. Fredl und ich setzen uns auf die Plätze. Ich bin wie gelähmt und kann weder aufstehen noch sprechen. Ein Bekannter aus unserer Pension eilt auf uns zu. Mit blödem Lachen erklärt er uns die Situation. Wir befinden uns in Veenhuizen (dem ärgsten Zuchthaus Hollands, vielleicht der ganzen Welt), im Internierungskamp „Narg". In vier Stuben à 60 Mann sollen alle illegalen Flüchtlinge unter 35 Jahren untergebracht werden. „Habt ihr schon unsere schönen Schlafräume gesehen?" fragt ein Bekannter. Willig lassen wir uns führen.

Wenn uns aber bis jetzt noch nichts überrascht hatte, so war es der folgende Anblick. Wir traten in eine riesige gewölbte Halle ein und begannen zu lachen. Da standen Zellen an Zellen, gleich kleinen Gitterkäfigen, und auf jedem war eine Nummer. Drinnen war eine Hängematte mit drei Decken. Die Halle, die Gänge zwischen den Zellen waren so lang, daß ich kein Ende erblickte. Nach wenigen Minuten wurde uns so kalt, daß wir hinunter mußten. Inzwischen kommen immer Neue und viele Bekannte. Ein höherer Offizier durchschritt die Säle. Alles stand auf. Es wurden Karten mit vorgedrucktem Inhalte verkauft. Ins Ausland darf vorläufig überhaupt nicht geschrieben werden. Saal 2 schlafen gehen. Wir steigen in die Gefrierhalle hinauf und bleiben unentschlossen stehen. Dauernd hört man Türen zufallen. Plötzlich werde ich gestoßen, eine Tür fällt zu – ich bin im Käfig. Ich kann weder aufrecht stehen, noch kann ich mich umdrehen. In der Hängematte ist ein kugelrunder Strohsack, von dem man herabfällt, links und rechts Eisenwände, oben Gitter. Ich rufe Fredl. Er ist links von mir, rechts ist auch ein Freund. Beamte kommen mit Listen. „Wie heißen Sie?" – „Erwin Kampelmacher". – „Nummer Einundzwanzig", brüllt er zurück. Es ist wie eine Namensänderung. Ich sage meinen Namen ab und bin fortan nur eine Nummer. Ich zittere vor Kälte am ganzen Körper und ziehe Schuhe und Rock aus, lege mich auf den übelriechenden, zylindrischen Strohsack und lege alles, was sich im Käfig befindet, über mich. Lampen werden gelöscht, und der Offizier wünscht in spöttischem Tone eine gute Nacht. Draußen werden noch einige Gittertüren gesperrt, die die ganze Halle abschließen. Falls also einer aus dem Käfig herauskommt, was vollkommen ausgeschlossen ist, dann steht er erst vor riesigen Gittertüren. Und dann beginnt ein Höllenlärm. Namen und Nummern werden gerufen. Viele lachen hysterisch und andere weinen vielleicht. Es werden Witze erzählt, man lacht und versucht mit Galgenhumor die Situation zu überbrücken. Aber bald wird es stiller im Saal, obwohl nur ganz wenige schlafen. Ein neuer Feind schleicht unaufhaltsam in die Zellen. Die Kälte. Eiskalt ist es uns, und durch die Ausdünstungen senkt sich ein nasser Nebel herab. Verzweifelt wälzen wir uns herum. Es ist 24:00 Uhr nachts.

In dieser furchtbaren Situation, zwischen Gittern, wie ein Sträfling eingekerkert, kommen mir wieder Bilder der Vergangenheit. Vor einigen Wochen war ich noch zu Hause, ja, zu Hause. Aber was habe ich denn seit damals verbrochen, was habe ich getan, damit man mich hier wie ein Tier in einen eineinhalb Meter hohen Käfig bei –20 °C Kälte einsperrt? Und dieselben Gedanken scheinen auch die anderen zu beschäftigen. Stunde um Stunde vergeht, und immer lauter werden die Rufe: „Was haben wir verbrochen?" – „Warum kerkert man uns so grausam ein?"

Plötzlich beginnt eine Stimme klar und scharf zu sprechen. Er verlangt Zustimmung für einen Hungerstreik, falls man uns noch eine Nacht einsperrt und vieles mehr. Alle schließen sich an, und man beginnt zu beratschlagen. Einmal kommt ein Wärter durch. Viele brüllen: „Aufmachen", aber der Mann geht seelenruhig wieder hinunter. Ich sehe dauernd auf die Uhr. Die Kälte ist furchtbar, und ich wußte gar nicht, wie weh sie tun kann. Viele rennen, wie irrsinnig die zwei Schritte in der Zelle auf und ab und schlagen um sich. 2:00 Uhr, 3:00 Uhr, 4:00 Uhr. Ich kann mich nicht erinnern, jemals eine so lange Nacht mitgemacht zu haben. Noch immer beratschlagt man die Forderungen, die man morgen stellen will. Ich schlafe etwas ein, wache bald wieder auf. Ich zittere am ganzen Körper vor Kälte und kann die feuchte Luft nur schwer einatmen. Dann halte ich es nicht mehr aus und beginne auch um mich zu schlagen, um mich etwas zu erwärmen. Das geht so drei furchtbare lange Stunden, die kein Mensch schildern kann.

21. Dezember 1938

Obwohl wir unten schlafen dürfen, wächst unsere Verzweiflung. Aus dem Spital sind Leute zurückgekommen und berichten, daß die Kranken hinter Gittertüren ohne jede Behandlung liegen. Einem von uns tritt bereits Eiter aus dem Bauche aus und niemand kümmert sich um ihn. Plötzlich erzählt einer, daß dieser Kamerad vorige Nacht todkrank aus dem Fenster gesprungen sei und sich beide Füße gebrochen habe. In diesem Moment öffnet sich die Türe des Nachbarsaales und man führt einen Jungen, der noch unter Decken liegt, auf einer Tischplatte hinaus. Zwei Tage sind wir fast ohne jede Nahrung. Viele brüllen und toben, andere sind still, viele wollen nach Deutschland zurück. Und immer wieder wird die Frage laut: „Wo ist die Demokratie des freien Holland?" – „Wo ist der Unterschied zwischen Dachau und Narg?" Am Nachmittag brachte man uns gestampfte Bohnen mit Essig. Obwohl wir furchtbaren Hunger hatten, rührte keiner das Essen an. Man konnte deutlich sehen, daß die Verzweiflung von Minute zu Minute stieg und daß diese Menschen bereits imstande waren, alles zu tun. Wenn uns nun schon Hunger und Kälte noch nicht niedergeschlagen hatten, so kam es jetzt noch ärger. In der Dämmerung, während wir alle flüsternd bei Tische saßen, wurde Licht gemacht, und die Wärter traten mit großen Bündeln ein. Plötzlich wurde es mäuschenstill. Stumm legten sie drei Bündel nieder und gingen weiter. Wir sahen uns an. Keiner sprach ein Wort, aber wir wußten, was gespielt wurde. Dort am Boden lagen grüne Häftlingsanzüge, und wir wurden zu Sträflingen gemacht. Man hörte das Atmen im Saale. Auf so etwas war niemand gefaßt. Der Hauptmann tritt ein und sagte kurz und sachlich, daß die Anzüge anzuziehen seien. Viele weigern sich zuerst, aber alle ziehen sie an. Und wieder beginnt wie am ersten Abend ein hysterisches Lachen der Verzweiflung. Einer sieht den anderen an. Alles ist in grün, alles in Sträflingskleidern, jeder zum Häftling gestempelt, weil er die Freiheit suchen und finden wollte.

22. Dezember 1938

Heute Vormittag kam es zu einem ziemlich bezeichnenden Vorgang. Während wir alle flüsternd um den warmen Ofen saßen, wurde die Tür geöffnet und der zweite Offizier trat mit einem Herrn ein. Plötzlich rief einer von uns laut: „Zuchthaus." Sofort fielen mehrere ein und der Ruf pflanzte sich fort. Der Offizier war ganz bleich geworden, und auch dem anderen Herrn schien die Szene sehr unangenehm zu sein. Da brüllte der Offizier in höchster Wut: „Schweinehunde." Wie ein Peitschenschlag war dieses Wort für uns. Sofort trat Schweigen ein, und stumm verließen die beiden Herren den Saal. (Der Mann war von der Regierung gewesen. Der Offizier dürfte abberufen worden sein, da er kurze Zeit später nicht mehr gesehen wurde.)

Heute wurde im Zuchthaus eine Kantine eingerichtet. Nach zehn Minuten war nach hartem Kampf alles ausverkauft. Es gelang mir, 20 Tafeln Schokolade zu kaufen, die ich auf der Stelle aufaß. In der Dämmerung sitzen die Leute stumm und deprimiert um die Tische. Draußen fallen Schneeflocken und die Nacht senkt sich herab. Ich gehe an das vergitterte Fenster und blicke hinaus. Die unendliche schneebedeckte Heide. Ganz fern steht ein strohgedecktes Bauernhaus. Nordische Winterlandschaft. Ich schließe die Augen und beginne zu träumen: Ich habe den ersten Tag Weihnachtsferien. In der Stadt sind die Geschäfte überfüllt, ein Treiben und ein Leben, wie es nur um die Weihnachtszeit zu Hause war. Alles ist festlich gestimmt. Dann bin ich beim Skilaufen. Sausend fahre ich einen Bergabhang hinunter, durch schneebedeckte Heide in das Zuchthaus „Narg" hinein. Mit einem Ruck schrecke ich aus meinen Träumen auf. „Strohsack holen, schlafen gehen." Müde nehme ich den Spiegel aus der Tasche und sehe mich zum ersten Mal nach langer Zeit an. Ich schaue sehr schlecht aus, und der grüne Sträflingsanzug ist zu groß. Mitleidig lächle ich mir zu, schaue noch einmal auf die ruhige Winterlandschaft hinaus und frage: „Warum?" Und dieses „Warum", dieses Wissen, daß ich hier unschuldig gefangen bin, nimmt mir wieder die kostbare Nachtruhe.

23. Dezember 1938

So sind wir seit vielen Tagen von der Umwelt abgeschlossen. Die Briefe werden zensuriert, und wir wissen nicht einmal, ob man sie abschickt. Heute waren wir zum ersten Mal spazieren. In Zweierreihen müssen wir antreten und dürfen dann unter Bewachung zwei Stunden lang durch den Schnee marschieren. So habe ich mir in meiner Phantasie Sibirien vorgestellt. Grüne Sträflingskleider, das Gesicht mit Tüchern eingewickelt, schleppt sich die Kolonne durch die weite Heide. Es ist ein furchtbares Bild. Am Weg treffen wir Zuchthäusler, die auch Sträflingskleider tragen und uns, als Kollegen scheinbar, recht freundlich begrüßen. Auf unserem kurzen Gang sehen wir, daß diese ganze Anlage unendlich groß sein muß. Ermüdet kommen wir gegen Mittag nach Hause. Ein Arbeiter befestigt Vorhänge. Alle meinen, dies sei ein sicheres Zeichen, daß wir lange hier bleiben müßten. Einige beginnen mit dem Mann zu sprechen, und schließlich gelingt es mit guten Worten und viel Geld, daß der Mann eine Postkarte mitnimmt. Die Karte ist an den Oberrabiner adressiert. Wir bitten ihn, sofort zu kommen. Heute ist endlich Post gekommen. Manche lesen die Briefe ununterbrochen. Die, die keine Post haben, stehen beim Fenster und treten von einem Fuß auf den anderen. Die Sonne sinkt und Finsternis senkt sich hernieder.

24. Dezember 1938

Zugleich mit dem Heiligen Abend hatten wir unsere Chanukkafeier. Der Oberrabiner ist auf unsere Karte hin sofort herbeigeeilt, und nun stehen wir in einem Saal zusammen. Auf einer Bank sitzt der Rabbiner und wir Sträflinge ringsumher. Nun beginnt er zu sprechen. Zuerst klingen seine Worte ganz leise. Er erzählt von den Leiden der Juden, von ihrer Knechtung und ihrer Freiheit und zieht immer wieder Parallelen mit unserer Lage. Wir hören andächtig zu. „Lasst heute nicht den Kopf sinken, denkt zurück an das Chanukkafest Eurer Kindheit, denkt an die Freiheit, die auf die Knechtschaft folgt, folgt mir und stimmet an ‚Moaus zur.'" Diese letzten Worte hatte der Rabbiner förmlich geschrien. Hinter ihm flackern die Kerzen und plötzlich beginnen wir das „Moaus zur". Ich habe noch nie in meinem Leben ein Lied so inbrünstig singen gehört. Und während wir hier uns um den Vertreter Gottes scharen, während wir ein Freudenfest feiern, beginnen Tropfen auf Tropfen der Tränen unsere grünen Jacken zu benetzen. Immer stärker schluchzen viele der Männer. Da sehe ich das jüdische Volk, getreten und eingesperrt, vertrieben und gefangen. Und auch ich beginne, wie alle anderen zu weinen, nicht um mich, sondern um dieses große, unermessliche Leid aller. Die Lichter flattern, die Menschen weinen und singen dabei „Moaus zur". Da beginnt der Rabbiner mit Tränen in der Stimme: „Am Jisrael chai, ... Jisrael chai, am Jisrael chai." Wir fallen ein, wir wollen leben und werden leben. „Im nächsten Jahr ein fröhliches Chanukkafest in Erez Israel."

Finsternis liegt über allen Sälen. Auf den Strohsäcken liegen wir und denken an die letzten Stunden. „Moaus zur" hat uns neuen Mut gegeben, neue Kraft für neue Leiden. „Am Jisrael chai." Dann schlafe ich schnell ein.

25. Dezember 1938

Nach dem „Waschen" im eiskalten Wasser, stehe ich am Fenster. Am Horizont sieht man eine einzige rote Kugel, und das Licht läßt den Schnee in verschiedenen Farben glitzern. Noch immer denke ich an das „Moaus zur" von gestern Abend. Langsam hebt sich die Kugel. Zuerst war Nacht und Finsternis und nun folgt der Tag. Nach dem Schlechten das Gute. Und nun steigt die Kugel immer höher, versendet ihre warmen Strahlen, taucht die Landschaft in goldenen Schein und kommt zu uns. Muß denn nicht nun auch noch Glück kommen? So stehe ich zwei Stunden und beobachte die aufgehende Sonne. Ein neuer Tag ist angebrochen. Vormittags gehen wir baden. Dieses Bad macht auf mich einen furchtbaren Eindruck. Mit Bewachung werden wir über den Hof geführt. Das Bad selbst ist mittelalterlich und wie für Schwerverbrecher ausgestattet. Trotz alldem ist es Wasser, warmes Wasser nach vielen Tagen. Am Abend ist wieder der Rabbiner gekommen, wieder hat man gesungen und plötzlich kommt der Offizier, steigt auf die Bank und teilt uns mit, daß wir nächste Woche von hier wegkommen. Viele Freudentränen werden an diesem Abend vergossen, viele umarmen sich, andere sehen sich glücklich an. In einem Saal wird eine Hora getanzt, wo anders werden Witze erzählt und so geht es fort. Ein wahres Freudenfest wird gefeiert, und glücklich legen wir uns auf die harten Strohsäcke, glücklich des Gedankens, bald in einem Bett zu schlafen.

28. Dezember 1938

Wir wissen nun, daß wir am 3. Jänner wegkommen und jeder Tag, jede Stunde wird gezählt. Die Stimmung unter uns ist eine ganz andere geworden. Wir bekommen bessere Nahrung und erleben diese letzten Tage des Schreckens in Warten auf die Zukunft. Obwohl wir nicht wissen, was uns erwartet, glauben wir doch, daß es nie so arg werden kann, wie es hier ist.

31. Dezember 1938

Um 11:00 Uhr nachts werde ich geweckt. Ich habe gerade über den Jahreswechsel Nachtwache. Verschlafen stehe ich auf, um die Wache zu übernehmen. Silvester. Und während ich beim Ofen sitze, während hier 60 Menschen auf den Strohsäcken in ein neues Jahr hinüberschlummern, will ich mit mir allein sein und noch einmal das alte Jahr durchdenken. Es fällt mir schwer, den Unterschied zwischen dem heutigen und dem letzten Silvesterabend überhaupt zu fassen. Oper, Fledermaus, Stephansplatz und Flucht, Zuchthaus, Sträfling stehen sich so krass gegenüber, daß das menschliche Hirn es nicht zu vergleichen vermag. Und was liegt zwischen Oper und Zuchthaus? Kann das ein Mensch erzählen, kann ich dies in diesen Zeilen andeuten? Nein, wir, die in höchster Not geflüchtet sind, tragen etwas für unser ganzes Leben. Den Haß! In diesem Jahr wurde mein ganzes Sein vollkommen verändert, meine ganze Zukunft geändert. Dieses eine Jahr hat mir soviel Schlechtes gebracht, so viele Verzweiflungen, daß ich heute vollkommen abgestumpft bin. Und das habe ich erlebt, nicht nur ich, sondern noch mehr und die anderen, die hier liegen und die in einem Konzentrationslager waren.

Gespenstisch huschen Schatten über Wände, manche seufzen im Schlaf, viele murmeln ununterbrochen, und nun beginnen draußen die Glocken. Schnell schließe ich die Augen und denke, daß ich mich auf dem Stephansplatz befinde. Es ist zu spät, draußen fällt eine Türe zu und reißt mich in die Wirklichkeit. Während die Glocken läuten, sehe ich aus dem Fenster. Eine herrliche Sternennacht 1939. Und wieder frage ich dasselbe wie voriges Jahr, aber diesmal dringender und inbrünstiger, diesmal mit mehr Berechtigung als damals. Wie wird dieses neue Jahr sein, und wo werde ich den nächsten Silvesterabend verbringen?

Beim Hören einer der ersten Rundfunksendungen von Radio Wien, 1924

Erster Schultag, 1926

Fähre überquert die Maas in Richtung Steyl, Holland, 1938

Hellevoetsluis, stehend fünfter von links, Fredl Kamiel;
Dan Kampelmacher liegend, vierter von links mit weißer Hose, 1939

Dan Kampelmachers Ausweis, markiert

mit einem „J", 26. September 1941

Dan Kampelmachers falscher Ausweis unter

dem Namen Johannes Karel Kok, 6. Januar 1944

„Mit den Schweinen", 1942

Von links oben: Willem, Rina mit Baby, Großvater Muske, Kindermädchen (Name unbekannt) mit Baby; von links unten: Dan Kampelmacher, zwei von Rinas Kindern, Landarbeiter (Name unbekannt), 1942

Wenige Wochen nach der Befreiung, 1945

Von links: Willem, Fritzi, Kampelmacher, Großmutter und Großvater Wijnbergen, 1948

Auf dem Weg nach Haifa auf der „Lucy Borchard" als Student der Veterinärmedizin im 4. Jahr, zusammen mit 180 holländischen Milchkühen, 1949

Zwei Monate im Kibbuz, 1949

Dan Kampelmacher, 1971

Dan Kampelmacher, 2006

III.
Die Festungsstadt

Die Ankündigung, daß wir am 3. Jänner in ein anderes Lager gebracht werden sollten, wurde mit Freude empfangen. Wir hatten das Gefühl, einen Sieg errungen zu haben, auch wußten wir nicht, was wir zu diesem Sieg beigetragen hatten. Genauso wie bei unserem Transport nach Veenhuizen wurde auch dieses Mal offiziell nichts über unseren neuen Aufenthaltsort mitgeteilt. Dadurch tauchten fast ununterbrochen allerlei Gerüchte auf. Der Name Hellevoetsluis ist wahrscheinlich von einem oder mehreren Gefängniswärtern genannt worden, aber war für uns schwer auszusprechen, geschweige denn im Gedächtnis zu behalten. Wir gingen Richtung Westen, an die Küste, auf eine Insel, in eine Festung. Von allen Gerüchten war etwas wahr, aber der wirkliche Bestimmungsort blieb unbekannt. Auf jeden Fall waren wir alle aufgeregt. Man schlief nur kurz und zählte die Stunden, um das gehasste Veenhuizen zu verlassen. Es war uns allen deutlich, daß das, was nach Veenhuizen kam, besser sein mußte.

Am Morgen des 3. Jänner kamen die Autobusse, um uns zu holen. Da niemand viel Gepäck bei sich hatte – wir waren in Amsterdam zum Polizeibüro gegangen, ohne zu wissen, daß wir nicht mehr von dort zurückkehren würden –, waren wir schnell in den Bussen und unterwegs. Das Stück graues Brot, das Kügelchen Butter und ein kleines Stück Käse hatten die meisten stehen lassen, einerseits als letzten Protest gegen unsere Behandlung in Veenhuizen, andererseits mit der Hoffnung, am Bestimmungsort ein Festmahl zu bekommen. Worauf diese Hoffnung beruhte, war niemandem bewußt. Nach einer Fahrt von vielen Stunden ohne Essen und Trinken kamen wir abends in Hellevoetsluis an. Der Name des Ortes war durch das Bewachungspersonal so oft genannt worden, daß wir uns an den für uns fremden Klang langsam gewöhnten. Viel konnten wir von dem Städtchen nicht sehen, da es schon dunkel war. Aber das Licht in den Zimmern der kleinen Häuser machte einen geselligen Eindruck, sicher im Vergleich zu der schneebedeckten einsamen Heide, die wir durch die Gitterfenster in Veenhuizen sahen. Ich schätze, daß wir ungefähr 300 Männer waren. Wir wurden zum sogenannten Debarkementsgebouw, einer Marinekaserne mit einem Hauptgebäude und einigen Nebengebäuden, gebracht. Was für eine Mahlzeit wir nach Ankunft bekamen, weiß ich nicht mehr genau, aber im Vergleich mit dem Löffel saurem Kartoffelpüree mit einem Krümelchen Fleisch in Veenhuizen, war es sicher eine Festmahlzeit. Den Befehl in unserem neuen Bestimmungsort hatten Marineoffiziere, und auch die Mahlzeit wurde vom Marinepersonal auf die Tische gesetzt. In den diversen Zimmern befanden sich Stapelbetten und in der Mitte ein großer Tisch mit Bänken. An einer Mauer war eine ganze Reihe von Kästchen mit Nummern, worin man Wertsachen einschließen konnte. Das Ganze war wie eine Kaserne eingerichtet und organisiert. Bisher hatte ich noch nie eine Kaserne gesehen.

Entlang den Schlafsälen im 1. und 2. Stock verlief ein Balkon, von dem man auf einen inneren Hof hinunterschauen konnte. Die Zimmer waren warm, auf den Betten lagen Decken auf weißen Leinentüchern und Polster mit weißen Überzügen. Der Empfang durch die Lagerleitung war freundlich. Wir waren innerhalb eines Tages von „Strafhäftlingen“ zu „Soldaten“ „umgeformt“ worden. Das Zimmer, das ich mit ungefähr 20 Kameraden teilte, lag an der Meeresseite, das heißt, wir nannten zu Beginn jedes Wasser „Meer“, bis wir uns etwas besser orientiert hatten. Das Meer war das sogenannte Haringvliet und die Lichter, die wir von unserem Zimmer am gegenüberliegenden Ufer sahen, waren von der Insel Goeree-Overflakkee. Auch der folgende Tag brachte, verglichen mit Veenhuizen, einige angenehme Überraschungen, sowohl was die Versorgung als auch das Unterkommen betraf. Die Mahlzeiten wurden auf den Tischen in den diversen Zimmern serviert. Nach dem Essen wurde eine Glocke geläutet, und wir mußten uns alle unten in dem Vestibül versammeln. Hier sprach der Kommandant, ein Marineoffizier, zu uns. Nachdem wir auf eine Anzahl Hausregeln hingewiesen worden waren, kam die große Überraschung. Nach dem Essen sollte um 19:00 Uhr das große Tor aufgemacht werden, und wir konnten uns frei im Städtchen bewegen. Auf einer Tafel war eine Skizze befestigt, aus der deutlich hervorging, daß wir uns in einer Festung, umgeben von dicken Mauern, befanden. Uns wurde mitgeteilt, daß die vier oder fünf Zugangspforten zwischen 19:00 Uhr und 21:00 Uhr durch Militärpolizei bewacht werden würden und daß es streng verboten war, sich außerhalb der Mauern aufzuhalten. Fluchtversuche würden sinnlos sein und außerdem hohe Strafen mit sich bringen, sowohl für den Täter als auch für das Kollektiv. Ich kann mich nicht erinnern, daß jemand jemals einen Fluchtversuch unternommen hätte. Wir hatten kein Geld, sprachen die Sprache nicht und kannten die Geographie des Landes nur ungenügend. Wohin hätten wir flüchten sollen? Am ersten Abend sagte einer meiner Kameraden, daß die Lichter am gegenüberliegenden Ufer vielleicht England seien und daß man vielleicht hinschwimmen könne. Aber sehr schnell wurden in den darauffolgenden Tagen unsere geographischen Kenntnisse so gründlich verbessert, daß derartige Bemerkungen nicht mehr vorkamen.

An unserem ersten Ausgangsabend wurde schnell gegessen, und um 18:30 Uhr standen die meisten von uns schon vor der großen Zugangstür. Es war viel Gedränge, und man schaute immer wieder auf die Uhr, um keine der kostbaren Minuten zu verlieren. Nachdem wir drei Wochen festgesessen hatten, war das Bedürfnis nach Freiheit groß, auch war der Raum, in dem wir uns bewegen durften, klein. Wir sollten ein Städtchen sehen mit Geschäften, Kaffeehäusern und wer weiß, was alles mehr. Die Erwartungen waren groß, und die Spannung nahm mit jeder Minute zu. Um genau 19:00 Uhr war das Debarkementsgebouw leer. Der erste Abend stand ganz im Zeichen der Erkundung. Das Erste, das draußen auffiel, war die scharfe, salzige Meeresluft, die mit einem kräftigen Wind befördert wurde. Obschon es dunkel war, konnten wir uns doch gut orientieren. Vom Haringvliet lief ein Kanal mit Schleusentüren in den tiefer im Städtchen gelegenen Hafen. An beiden Seiten des Kanals standen Häuser. Das Debarkementsgebouw war das erste Haus vom Hafeneingang an der Südseite auf der Höhe der Schleusentüren. Es war auch das höchste Gebäude im Städtchen. Von dort lief man ungefähr fünf Minuten zu dem zentralen Platz mit einem kleinen Park, in dem ein kleiner Musikpavillon stand. An der Südseite des Platzes befanden sich einige Geschäfte. Über eine Brücke, die über den Kanal führte, konnte man auf die andere Seite des Kanals gelangen, wo sich die Festungskasematten befanden. Beim Eingang stand eine große Tafel mit der Aufschrift „Bei Annäherung des Feindes schließe man die Türen“. Es gab für uns auf jeden Fall noch einige Seitenstraßen, zum Beispiel bei den Kasematten oder bei der Festungsmauer, denn in dem schmalen Durchgang stand ein Militärpolizist. Die meisten nickten uns freundlich zu, wonach wir rechtsumkehrt machten.

Das ganze Städtchen war in zehn Minuten zu besichtigen, was zur Folge hatte, daß sich die meisten von uns am zentralen Platz, wo die Geschäfte waren, aufhielten. Viele sahen sich die Schaufenster an. Ein einzelner ging in ein Kaffeehaus und bestellte ein Bier, aber das waren sicher am ersten Abend Ausnahmen. Der erste Abend war vor allem „Affen-Gucken“, das heißt, wir schauten die Einwohner an, von denen vor allem die Jüngeren trotz Kälte und Wind und wahrscheinlich durch Neugierde getrieben aus ihren

Häusern gekommen waren, um die plötzlich zugeströmten Fremden näher zu besichtigen. Auch für sie muß der 4. Jänner 1939 ein besonderer Abend gewesen sein. Eine Invasion von ungefähr 300 Männern, junge und alte, die nur Deutsch sprachen, sich einigermaßen unheimisch fühlten, neugierig in die Wohnzimmer guckten, sich vor den Schaufenstern der Geschäfte drängten und kaum wußten, was sie mit ihrer so plötzlich erworbenen Freiheit anfangen konnten. Und das alles zwei Stunden lang, weil niemand von uns dachte „nach Hause" zurückzukehren. Nur ein einziger Jugendlicher aus Hellevoetsluis versuchte mit einigen von uns Jüngeren ein Gespräch anzuknüpfen. Aber außer einigem Gekicher und Witzen auf Holländisch oder Deutsch, die die anderen nicht verstanden, kam es die ersten Abende – und auch später – nicht zu engen Kontakten.

Bereits am ersten Abend war das Geschäft von „Fisch-Willy", wie wir ihn schnell nannten, ein sehr frequent besuchter Ort. In den acht Monaten, die wir in Hellevoetsluis bleiben sollten, spielte Fisch-Willy eine wichtige Rolle. Er hatte auf dem zentralen Platz ein kleines Geschäft, wo nicht nur Fisch, sondern auch allerlei Leckereien und Gebrauchsartikel verkauft wurden. Wahrscheinlich aufgrund unserer „Invasion" hatte er in der extra beleuchteten Etage von allem etwas aufgestapelt, mit der festen Überzeugung, schnell viel verkaufen zu können. Willy war ein rauher Bursche, nahm gerne einen Schnaps – und noch lieber mehrere – und wußte mit seinem Kauderwelsch schnell Freunde unter uns zu machen. Er hatte Talent im Anpreisen seiner Waren und verkaufte vor allem viel Schokolade und Erdnüsse. Das Wichtigste war, daß man bei ihm auch „auf Pump" kaufen konnte. Wir hatten inzwischen gehört, daß wir pro Woche 40 Cent Taschengeld bekommen würden, und auch Willy war dies zu Ohren gekommen. Auf jeden Fall hatte er bereits ein großes Kassenbuch angeschafft, um darin die Namen derjenigen aufzuschreiben, die keinen Cent mehr hatten und sehnlichst auf die 40 Cent warteten. Schnell wurde deutlich, daß man bei Fisch-Willy auch für andere Probleme sowie Dienste, Vermittlungen und Beratungen Gehör fand.

Mit noch einigen Burschen gehörte ich zu den Jüngsten der Gruppe. Manche waren vor allem erpicht auf Zigaretten, andere auf Schokolade, Erdnüsse oder Kuchen, alles Sachen, die es im Debarkementsgebouw nicht gab. So hatte Fisch-Willy bereits am ersten Abend in seinem Schaufenster einen kleinen Turm von Schokoladenriegeln aufgebaut, die „NOOT" (Nuß) hießen. Es waren vier Schokoladenblöckchen mit Rosinen und Nüssen, wobei auf jedem Blöckchen einer der Buchstaben NOOT stand. Die Blöckchen kosteten 5 Cent, und ich war vom ersten Abend an daran ergeben. Fisch-Willy kam immer wieder mit neuen Herrlichkeiten, was immer mehr zur Folge hatte, daß die 40 Cent pro Woche, die wir als Taschengeld bekamen, nicht ausreichten, geschweige denn, daß bereits gemachte Schulden abbezahlt werden konnten. Von den 40 Cent mußten auch Zahnpasta, Rasierklingen und eine Marke für einen Brief nach Hause bezahlt werden. Im allgemeinen blieben 20 Cent übrig, das heißt Geld für vier NOOT-Blöcke. Für Willy war das kein Problem. Sollten zu viel Schulden entstehen, dann konnten diese bei Willy mit Uhren, Kleidungsstücken und sogar Schuhen, aber auch mit allerlei anderem persönlichem Besitz abbezahlt werden. Für mich waren vier Blöckchen pro Woche nicht genug. Das Essen in der Kaserne war eintönig, und beim Schlendern während der zwei Stunden am Abend kam man bereits schnell ins Warme und in das mit allen Herrlichkeiten versehene Geschäft von Willy. Letzten Endes war es bei Willy immer noch viel billiger als in einem Kaffeehaus, und man konnte Schulden machen. Das alles bedeutete, daß ich bei Willy ziemlich schnell 3 bis 4 Gulden Schulden hatte und nicht wußte, wie ich dieses Problem jemals lösen sollte. Meine Eltern um Geld zu fragen, war ausgeschlossen, da sie Wien inzwischen verlassen hatten. Mittels eines Zwischenaufenthaltes in Italien beabsichtigten sie, Paris zu erreichen, wo zwei Brüder meiner Mutter wohnten. Ich hatte beide ein- oder zweimal gesehen, und es kam absolut nicht in Frage, sie anzubetteln. Wohl hatten meine Eltern vor ihrer Abreise aus Wien von mir einen Brief erhalten, in dem ich über das kalte und feuchte Wetter in Holland klagte. Als meine Mutter dies ihrem ältesten Bruder mitteilte, der ein bekannter Schneider in Paris war, schickte dieser mir kurz nach meiner Ankunft in Hellevoetsluis einen dicken Wintermantel, eine Art Kunstpelz-Mantel. Es war ein herrlich warmer Mantel, vor allem im Vergleich zu dem dünnen und jetzt bereits ziemlich zerschlissenen Regenmantel, mit dem ich geflüchtet war. Ich ging am ersten Abend stolz wie ein Pfau mit dem neuen Umhang aus dem Debarkementsgebouw. Willy gefiel der Mantel auch. Er nahm den Stoff zwischen zwei Finger und sagte „klasse". Nach dem ersten Abend mit dem neuen Mantel sah Willy mich beim Aufschreiben neuer Schulden etwas länger als gewöhnlich an, um ein paar Tage später ziemlich beiläufig zu sagen: „Fünf Gulden – das nimmt schnell zu." Ich war ratlos und reduzierte meinen Einkauf auf zwei Blöcke pro Woche. Aber es blieb trotz allem eine für mich astronomische Schuldenlast, und Willy guckte voll Interesse nach meinem Mantel. Als meine Schulden nach einigen Wochen sechs Gulden betrugen, fragte ich Willy – äußerlich ruhig, aber unter großer Spannung –, was er für den Mantel geben würde. Ich höre ihn noch heute – nach mehr als 60 Jahren – sagen: „Mantel!? – Mäntelchen meinst Du wohl? Wem passt so ein Mäntelchen? Vielleicht einem Kind? Aber ich mag Dich gerne. Weißt Du was? Ich buche vier Gulden ab, Du gibst mir das Mäntelchen und hast dann bei mir noch 1,80 Gulden Schulden." Ich lief böse aus dem Geschäft, ohne ein Wort zu sagen. Vier Gulden für einen so schönen Mantel! Ich ging nach Hause und legte mich aufs Bett. Ich war nicht nur wütend über Willys Angebot, aber noch viel mehr über mich selbst, daß ich mich in so eine Situation gebracht hatte. Die Wochen verliefen, ich versuchte, so wenig wie möglich zu kaufen. Die Abende waren lang und eintönig, und als ich einen Kameraden aus einem Säckchen Erdnüsse knabbern sah, war es sehr schwer für mich, nicht zu Willy zu gehen. Das Wetter war wärmer geworden und ich trug, so das überhaupt nötig war, wieder meinen alten Regenmantel. Ab und zu fragte mich Willy mit einem hämischen Lächeln, wie es mit dem Mäntelchen ging. Inzwischen hatte ich eine Schuld von sieben Gulden. Eines warmen Tages dachte ich: „Wozu den Wintermantel? Es wird Sommer und wer weiß, was der nächste Winter bringt ...“ Mit dem Mantel über dem Arm ging ich zu Willy. „Hier – Du kannst ihn für vier Gulden haben.“ Willy sah mich ungläubig an. „Vier Gulden? Du bist wohl verrückt. Das war mitten im Winter. Was mache ich im Hochsommer mit so einem Mäntelchen? Aber weißt Du was? Ich mag Dich gerne. Ich schreibe Dir 2,50 Gulden von Deiner Schuld ab. Damit ist der Mantel reichlich bezahlt, mehr ist er wirklich nicht wert.“ Ich legte den Mantel auf den Ladentisch und ging, während die Tränen mir über die Wangen liefen, vorbei am Debarkementsgebouw bis an das Ende der Kade. Da blieb ich lange sitzen, um nach den Lichtern auf der anderen Seite zu schauen. Dieses Geschehen hat eine Narbe für das weitere Leben bei mir zurückgelassen, nämlich eine panische Angst vor Geldnot und eine tief verwurzelte Abneigung, Schulden zu machen, und seien diese auch noch so klein!

Inzwischen wurde das tägliche Leben im Debarkementsgebouw zur Routine. Es war nicht mehr nötig, bei der Eingangstür gegen 19:00 Uhr zu stehen, obwohl schon gegen halb sieben Leute bei der Tür standen, weil sie nichts anderes zu tun hatten. Wir hatten den ganzen Tag nichts zu tun. Es wurde gelesen, es wurden Spiele gespielt, es wurde im Gebäude hin und her gelaufen. Das war alles, und damit blieb das Verlangen nach einiger Unterhaltung in den Abendstunden, als wir „frei" waren, bestehen. Wir Jüngeren versuchten, mit Mädchen in Kontakt zu kommen, und es wurden auch Verabredungen gemacht. Man ging miteinander spazieren und probierte, die Sprache des anderen zu verstehen, was nicht immer gelang. Bei jemandem eingeladen zu werden, kam nicht vor. Eine Ausnahme wurde für einen Kameraden von uns gemacht, der sehr gut Violine spielte und der mit musizierenden Bewohnern in Kontakt gekommen war. Er wurde regelmäßig zu Hauskonzerten eingeladen. Alle übrigen schlenderten Monate durch die Straßen, blieben vor den Geschäften stehen und sprachen miteinander. Während der Wintermonate wurden wir oft durch Kälte und Wind zum Debarkementsgebouw zurückgetrieben und blieben die vollen zwei Stunden des Abends drinnen.

Ein großes Ereignis war der Besuch der Frauen. Am 19. Dezember 1938 wurden nur die männlichen Flüchtlinge interniert. Frauen und Kinder unter 16 Jahren wurden nicht weiter belästigt und blieben in Amsterdam. Gegen Ende Jänner wurde der erste Besuch der Frauen angekündigt. Der sollte an einem Sonntag zwischen 12 und 16 Uhr stattfinden und statt am Abend sollten wir uns in diesen Stunden frei im Städtchen bewegen dürfen. Für die Jüngeren von uns und die Junggesellen war dies ein unerwarteter Gewinn – wir sollten zum ersten Mal das Städtchen bei Tageslicht sehen. Bei den Männern, die ihre Frauen sechs Wochen nicht gesehen hatten, herrschte große Aufregung. Was würde geschehen? Würden sie mit Frau und Kindern durch die Straßen laufen und eventuell in einem Kaffeehaus sitzen müssen? Willy, unser Faktotum, hatte inzwischen auch von dem Besuch gehört und hatte zu einigen Männern gesagt, daß es wohl hier und dort ein Zimmer zu mieten gäbe. Nach kurzer Zeit war das bekannt, und die verheirateten Männer begaben sich zum Geschäft von Willy. Aufgrund des geringen Angebots und der großen Nachfrage legte Willy einen ausgearbeiteten Plan auf den Tisch, wobei ein und dasselbe Zimmer mehrere Male für eine halbe Stunde (bei späteren Besuchen für eine Viertelstunde) vermietet werden konnte. So geschah es am ersten Sonntag und die folgenden sechs Wochen. Innerhalb einiger Minuten nach Ankunft der Autobusse aus Amsterdam standen vier, fünf oder mehr Ehepaare vor den Häusern, die Zimmer mieteten. Es wurde aufgeregt auf Uhren geschaut und ab und zu auf das Fenster geklopft mit Bemerkungen wie: „Komm Karl, es gibt noch mehr Interessierte.“ oder „Nun, Max, so lange braucht das auch nicht zu dauern.“ Frauen, die mit Kindern gekommen waren, schickten diese spazieren oder fragten uns Jungens, wenn es um kleine Kinder ging, eine halbe Stunde auf diese aufzupassen. Die Gesichter der Frauen drückten eine Mischung aus Geniertheit und Betroffenheit aus, wie sie mit dieser Situation umgehen mußten!

Mit den Frauen kam auch ein jüngerer Bruder von Fritz Schwarz mit, die ich beide kannte, und die vor mir nach Holland geflüchtet waren. Fred war erst 15 Jahre alt und fiel dadurch nicht in die Kategorie „Männer“, die interniert werden mußten. Bei einem seiner Besuche erzählte Fred, daß ein Heim für jüdische Flüchtlingskinder in Eindhoven bestand und daß er Bericht erhalten hatte, sich dort zu melden. Vor diesem Hintergrund reichte Fritz ein Gesuch ein. Er wollte auch im Dommelhuis in Eindhoven aufgenommen werden, um mit seinem Bruder zusammen zu sein, aber auch weil er glaubte, sich als Jüngster in Hellevoetsluis in einem Kinderheim besser zu Hause zu fühlen, als in einer Männergemeinschaft. Einige Monate später wurde Fritz nach Eindhoven gebracht. Da ich nun der Jüngste in Hellevoetsluis war, reichte auch ich ein

Gesuch ein, um im Dommelhuis aufgenommen zu werden. Ich hatte sehr geringe Hoffnung, hierfür Zustimmung zu bekommen, da ich inzwischen 19 geworden war und außerdem keinen Bruder im Dommelhuis hatte.

Nach meiner Flucht aus Wien hatten meine Eltern alles versucht, um für meine drei Jahre jüngere Schwester einen Zufluchtsort zu finden. Schließlich wurden ihre Bemühungen belohnt, und es war ihnen gelungen, eine Gastfamilie in England zu finden. Im Frühjahr 1939 wurde meine Schwester mit einem Kindertransport nach England gebracht. Meine Eltern informierten mich, daß der Zug zu einer bestimmten Zeit auf dem Weg nach Hoek van Holland Rotterdam passieren würde und gaben mir in Erwägung, meine Schwester am Bahnhof von Rotterdam kurz zu sehen. Obschon so etwas noch nicht vorgekommen war, fasste ich Mut und fragte den Kommandanten, ob es für mich möglich wäre, meine Schwester in Rotterdam zu sehen. Ich fügte hinzu, daß es sehr fraglich war, ob und wann wir einander wiedersehen würden. Die stereotype Antwort auf solche Fragen war – das hatten wir inzwischen gelernt –, daß dies mit „Den Haag" abgeklärt werden mußte. Zu meiner Überraschung bekam ich innerhalb einiger Tage Bescheid. Ich hatte Erlaubnis, am Tag der Durchreise unter Begleitung von zwei Militärpolizisten nach Rotterdam zu fahren, unter der Bedingung, daß ich für uns drei die Reisekosten übernehmen würde. Obwohl dies kein Vermögen war, verstanden sowohl der Kommandant als auch ich, daß dies wohl das Hindernis des Unternehmens sein könnte. Vielleicht dachte er, damit von allen Problemen befreit zu sein. Mein Vorschlag, so und so viele Wochen meine 40 Cent zur Abbezahlung meiner Schulden zu verwenden, überraschte ihn sehr. Vielleicht war er auch von meiner Beharrlichkeit und meiner Bereitwilligkeit, so viele Wochen auf die für uns so wichtigen 40 Cent zu verzichten, beeindruckt.

An einem bestimmten Tag fuhren wir – ich war in meinem verschlissenen Regenmantel eingeschlossen zwischen zwei Militärpolizisten in vollem Ornat mit schneeweißen Tressen und hohen Kappen – per Zug nach Rotterdam. Ein Schwerverbrecher hätte nicht eindruckserweckender weggebracht werden können. Der Zug fuhr pünktlich ein, und ich sah meine Schwester ziemlich schnell mit einer großen weißen Identitätskarte um den Hals hinter dem Fenster einer Tür, um so schnell wie möglich aussteigen zu können. Nach einer innigen Begrüßung und Austausch von Informationen über das Elternhaus und meine Umstände schaute meine Schwester immer wieder auf die zwei baumlangen Polizisten, die hinter mir standen. Als ich ihr, ohne nachzudenken, sagte, daß dies mein Bewachungspersonal war, konnte sie kein Wort mehr über die Lippen bringen. Sie gab mir ein Päckchen von zu Hause und einen Brief meiner Eltern. Wie ein geschlagener Hund begab sie sich wieder in ihren Waggon. Ich sehe sie noch mit der Karte um den Hals und Tränen in den Augen hinter dem Fenster, umgeben von lachenden und winkenden Kindern. Ihr großer Bruder wie ein Verbrecher bewacht auf dem leeren Perron. Daß meine Anwesenheit ein großer Sieg war, konnte sie nicht wissen.

Zurück in Hellevoetsluis mußte ich alles haarklein erzählen. Ich war schließlich der Erste und ich denke auch der Einzige, der mit Erlaubnis in der großen Stadt gewesen war. Der Inhalt des Päckchens mußte, so wie das gebräuchlich war, mit den Zimmergenossen geteilt werden. Was für mich viel wichtiger war, meine Eltern hatten dem Brief etwas Geld beigelegt, genug um meine Reisekosten zu bezahlen und bei Willy einen Teil meiner Schulden abzulösen.

Nach langer Zeit mußten wir wieder einmal im Vestibül antreten. Zu unserer nicht geringen Überraschung wurde uns mitgeteilt, daß ab kommender Woche die Zugangstüren des Debarkementsgebouw von 10.00 Uhr morgens bis 10.00 Uhr abends offenblieben. Wir konnten jetzt zwölf Stunden im Städtchen herumlaufen. Für die Militärpolizisten bedeutete dies, daß sie jetzt statt zwei zwölf Stunden die Zugangspforten bewachen mußten. Zu Beginn wurde von der neuen Freiheit viel Gebrauch gemacht, aber nach einiger Zeit wurden die offenen Türen als eine Tatsache hingenommen, und man sah nicht viele von uns tagsüber außerhalb des vertrauten Gebäudes herumlaufen. Ich hatte ein Plätzchen beim Hafeneingang gefunden, wo ich gerne in der Sonne saß, um etwas zu lesen oder nur über das Wasser zu schauen. Die Ruhe, der Geruch des salzigen Wassers, das eingeschlafene Städtchen hinter mir, es war alles im Gegensatz zu der turbulenten Außenwelt, die einer furchtbaren Katastrophe entgegenging. Nicht jedem von uns war das bewußt. Wir lebten von einem Tag auf den anderen, ohne Arbeit, ohne Ziel. Wir genossen das herrliche Frühlingswetter und warteten ab. Mitte Mai wurde ich zum Kommandanten gerufen. Es war Besuch für mich gekommen. Zu meiner Überraschung war das Uri Koch, den ich noch aus der zionistischen Bewegung in Wien kannte, sei es sehr oberflächlich. Als ich 15 oder 16 Jahre alt war, war er nicht nur zehn Jahre älter als ich, auch in der Hierarchie stand er viel höher. Soweit ich mich wohl erinnerte, war er ein Mann von wenigen Worten. Das war auch jetzt der Fall. Kurz und zur Sache kommend erzählte er mir, daß in Kürze ein Schiff nach Palästina fahren würde, um dort nachts illegal die Passagiere an Land zu setzen. Man nannte das „Alijah Beth" (die zweite Alijah, im Gegensatz zur ersten, wobei die britische Mandatsregierung, sei es in sehr beschränktem Maße, Einwanderungszertifikate lieferte). Uri gab mir den Auftrag, zu untersuchen, wer von den Flüchtlingen in Hellevoetsluis bereit war, mit einem solchen Schiff mitzugehen. „Bereite vor, was Du für nötig achtest, ich komme in einigen Wochen zurück." Der Kommandant war bei dem Gespräch zugegen, ohne ein Wort zu sagen. Erst als Uri weg war, verstand ich, daß er es als selbstverständlich ansah, daß ich mitging und daß er mich, ohne es mit vielen Worten zu sagen, zum Initiativnehmer ernannt hatte. Mit meinem Freund Fredl Kamiel, mit dem ich aus Wien geflüchtet war, ging ich an die Arbeit. Innerhalb einiger Tage erwies sich, daß ungefähr 100 Mann an dem Projekt interessiert waren. Schließlich sind ungefähr 80 Mann übriggeblieben.

Mitte Juni wurde die Gruppe, die inzwischen die „Palästinagruppe" genannt wurde, von den anderen abgesondert und in einer vormaligen MULO-Schule in Hellevoetsluis einquartiert. Wir erhielten Rucksäcke und einige andere Gebrauchsartikel sowie Feldflaschen und Erste-Hilfe-Dosen. Kurz danach kam Uri wieder und informierte mich, daß das Schiff „Dora" hieß. Es würden innerhalb einiger Wochen unangekündigt Autobusse kommen, um uns zur „Dora" zu bringen, die im Hafen von Rotterdam lag. Wir mußten so wenig wie möglich hierüber sprechen und vor allem nicht mit den Einwohnern von Hellevoetsluis. Das „Große Warten" hatte begonnen! Tag für Tag saß ich auf meinem Lieblingsplatz am Hafen, von wo aus die Straße nach Hellevoetsluis gut übersehen werden konnte. Anfang Juli wurde ich zum Kommandanten gerufen. Er hatte von Den Haag Bericht erhalten, daß ich wegen Minderjährigkeit keine Zustimmung von der holländischen Regierung zum Verlassen des Landes bekommen konnte. Dies konnte nur mit schriftlicher Erlaubnis meines Vaters möglich sein. Ich hatte keine Ahnung, wo meine Eltern in diesem Augenblick waren. Die einzige Möglichkeit war, meinen Onkel in Paris anzurufen. Mein Onkel erzählte, daß meine Eltern soeben in Paris angekommen waren und daß sie mich so schnell als möglich zurückrufen würden. Am nächsten Tag rief mein Vater an. Ich informierte ihn kurz, worum es ging. „Ich weiß nicht, was geschehen wird", sagte mein Vater in seiner gebräuchlichen ‚to the Point-Weise', „aber ich bin sehr pessimistisch. Ich kann die

Verantwortung für Dein Leben nicht übernehmen. Diese mußt Du selbst übernehmen. Wenn eine Erklärung nötig ist, werde ich diese schicken." Ich bat ihn, dies umgehend zu tun. Die Autobusse konnten jeden Augenblick kommen. Mein Vater gab telegrafisch seine Zustimmung. Am nächsten Tag wurde ich wieder ans Telefon gerufen. Dieses Mal war meine Mutter am Apparat. Meine Eltern hatten inzwischen gehört, daß ein Schiff mit Flüchtlingen aus Rotterdam nach Palästina fahren sollte, und daß das Schiff nicht seeklar war. Mit vielen Tränen beschwörte meine Mutter mich, von der Reise abzusehen und im sicheren Holland zu bleiben. Mein Onkel würde mir finanziell helfen. Mein Vater stimmte ihr zu, wenn auch ohne Emotionen. Ich war gerade 19 geworden, hatte Wien Hals über Kopf verlassen und sprach nun zum ersten Mal (und übrigens auch zum letzten Mal) mit meinen Eltern.

Das Telefongespräch mit meinen Eltern ließ mich nicht los. Ich saß auf der Bank und sah nach den Autobussen. Diese kamen nicht. Wohl kam ein ausführlicher Brief von meinen Eltern, in dem sie nochmals probierten, mich von der Reise mit der „Dora" abzubringen. Freitag, den 14. Juli 1939, teilte ich dem Kommandanten mit, daß ich mich von der Palästinagruppe zurückziehen wollte.

Am nächsten Tag kamen die Autobusse. …

Ich stand vor der Schule und sah meine Kameraden einsteigen. Auch meinen besten Freund Fredl. Ich stand da schluchzend, fassungslos, zerrüttet. Ich saß Stunden auf einer niedrigen Mauer vor der Schule und starrte nach dem Platz, wo die Busse gestanden hatten. Ich wollte nichts essen, ich wollte nicht sprechen. Erst viel später habe ich begriffen, daß ich am Nachmittag des 14. Juli 1939 an einem sehr wichtigen Wendepunkt meines Lebens gestanden hatte. Vielleicht dem wichtigsten Wendepunkt meines bewegten Lebens!

Mein Aufenthalt in Hellevoetsluis veränderte sich nach der Abreise der Palästinagruppe vollständig. Ein großer

Teil meiner Freunde, junge Leute vor allem, mit denen ich Monate innigen Kontakt gehabt hatte und die mich als ihren Führer sahen, obwohl ich der Jüngste war, waren weg. Ich hatte so gut wie keine Freunde mehr im Debarkementsgebouw. Im Zusammenhang mit unserer Reise hatte ich täglich Kontakt mit verantwortlichen Offizieren. Ich durfte beim Kommandanten ohne Voranmeldung in sein Zimmer gehen. Viele hatten Vertrauen zu mir, und ich hatte dieses Vertrauen enttäuscht, weil ich mich im letzten Augenblick zurückgezogen hatte. Auch der Kommandant erkannte meine schwere Situation und hat wahrscheinlich meine Anfrage – im Kinderheim Dommelhuis aufgenommen zu werden – unterstützt. Diese Anfrage wurde Ende August nochmals eingereicht. Einige Tage später brach der Zweite Weltkrieg aus. In den vorhergehenden Wochen hatten wir erhöhte Aktivität in den Kasernen gesehen. Auch kamen mehr Soldaten in diese Kasernen.

Ende August wurde uns mitgeteilt, daß wir in einigen Tagen Hellevoetsluis verlassen würden und nach Hoek van Holland gebracht werden sollten, und zwar in ein Schlachthaus, das nicht mehr in Betrieb war. Nach acht Monaten Hellevoetsluis, ein Ort, für den wir doch, sicher nach den Erfahrungen in Veenhuizen, ein sicheres Verständnis bekommen hatten, kam das Ende schnell und doch noch einigermaßen unerwartet. Bei der Abreise stand fast die ganze Bevölkerung am Rande der Straße, um uns zuzuwinken. Es wurden von beiden Seiten Tränen vergossen. Fisch-Willy ging bis zum Bahnhof mit. Er war der letzte Einwohner von Hellevoetsluis, der uns mit einem roten Taschentuch nachwinkte.

Inzwischen war es Krieg und die „Dora“ wahrscheinlich schon längst in Palästina angekommen. Wir gingen einer unbekannten Zukunft entgegen, einer Zukunft, die uns besonders wenig Zuversicht gab.

IV.
Der Schlachthof

Die Situation in Hoek van Holland war wieder ganz anders als in Hellevoetsluis. In dem vormaligen Schlachthof, der an der Nordseite des Nieuwe Waterweg lag, befand sich ein langer zentraler Gang mit großen Schlafsälen an beiden Seiten. In den Mauern waren noch die Fleischhaken, die von uns gebraucht wurden, um die Kleider aufzuhängen. Die Betten standen nebeneinander in langen Reihen. Es war in den Sälen ziemlich dunkel, da die kleinen Fenster in den früheren Schlachthallen klein und hoch eingesetzt waren. Die Mahlzeiten bekamen wir in einer großen Halle. Aber der für uns wichtigste Unterschied war, daß hier keine Türen offen standen.

Das ganze Terrain war mit einem großen Gitter umgeben, und wir konnten uns beim Verlassen der Gebäude nur auf einem großen Platz bewegen. Wir waren wieder interniert! Es war zwar kein Veenhuizen, aber die beschränkte Freiheit wurde sehr vermißt. Wieder mußten wir uns daran gewöhnen, uns in einem begrenzten Raum irgendwie zu beschäftigen. Inzwischen war der lange gefürchtete Krieg in Europa Wirklichkeit geworden. Das erste, das wir hiervon merkten, war, daß hinter dem Schlachthof eine Anzahl junger Männer in einem kleinen Gebäude, welches sie nicht verlassen durften, festgehalten wurden. Schnell erwies es sich, daß es sich um deutsche Deserteure handelte, deren Zahl im Laufe der Monate zunahm. Obwohl draußen abgegrenzt durch einen hohen Zaun die Möglichkeit bestand, mit diesen Leuten zu reden, wurde davon nur sporadisch Gebrauch gemacht. Viele von uns hatten Angst, mit ihnen zu sprechen, weil das Gerücht umging, daß außer Deserteuren sich auch Provokateure unter diesen Leuten befanden, die bei einem eventuellen Einmarsch von deutschen Truppen strategisch gelegene Punkte besetzen sollten. Ob das wahr war, kann bezweifelt werden, aber unsere Angst vor den Deutschen war erklärbar. Nach dem Krieg habe ich gehört, daß im Mai 1940 deutsche Soldaten in Hoek van Holland gelandet sind und die Deserteure sofort gefangen nahmen. Eine Anzahl von ihnen soll an den Fleischhaken des Schlachthofes aufgehängt worden sein. Professor Lou de Jong konnte dies nach dem Krieg nicht bestätigen, aber das es mit diesen Leuten – soweit es Deserteure waren – nicht gut abgelaufen ist, bezweifelt niemand.

Als wir draußen am Schlachthofplatz waren, sahen wir regelmäßig Ozeandampfer auf dem Nieuwe Waterweg vorbeifahren. Manchmal waren es Schiffe von der Holland-Amerika-Linie auf dem Weg nach New York. Da standen wir „Internierten" in einem Abstand von kaum 50 Metern gegenüber den Passagieren, die sich auf dem Weg zur Freiheit und auf jeden Fall weg von Europa befanden. Dort, wo der Krieg noch nicht in vollem Umfang begonnen hatte, aber wo doch jeder mit Angst vor der Zukunft lebte. In Hellevoetsluis hatten wir es uns zur Gewohnheit gemacht, durch das Städtchen zu schlendern, viele hatten ein Hobby entdeckt, zu angeln oder Muscheln zu sammeln, andere saßen mit einem Buch im Park, einige hatten Kontakt mit der Bevölkerung bekommen. Das alles war von einem Tag auf den anderen zu Ende. Wir mußten zusehen, wie wir uns in den ungemütlichen Schlafsälen oder in dem zentralen Gang amüsierten. Inzwischen war auf diesem Gang eine Kantine mit Tabakwaren und Süßigkeiten eröffnet worden, wo wir unsere 40 Cent pro Woche ausgeben konnten.

Als es Anfang Oktober nicht nur in den Schlafsälen, sondern auch in den zentralen Räumen immer kälter wurde, beschloss die Lagerleitung 20 eiserne Öfen aufzustellen und diese mit Eierkohlen zu heizen. Für die Versorgung der Öfen, die Anfuhr von Kohlen und den regelmäßigen Unterhalt des Feuers wurden, wie mir zu Ohren kam, Freiwillige gesucht. Ich meldete mich sofort und bekam innerhalb einiger Tage meine erste leitende Funktion: „Oberheizmeister“. Es wurden auch eine Anzahl „Unterheizmeister“ und „Heizmeister-Hilfsgesellen“ – vor allem für die Anfuhr von Kohlen – ernannt. Wahrlich eine gut strukturierte Organisation! Meine Aufgabe als Chef bestand darin, daß ich die Öfen regelmäßig kontrollieren mußte, manchmal auch in der Nacht, um dafür zu sorgen, daß es in allen Räumen behaglich warm war. Mit diesem Posten war auch ein Lohn verbunden, und zwar vier Eier pro Woche, die ich in der Kantine ausbezahlt bekam. Da ich für diese Eier keine Bestimmung hatte, ließ ich sie mir ausbezahlen und bekam dafür in der Kantine drei Cent pro Stück. Damit stieg mein wöchentliches Taschengeld von 40 auf 52 Cent, eine Erhöhung von 30 Prozent.

Ich habe nur kurze Zeit diese „leitende“ Funktion bekleidet. Anfang November wurde ich in das Büro der Lagerleitung gerufen, wo mir mitgeteilt wurde, daß mein Gesuch um Aufnahme im Dommelhuis in Eindhoven bewilligt war und daß ich innerhalb einiger Tage dorthin gebracht werden sollte. Ich war froh, das düstere Hoek van Holland verlassen zu können, aber es tat mir zugleich leid, von meinen Kameraden und vor allem von meiner „Ofenkolonne“ Abschied zu nehmen. Ich hatte fast ein Jahr in einer Männergemeinschaft gelebt und mußte jetzt in ein Kinderheim, eine für mich unbekannte Welt, die bei mir Gefühle von Unsicherheit, aber auch von Erwartung verursachten.

Von einem Tag auf den anderen sollte ich vom jüngsten Bewohner von Hoek van Holland zum ältesten Bewohner im Dommelhuis werden.

V.
Das Kinderheim

Der Beschluß zu meiner Aufnahme im Dommelhuis in Eindhoven kam im November 1939 doch noch überraschend. Ich hatte an mein Gesuch wenig gedacht, da mir ein positiver Beschluß wenig wahrscheinlich schien. Und jetzt befand ich mich plötzlich auf dem Weg nach Eindhoven.

Das Dommelhuis war ein ziemlich großes Gebäude, gelegen in einer ruhigen Straße in einem der Villenviertel von Eindhoven. Das Gebäude war durch Philips für die unverheirateten Mitarbeiter bestimmt. Später erwies sich, daß wenig Bedürfnis für so ein Haus bestand. Und so wurde das Gebäude 1939 dem Kinderkomitee Jüdische Flüchtlinge, Abteilung Eindhoven, zur Verfügung gestellt. In diesem Komitee saßen einige angesehene Mitbürger der Stadt Eindhoven, aber die treibende Kraft war Hilda Verwey-Jonker, die Frau von Dr. Evert Verwey, Direktor des Naturkunde-Laboratoriums, das auch heute einen bedeutenden Platz in der Welt der Physik einnimmt. Sozial sehr bewogen, was sie auch in der Politik viele Jahre zum Ausdruck brachte, war Hilda, vor allem nach der Kristallnacht, sehr aktiv in der Hilfe für jüdische Kinder. Mit Hilfe der „Philips-Direktion" gelang es ihr, ungefähr 120 jüdischen Flüchtlingskindern im Dommelhuis Unterkunft zu verschaffen. Es waren ausschließlich Jungen verschiedenen Alters, beginnend mit einer Gruppe von Zehnjährigen, einer großen Gruppe von 13- bis 16-Jährigen und einer kleinen Gruppe „alte Männer", von denen ich der älteste war. Den Ausdruck „alte Männer" habe ich erst 50 Jahre später gehört. 1988 erschien ein Buch von Hilda Verwey-Jonker: „Es muß eine Frau dabei sein". Sie schreibt darin: „In der Verwaltungskommission ist die Zusammenstellung der Gruppe noch zur Sprache gekommen." Solche „alten Männer" – sagte der Vorsitzende –, „ist das wohl vernünftig"? Aber inzwischen war es deutlich geworden, daß ein paar ältere Jungen mit Erfahrung im Flüchtlingsgeschehen einen günstigen Einfluß auf die Gruppe hatten.

War der Übergang von Veenhuizen nach Hellevoetsluis und von dort nach Hoek van Holland schon außerordentlich groß gewesen, der Übergang in das Dommelhuis war das nicht weniger. Von der Männergemeinschaft im früheren Schlachthof in ein Kinderheim in einem ruhigen Villenviertel in Eindhoven war ein großer Schritt. Durch die eingreifenden und schnellen Veränderungen nach meiner Flucht aus Wien, war mein Anpassungsvermögen stimuliert worden, und ich fand dadurch schnell meinen Platz im Dommelhuis. Die Brüder Schwarz kannte ich gut und vor allem Fritz, der auch Veenhuizen und Hellevoetsluis mitgemacht hatte, war mir dabei sehr behilflich. Die tägliche Leitung im Dommelhuis war in Händen von einem ehemaligen Turnlehrer, der auch Pfadfinder war und den wir „Hopman" (Hauptmann) nannten. Er führte die tägliche Leitung aus, aber Hilda war doch die Glucke, die zusah, daß es ihren „Jungens" an nichts fehlte. Wir waren im Dommelhuis frei, konnten hinaus, wann wir wollten. Aber es war Ordnung, und es gab auch Pflichten, vor allem was Haushaltsaufgaben betrafen. Eine Anzahl Jungens ging in die Schule, andere lernten ein Fach. Auch von mir wurde erwartet, daß ich einer Beschäftigung nachging. Meine zionistische Vorgeschichte und mein Wunsch, in der Zukunft nach Palästina zu gehen, spielten eine große Rolle, wobei Schulungen auf den Gebieten Landwirtschaft und Viehzucht im Vordergrund standen. Wir waren eine ganze Jungens-Gruppe mit den gleichen Interessen. Wieder konnte Hilda Verwey die nötigen Kontakte knüpfen, wodurch wir auf dem großen Landbaubetrieb von Jonkheer Smits van Oyen arbeiten konnten. Der Hof lag neben seiner großen Villa, am Rande von Eindhoven. Woutje war der Betriebsleiter und mußte außer seinen zahlreichen Verpflichtungen auch noch die Dommelhuisjungens an die Arbeit führen. Wir waren sieben oder acht Jungens, die schon im frühen Morgen im Gänsemarsch zum Bauernhof und am Abend zurück zum Dommelhuis marschierten. Als Ältester war ich der Verbindungsmann zu Woutje und gleichzeitig verantwortlich für die gute Ausführung der Aufgaben, die wir täglich von ihm erhielten. Diese umfassten das Reinhalten der Ställe, das Füttern der Tiere, das Ernten von Futterrüben, das Umsägen und Verarbeiten von Bäumen und noch viele kleinere Dienste. Um 12:00 Uhr bekamen wir Butterbrote und ein Glas Milch und einmal in der Woche ein kleines Taschengeld. Ab und zu kam der Jonkheer auf den Hof, fragte Woutje, wie es mit uns ging, und sprach ein paar Worte mit mir. Woutje gab immer ein sehr positives Bild über unsere Arbeit, wahrscheinlich weil schon nach kurzer Zeit deutlich war, daß unsere kleine, aber sehr enthusiastische Gruppe einen wesentlichen Beitrag bei der Bewältigung der vielen täglichen Aufgaben leistete.

Nach Heimkehr folgte eine gründliche Dusche und andere Kleidung wurde angezogen, so daß wir voll am täglichen Dommelhuisleben teilnehmen konnten. Nach dem Abendessen wurde gespielt, aber oft wurden auch Vorträge gehalten und Konzerte gegeben, manchmal unter Mitwirkung von einem oder mehreren Jungens. Viel wurde durch die inzwischen errichtete Vereinigung „Ons Dommelhuis“, von der ich der erste und zugleich auch letzte Vorsitzende war, organisiert. Es hätte ein ruhiges und angenehmes Leben sein können, wenn nicht die permanente Drohung eines Krieges, in dem Holland nicht neutral bleiben würde, fast täglich zunahm. Außerdem waren auch viele Jungens besorgt um ihre Eltern, die noch in Deutschland waren, während andere probierten, zu emigrieren – wenn möglich nach Amerika. So verließen immer wieder Jungens das Dommelhuis, sei es durch Emigration, sei es, daß sie die Familie zu sich nahm, sei es durch Übersiedlung in das Werkdorp Wieringen, ein Ausbildungszentrum für Palästina-Pioniere. Anfang Februar 1940 tauchten die ersten Gerüchte auf, daß das Dommelhuis für uns zu Ende ging. Dieses Gerücht wurde innerhalb einiger Wochen Wahrheit. Auch Uneinigkeit zwischen dem Zentralen Jüdischen Komitee und der Leitung des Dommelhuis soll dabei eine wichtige Rolle gespielt haben. Die Details waren den Bewohnern nicht bekannt. Für uns, die zurückblieben, gab es nur eine Frage: Was jetzt? Und wohin? Bei vielen existierte Unsicherheit und tägliche Sorge, aber vorläufig konzentrierten wir uns auf die Organisation eines Abschiedsfestes, das wir dem Komitee und allen, die uns geholfen hatten, anbieten wollten. Der Abend sollte aus einem ernsten und einem fröhlichen Teil bestehen, völlig organisiert durch die Jungens. Es folgten Wochen von großer Einspannung, die wir mit Enthusiasmus auf uns nahmen, vor allem, da wir dadurch keine Zeit hatten, an die Zukunft zu denken. Der Abend wurde ein großer Erfolg und ermöglichte es uns, einigermaßen unserer Dankbarkeit Ausdruck zu verleihen. Ein Bericht über diesen Abend ist im Eindhovens Dagblad vom 23. Februar 1940 unter dem Titel „Afscheid van de Dommelhuiskinderen" zu finden. Ein voller Saal hat ihr Auftreten sehr begrüßt. Der Text der Ansprache, die ich als Ältester hielt, wurde mir 40 Jahre später von Hilda Verwey-Jonker zugeschickt. Das Zitat aus Goethes Faust „Hier bin ich Mensch, hier darf ich's sein", hat auf den Berichterstatter der Zeitung Eindruck gemacht.

Auch für mich galt nunmehr die Frage: „Was nun?" Da mir die Arbeit auf dem Bauernhof gut gefallen hatte – und aufgrund meiner zionistischen Überzeugung – lag eine weitere Ausbildung als Palästina-Pionier am ehesten auf der Hand. Für eine solche Ausbildung bestanden vor dem Krieg in Holland zwei Möglichkeiten, und zwar im eben erwähnten Werkdorp Wieringen, wo Jungens und

Mädchen im Gruppenverband lebend eine Fachausbildung, hauptsächlich in der Landwirtschaft, aber auch als Gärtner, Tischler oder Metallbearbeiter erhalten konnten. Die zweite Ausbildungsmöglichkeit bot die „Vereinigung zur Ausbildung von Palästina-Pionieren" – kurz die „Deventer Vereinigung" genannt, weil ihr Vorsitzender und treibende Kraft Ru Cohen in Deventer wohnte und sich in seinem Wohnhaus das Büro des Vereins befand. Es waren für mich zwei Möglichkeiten: Wieringen oder Deventer? Der Deventer-Verein brachte Chaluzim (Pioniere) bei Bauern unter, wo diese als Bauernknechte das Fach lernen konnten. Diese Ausbildung, Einzel-Hachschara genannt, war viel schwerer, als die Ausbildung innerhalb der Gemeinschaft Wieringen. Erneut in einer Gemeinschaft zu leben, war für mich keine Zielsetzung, und außerdem hatte ich das intuitive Gefühl, daß im Hinblick auf die stets stärker werdende Kriegsdrohung dem Verbleib auf einem Bauernhof der Vorzug gegeben werden sollte. Wie treffsicher diese Intuition war, hat sich später erwiesen. Ein großer Teil der Jungens aus Wieringen ist nach Mauthausen deportiert und dort auf grausame Weise ermordet worden.

Ich nahm Kontakt mit Ru Cohen auf und wurde Anfang Februar zu einem Gespräch in Deventer eingeladen. Ru war ein besonderer und zugleich merkwürdiger Mann und Mitglied einer berühmten Familie. Sein Bruder David sollte in den Besatzungsjahren Vorsitzender des sogenannten Judenrates werden, ein anderer Bruder, Josef, war ein bekannter Schriftsteller. Wer konnte damals vermuten, daß ich Jahre später mit einem Sohn von Josef, Hans Cohen, viele Jahre das Rijksinstituut voor de Volksgezondheid in Bilthoven leiten würde.

Ru ließ mich eine halbe Stunde in einem ungeheizten Büro warten, kam schnell herein, gab mir eine Hand und sagte „Nein". Als ich ihn fragend ansah, sagte er nochmals „nein" und fügte hinzu: „Du bist für Einzel-Hachschara nicht geeignet. Das ist viel zu schwer für Dich. Gehe nach Wieringen." Ich habe mein ganzes Leben eine merkwürdige Eigenschaft gehabt. Wenn jemand zu mir sagt „das kannst Du nicht", dann ist dies für mich ein Grund, um es wohl zu tun oder wenigstens zu versuchen. Obwohl Ru mir keinen Stuhl angeboten hatte, setzte ich mich, sah ihn herausfordernd an und sagte: „Sie wissen nicht, ob ich geeignet bin, ich kann es doch auf jeden Fall probieren." Er sah mich mit einigem Mitleid an: „Du hast keine Ahnung, wie schwer es ist. Es ist nichts für Dich, geh' nach Wieringen." Je öfter er Wieringen sagte, um so mehr nahm bei mir die Überzeugung zu, daß es Deventer sein mußte. Ich blieb unbeeindruckt, er probierte mich zu überzeugen, daß er es gut meinte. Er ging so weit, auf meine geringe Körpergröße hinzuweisen und zu unterstreichen, daß es für mich ein sinnloses Unternehmen sei. Erst viel später habe ich begriffen, daß diese Diskussion ein Theaterspiel war und daß jeder potenzielle Pionier auf diese Weise durch Ru empfangen wurde. So konnte er das Durchsetzungsvermögen eines künftigen Kandidaten überprüfen und sehen, ob der Pionier für die schwere Einzel-Hachschara (und wie schwer es war, sollte ich nur allzu bald erfahren) der richtige Mann (oder Frau; auch Mädchen waren auf Einzel-Hachschara) war. Nach ungefähr einer Stunde dieses „Degengefechtes" begann Ru den Rückzug. Er holte für mich eine Tasse Kaffee aus seiner Wohnung, aber konnte nicht nachlassen, noch eine Rückzugsbemerkung zu machen: „Ich rate es Dir ab, aber Du mußt selbst wissen, was Du willst." Mit dieser Bemerkung war das Gespräch zu Ende. „Du hörst noch von uns, Schalom." Ein kräftiger Händedruck, und ich war wieder draußen im kalten Wind auf dem Weg zum Bahnhof. Nur wenige Tage später, einem Freitag, erhielt ich einen Brief aus Deventer. Ich wurde kommenden Montag dort erwartet. Ich sollte meine Ausrüstung erhalten, und ein freiwilliger Mitarbeiter der Deventer-Vereinigung, Herr Reichenberger, sollte mich zu Bauer Zweers bringen, per Adresse Het Klaphek, Worth Rheden.

Bevor ich es mir gut vorstellen konnte, hatte das letzte Wochenende im Dommelhuis begonnen. Der Abschied fiel mir nicht leicht. Ich hatte angenehme Monate hinter mir, war ausschließlich freundlichen und hilfsbereiten Menschen begegnet, und hatte zudem Anerkennung für meinen bescheidenen Beitrag in dieser kleinen Gemeinschaft erhalten. Jetzt stand ich vor einer ungewissen Zukunft und einer Herausforderung, von der mir nachdrücklich abgeraten wurde. Aber das Ärgste war, daß ich in einigen Tagen allein, ohne das vertraute Heim und ohne Freunde sein sollte. Meine wenigen Besitzungen waren schnell eingepackt, und Montagmorgen war ich zum zweiten Mal innerhalb einer Woche auf dem Weg nach Deventer.

VI.
Der Bauernknecht
(1–7)

1

Im Zimmer von Ru Cohen stand ein Mann von mittlerem Alter, klein, aber immerhin noch größer als ich. Ich wurde ihm durch Ru vorgestellt. Dan Kampelmacher – Leo Reichenberger. Ein kräftiger Händedruck. Ru sagte: „Chawer (vriend [Freund]) Reichenberger wird Dich nach Worth Rheden bringen." Er wies auf einen Koffer und sagte: „Das sind Deine Sachen, schau sie Dir gut an. Du mußt den Empfang schriftlich bestätigen." Es war ein alter Koffer aus gepresstem Karton mit verrosteten Schlössern. In dem Koffer befanden sich ein paar Holzschuhe, zwei Manchesterhosen, zwei graue Kittel, Unterwäsche aus Flanell, dicke schwarze Wollsocken, einige rote Taschentücher mit grauem Blumenmotiv und eine Mütze. „Das ist das kleinste Maß, das wir haben. Kleiner haben wir sie nicht", sagte Ru. Die Mütze fiel mir über die Ohren, die Hosenbeine und Ärmel von dem Kittel mußten umgeschlagen werden, aber am ärgsten waren die Holzschuhe, die mindestens zwei Maße zu groß waren. Daß die Hosenbeine und die Ärmel umgeschlagen werden mußten, wurde schnell deutlich, da Leo mit einem Blick auf meine Jacke und meinen dünnen Regenmantel mir den Rat gab, eine Manchesterhose und einen Kittel über meine Kleidung anzuziehen. Wie bereits gesagt, war Ru ein Mann von wenigen Worten. Der Koffer war in meinem Besitz, ich hatte unterschrieben, und es war Zeit, daß wir uns auf den Weg machten. Leo wurde kurz für seine Mühe gedankt, ich bekam seine Hand: „Alles Gute." Sein Gesicht drückte deutlich eine Mischung von Unglauben und Mitleid aus. Später begriff ich, daß Leo diese Arbeit aus Idealismus neben seinen normalen Geschäftshandlungen in Doetichem, seinem Wohnort, tat.

Als wir draußen auf ein kleines Motorrad zuliefen, wurde mir deutlich, warum Leo mir den Rat gegeben hatte, noch mehr Kleider anzuziehen. Ich mußte hinter ihm, mit dem Koffer zwischen uns eingeklemmt, sitzen. Nach einigen Minuten tat es mir leid, daß ich nicht alles, was im Koffer war, angezogen hatte. Leo trug einen Ledermantel und Stiefel. Ich versuchte mich hinter seinem Rücken so gut wie möglich vor dem schneidenden, eiskalten Wind zu schützen. Trotz der Bekleidung war ich nach einer Viertelstunde fast erfroren. Am ärgsten betroffen waren meine blauen Hände (ich besaß keine Handschuhe), mit denen ich den Koffer festhalten mußte. Ich versuchte, mich noch mehr nach vorne zu schieben, um den Koffer noch fester zu klemmen, so daß ich dann mit der einen und dann mit der anderen Hand etwas Bewegung machen konnte. Inzwischen hielt ich mit Ungeduld nach einem Schild „Worth Rheden" Ausschau. Später wurde deutlich, daß so ein Schild gar nicht existierte, da Worth Rheden ein Weiler von Rheden war. Aber auch von diesem Ort hatte ich noch kein Schild gesehen. Erst als wir De Steeg passierten, sah ich zum ersten Mal „Rheden 6 km". Gott sei Dank, es konnte nicht mehr weit sein. Noch vor Rheden fuhr Leo rechts ab und kam auf einen schmalen Weg, der in einen dichten Wald führte. Nach einigen Hundert Metern ging der Weg in einen Sandweg über, der steil nach oben führte. Schnell erwies sich, daß das kleine Motorrad diese Hürde nicht bewältigen konnte. Die ganze Zeit fragte ich mich, wo in dieser Wildnis ein Bauernhof gefunden werden könnte. Leo schob mit viel Mühe das Motorrad durch den Sand nach oben und ich folgte mit dem Koffer. „Es ist nicht mehr weit", sagte er zu meiner großen Freude. Ich war froh in Bewegung zu kommen, und dadurch etwas wärmer zu werden. Nach einigen Minuten wurde der Wald lichter und wir konnten auf einem Hügel vor uns einen Bauernhof mit Scheunen sehen, umgeben von einem kleinen Stück Weideland. Auf dem Weg zum Hof stand ein Mann, der mit großem Interesse unsere Ankunft erwartete. Das mußte Bauer Zweers sein, mein zukünftiger Chef. Er war ein nicht allzu großer Mann mit einem knotigen Gesicht, ein Gesicht gezeichnet durch Wetter und Wind, und mit O-Beinen, die durch schwere Arbeit noch krummer geworden waren. Auf dem Kopf wippte ein fesches Hütchen. „Aber Herr Reichenboarger wat krieg ik nu? U ad me een knecht versproche, en nu kimt u met zo'n kerlchen. Wat mot ik er met? Ach, Herr Reichenboarger nemt'm wer met.“ Das waren die Worte zur Begrüßung. Ich sehe die Szene heute nach 60 Jahren noch haarfein vor mir, als ob es gestern gewesen wäre. „Probier es Zweers“, sagte Leo, ohne allzu große Überzeugung, „er ist voll guten Willens, und wenn es nicht geht, sehen wir weiter. Ich bin nicht aus der Welt. Nou glücklich mor.“ „Glücklich mor“, murmelte Zweers, noch immer schwer enttäuscht, daß die Deventer-Vereinigung ihm keinen Riesen geschickt hatte. „Als ie mor de kost wert is, meneer, als ie mor de kost wert is.“ Ich stand dabei wie ein Kalb oder ein Füllen, worüber verhandelt wurde. Ich hatte trotz allem den Eindruck, daß Zweers nicht wirklich böse war und daß zu einem großen Teil ein Theaterstück aufgeführt wurde, das scheinbar durch beide Herren als eine normale Begrüßungszeremonie gesehen wurde. „Komm herein“, sagte Zweers, während ihm aus beiden Mundwinkeln der Saft von Kautabak herauslief. In der kleinen Küche war es behaglich warm. Leo begrüßte die Bäuerin, eine robuste Frau, etwa 40 Jahre alt, und eine alte Frau, die die Mutter von Zweers war. „Nou, Aleida“, sagte Zweers, „das is Doan, de neue Knecht.“ Mit einem Gesicht, als ob er sagen wollte: „Sieh' Dir an, was sie mir angetan haben.“ Wir bekamen von der alten Frau eine Tasse lauwarmen Kaffee, und Leo wurde ein Glas Schnaps angeboten. Er weigerte sich, weil er auf dem Motorrad nüchtern bleiben wollte. Dem neuen Knecht wurde diese Stärkung nicht angeboten. Leo sah mich einigermaßen verlegen an, als ob er sagen wollte: „Ich kann hieran auch nicht viel tun." Nachdem eine ganze Zeit nicht gesprochen worden war, sagte Leo: „Ich gehe langsam, dann bin ich noch bevor es dunkel wird zu Hause." „Dan, alles Gute." Ein fester Händedruck und weg war er. Durch das Fenster sah ich ihn auf dem Motorrad hinunterfahren, und ich hatte das Gefühl, mit ihm die letzte Verbindung mit der zivilisierten Welt verloren zu haben.

Bevor ich noch die Möglichkeit hatte, meine Umgebung näher aufzunehmen, sagte Zweers: „Nou, Du bisht nit gekomen um Kaffee zu supen, du bisht komen um zu arbeije, ja sicher om zu arbeije." Ich hatte mich inzwischen daran gewöhnt, daß er alles wiederholte, teilweise aus Selbstzufriedenheit, teilweise um Zeit zu gewinnen für den nächsten Satz. „De Frau wird dir zeige, wo du schloafst." Ich ging mit Aleida eine steile Treppe hinauf, und wir kamen auf einen Korridor. Am Fenster stand ein breites Bett mit einem weißen Betttuch. Vor dem Bett lag ein verschlissenes Stück Teppich. Hinter mir stand eine Tür offen, und man konnte in das kleine Schlafzimmer der Familie Zweers sehen. Aleida war etwas freundlicher, oder besser gesagt, weniger schroff als ihr Mann. Sie begriff meine Enttäuschung über die wohl sehr spartanische Einrichtung meiner Schlafstätte. Sie lief zur Mauer und zog an einem grauen Tuch. „Sieh so", sagte Aleida, „jetzt sieht es schon mehr wie ein Zimmer aus." Aus einer dunklen Ecke holte sie ein Waschbecken und eine Kanne, schob eine Kiste neben das Bett und setzte alles darauf. „Ich schau später, ob ich noch ein Stückchen Seife habe. Wasser holst Du Dir selbst."

2

Inzwischen war Zweers auf bloßen Strümpfen die Treppen heraufgekommen. Wahrscheinlich dauerte ihm mein

Verbleib mit Aleida zu lange. Gerade in diesem Augenblick hatte ich zu ihr gesagt: „Eine Gardine vor dem Fenster würde angenehm sein, wenn es morgens hell wird.“ „Nou der is gut“, brüllte Zweers, „der ist gut, so lang schloaftst ni, daß in der früh Licht siehst. Du bischt hier om zu arbeije, jo jo om zu arbeije.“ Und nun, doch irritiert, „kom Frau, fortnache, so is es melkenszeit“. „Kom Doan, tu dei Klamotten an.“ Als dies länger als fünf Minuten dauerte, rief Zweers: „Komst du nog? Oder bischt in schlaof falle? Schloafst Du?“ Ich stolperte mit meinen viel zu großen Holzschuhen die Treppe hinunter. Mit meinen umgeschlagenen Hosenbeinen und Ärmeln muß ich so komisch ausgesehen haben, daß Aleida laut lachen mußte. „Es ist nicht mitanzusehen“, sagte sie, „ich werde alles heute Abend kürzer machen.“ „Jo, Frau, aber erst an die Arbei. Kannst du buttern?“, fragte Zweers. „Nein“, antwortete ich, „aber ich habe oft gesehen, wie man es tut“, und ich sah meine Großmutter mit dem Butterfaß vor mir. „Tun sehen, tun sehen, Frau, kom, zeigs ihm.“ Aleida brachte mich in die Waschküche, wo ein Holzfaß mit Deckel stand. In dem Deckel war ein Loch mit einem Stiel mit einer platten Scheibe. Aleida erklärte mir, wie durch schnelles Hin- und Herbewegen des Stiels mit der Scheibe schließlich eine Trennung zwischen der entfetteten Milch und der Butter entstand. Ich begann zu stampfen. Nachdem ich fünf bis sechs Minuten mit voller Kraft gestampft hatte, nahm ich den Deckel ab, um zu sehen, ob schon Butter da war. Das war nicht der Fall. Nach gut einer viertel Stunde wurde mir warm, und ich mußte mir den Schweiß von der Stirn wischen. Ich gönnte meinen Händen einen Augenblick Ruhe. Es war üblich, die Holzschuhe vor der Tür stehen zu lassen und im Haus auf dicken, schwarzen Socken zu gehen. Darum mußte ich mich daran gewöhnen, daß Zweers jeden Augenblick unbemerkt hinter mir stehen konnte. Das war auch jetzt der Fall. „Lieber faul, als müde, Doan du bischt hier om zu arbeije und nie um zu faulenzen, ja um zu arbeije – hascht du das begriffe?“ Ich begann wieder den Stiel hin- und herzubewegen, ohne Antwort zu geben. Diese wurde auch nicht von mir erwartet. „Och, och“, sagte Zweers, “das ist kein buttern, so haben we mit Sint Jutemis noch ka Butter.“ Er griff den Stiel aus meinen Händen und begann diesen kräftig hin- und herzubewegen. „Nie kitzeln, nie kitzeln, begreifscht du dos?“ Ich begriff, und nach einiger Zeit, als der Schweiß mir schon vom Rücken lief, traute ich mich, wieder in das Faß zu sehen. Jetzt schwammen kleine Stückchen Butter in der Milch. Kurz danach kam Aleida, goß alles durch ein Tuch, so daß die Butter auf dem Tuch liegen blieb. „Ich hole die zweite Portion, dann kannst du bis zur Melkenszeit weiter buttern, und die dritte Portion kannst Du dann am Abend machen.“ Ich butterte bis zum späten Nachmittag. Es wurde Tee getrunken mit einer Scheibe Roggenbrot und der frischen Butter. Ich hatte den heißen Tee noch nicht zur Hälfte getrunken, als Zweers sagte: „Fortmache, es is Melkenszeit.“ Ich hatte das Klirren der Halsketten bereits gehört, aber jetzt stand ich zum ersten Mal in dem warmen Stall, wo mich circa 20 Heu kauende Kuhköpfe mißtrauisch ansahen. „As du nie buttern kannst, kannst sicher auch nie melke“, sagte Zweers mit einigem Vergnügen, „aber das lernscht noch, jo, jo, das lernscht noch.“ Er ging, auf einer kleinen Krücke sitzend, klemmte einen Eimer zwischen seine Beine und begann mit rhythmischen Bewegungen an zwei Zitzen zu ziehen. Die Milchstrahlen kamen mit so einer Wucht auf den Boden des Eimers, daß es sich wie Schüsse aus einer Pistole anhörte. Nach einiger Zeit drehte er sich um und sagte: „Jeztscht du!“

Ich hatte bei Woutje in Eindhoven oft beim Melken zugeschaut und es auch ein paar Mal versucht. Es schien mir gut, diese Erfahrungen nicht Zweers mitzuteilen und so zu tun, als ob ich noch niemals die Zitze einer Kuh in der Hand gehabt hätte. Es kam kein kräftiger Strahl in den Eimer, aber es kam Milch. „Nie kietzeln, nie kietzeln. Mit Kraft kneifen." Nach einiger Zeit waren dreiviertel des Eimers voll. Zweers und Aleida waren bereits bei ihrer dritten Kuh. Stolz zeigte ich meinen Eimer. „Ist noch viel drin, ist noch viel drin", sagte Zweers, „komm mit." Er setzte sich unter „meine" Kuh, und jetzt wurde der Eimer voll. „Ausmelke, Doan. Ausmelke – sonst ha ik nix an. Schlecht vor de Kuh, schlecht vor de Bauer. Hopp, Milch durchs Sieb und nächste Kuh." Während Zweers und Aleida sieben bis acht Kühe pro Person melkten, gelang es mir mit Mühe, zwei zu melken. Beim Nachmelken durch Zweers kam noch viel Milch aus dem Euter der beiden Kühe. „Och Reichenboarger was hascht mir'n Knecht gebn?" sagte Zweers zum Abschluß meiner ersten Lehrstunde im Melken.

„De Milchkanne rausbringe, um abzukühle, das Sieb reinige, das Heu aufschütte, die Mistgrub hinter de Kuh ausfege", alles mußte schnell schnell geschehen, wobei von mir erwartet wurde, die geringe Anzahl Kühe, die ich gemolken hatte, durch all diese Tätigkeiten gut zu machen. „De Pferd Wasser gebn, den Mist in de Schubkarre", Zweers hatte permanent etwas zu tun.

Inzwischen hörte ich in der Küche zu meiner Freude, daß Teller und Besteck hingelegt wurden. Ich hatte seit dem Frühstück im Dommelhuis (das Kinderheim lag am selben Tag weiter weg als der Mond!) und der Schnitte Roggenbrot nichts gegessen und hatte furchtbaren Hunger. Als ich in die Küche kam, sah ich zum ersten Mal den jungen Barend, ein Kerlchen von ungefähr sechs Jahren, der wenig sagte und ängstlich zu seinem Vater hinsah. Er war der Augapfel seiner Mutter und immer in der Nähe von Aleida zu finden. Vor seinem Vater brauchte er übrigens auch keine Angst zu haben. Auch er gab zu erkennen, daß er seinen Nachkommen, sei es dann auf Zweers' Weise, anbetete.

Es wurde ein großer Topf mit gekochten Kartoffeln auf den Tisch gesetzt und ein Teller mit gekochtem Speck. Kartoffeln konnte jeder nehmen so viel er wollte, der Speck wurde von Aleida mit größter Genauigkeit verteilt. Zweers bekam als Erster das größte Stück, ich ein etwas kleineres. Dann bekamen die beiden Frauen ein viel kleineres Stück und der kleine Barend einen ganz kleinen Happen, welcher meistens auf dem Teller seiner Mutter landete. Ich hatte noch nie Speck gegessen, aber Hunger ist ein guter Koch, und ich bekam den Speck mit viel Kartoffeln durch die Kehle. Zweers aß schnell und schien mit seinen Gedanken irgendwo anders zu sein. Wahrscheinlich dachte er an die „Arbei“, und daß dies eine richtige Einschätzung war, erwies sich schnell. Nach den „toffeln“, die beim Mittag- und Abendessen auf den Tisch kamen, kam eine große Schüssel mit Buttermilchbrei. Ich hätte gerne etwas Zucker darüber gehabt, aber traute mich nicht, dies zu fragen, vor allem weil ich mir den Kommentar von Zweers vorstellen konnte. Ich hatte den Brei noch nicht halb gegessen, da kam Zweers schon mit neuen Aufgaben. „Den Rest Milch buttere, Säcke Hafer in den Pferdestall bringe, Schweine füttere ...“

3

Schnell sollte ich erfahren, daß der erste Tag keine „Begrüßungszeremonie“ war, sondern das tägliche Programm. Sowie die Sechs-Tage-Routine von Kartoffeln mit Speck und der obligaten Schüssel Buttermilchbrei, sonntags unterbrochen durch Fleisch und Pudding, war auch das Arbeitsprogramm sofort nach dem Essen. Ich hätte gerne wenigstens zehn Minuten das Essen verdaut, aber das war bei Zweers verlorene Zeit. Er war immer wieder froh, neue Aktivitäten zu ersinnen, nicht nur für den Knecht, aber auch für sich selbst. Bereits nach einigen Tagen wurde mir deutlich, daß der Mann ein Arbeitsfanatiker war, der außer der notwendigen Zeit für Essen und Schlafen nichts anderes kannte als Arbeit. Seine Existenz hatte der kleine Barend wahrscheinlich dem notwendigen Schlafen zu verdanken und der Tatsache, daß diese Handlung nicht viel Zeit erforderte. Einige Erklärungen für seinen Arbeitsfanatismus erhielt ich durch Bemerkungen von Aleida und vor allem von der Mutter von Zweers. Sein Vater, Barend sr., hatte als junger Mann bei dem Bau der Eisenbahnlinie Zutphen–Arnheim gearbeitet. Sein großer Traum war Bauer mit einem eigenen Hof zu werden. Aufgrund seiner sehr bescheidenen finanziellen Mittel war es so gut wie unmöglich, diesen Traum zu realisieren. Er heiratete ein Mädchen mit etwas Spargeld, legte jeden Cent, der nicht unbedingt nötig war, zur Seite und konnte schließlich einen ganz verwahrlosten Hof mit einem Stück Heidegrund in der Nähe der Postbank pachten. Außerdem gelang es ihm, Weidegrund an einem der Ufer der Yssel, zwölf Kilometer von seinem Haus entfernt, zu pachten. Das Haus mußte gründlich repariert werden, Scheunen und Ställe gebaut, und die Heide in Weideland transformiert werden. Das alles mußte Zweers mit seinen eigenen Händen tun, und es mußte Tag und Nacht gearbeitet werden, um den Kopf über Wasser zu halten. Wer wurde Bauer auf der Heide mit Weideland zwölf Kilometer weit weg, fragten sich die Menschen ab und zu und gaben Zweers sen. den Beinamen „Barendje Gek“ [„der verrückte Barend“]. Zweers litt darunter nicht. Er war unterwegs, sich einen Traum zu realisieren. Auf diese Weise entstand ein merkwürdiger Bauernhof. Pittoresk gelegen auf der Heide und umgeben durch Wald, mit Weidegrund für die Kühe, der weit weg lag. Es gab nur eine Möglichkeit, so einen Hof zu führen, nämlich zweimal so viel zu arbeiten, als ein normaler Bauer. Sein Sohn, Barend jr., mußte, sobald er laufen konnte, mithelfen. Arbeit erfüllte sein Dasein. Er hatte, völlig isoliert, oben auf der Heide niemals etwas anderes gesehen und wußte auch nichts anderes zu tun.

Später am Abend, als der kleine Barend ins Bett gebracht war, saß die Familie bei einer Petroleumlampe in der einzigen „guten“ Stube. Zweers mit der Zeitung in einem alten, verschlissenen Stuhl, die beiden Frauen mit Strickarbeit. Aus einer hohen, weißen Kanne wurde Kaffee ausgeschenkt. Zweers las nur ganz kurz, begann dann fortwährend mit dem Kopf zu nicken und schlief dann ein. Nach kurzer Zeit erfüllte lautes Schnarchen das Zimmer. Die Frauen schienen an dieses Bild gewöhnt zu sein und strickten, ohne ein Wort miteinander zu wechseln, weiter. Ich packte meistens die Zeitung, die Zweers hatte fallen lassen, begann zu lesen, aber mußte, stimuliert durch meinen Chef, schnell gegen den Schlaf kämpfen. Nach einiger Zeit wurde Zweers wach und erinnerte sich, daß noch viel zu tun war, bevor man ins Bett gehen konnte. Die Pferde benötigten Wasser, die Milchkannen mußten für den folgenden Morgen hingesetzt werden usw. Gegen halb zehn wurde der Docht der Lampe klein gedreht, ein Zeichen, daß man schlafen ging. „Schön Lebn im Winter“, beendete Zweers den Tag. „Schön Lebn im Winter, spät aufstehn, wenns Vie in a paar Monat draußen ist, wirds ganz anders, – Gut Nacht.“ Ich ging hinauf, kleidete mich aus, legte meine Kleider aufs Bett und schlief sofort ein.

Ich hatte das Gefühl, mitten in der Nacht wachgeschüttelt zu werden, als Zweers mich bei den Schultern fasste. „Höerst de Wecker nie? Melkzeit.“ Er sagte das mit einem Frohsinn, der völlig im Kontrast stand zu meiner Schlaftrunkenheit. Ich konnte in der Dunkelheit nicht sehen, wie spät es war. Ich tastete mich zur Waschschüssel hin, in die ich am vorigen Abend Wasser getan hatte, aber vergessen hatte, um ein Handtuch zu fragen. Die Tür zum Zimmer des Ehepaares Zweers stand ein wenig offen, und ich fragte nach einem Handtuch. Nach einigem Gemurre wurde die Tür geöffnet, und Zweers stand in einer langen Unterhose und einer Lampe in der Hand vor mir. Mit dem „Kampfruf" „Fortmache" warf er mir einen Fetzen zu, der als Handtuch gelten sollte. Das kalte Wasser machte mich etwas wach, aber von richtigem Waschen war im Dunkeln keine Rede. In der Küche hatte Oma bereits eine Kanne heißen Kaffee und einen Stapel Butterbrote hingelegt. Die Uhr an der Mauer ließ erkennen, daß es 5:00 Uhr war. Es wurde schnell gegessen, ohne daß auch nur ein einziges Wort gesprochen wurde. Ich melkte drei Kühe, aber Zweers mußte sie alle nachmelken und schüttelte mißmutig den Kopf. Der vorige Tag schien tatsächlich ein „Faulenzertag" gewesen zu sein. Jetzt wurde wirklich „gearbeid" von 5:00 Uhr in der Früh bis 9:00 Uhr abends mit kleinen Unterbrechungen für die Mahlzeiten. Ich aß jetzt die doppelte Portion Kartoffeln und fand den Speck einen „Leckerbissen". Trotz der kräftigen Mahlzeiten ging ich doch oft mit Hunger ins Bett, wobei vor allem das Bedürfnis nach Süßigkeiten stets stärker wurde. Ich begriff jetzt gut, warum Zweers am Abend nach einigen Minuten die Zeitung fallen ließ und in den Schlaf fiel. Bei mir war das am zweiten Abend ebenfalls der Fall. Ich hatte noch nie in meinem Leben so schwer und so ununterbrochen arbeiten müssen. Ich fiel sofort in den Schlaf, so kalt das Bett auch war. Einige Stunden später war ich wieder wach. Meine Hände waren eiskalt, als ob kein Blut mehr durch sie strömte. Ich probierte eine Hand mit der anderen zu massieren, aber war so müde, daß ich schnell wieder einschlief. Ich begriff schnell, daß dies vom Melken kommen mußte. Die Muskeln, aber vor allem die Sehnenscheiden am Puls, waren geschwollen, wodurch die Blutzufuhr zu den Händen behindert wurde. Vielleicht ging es vorbei. Ich traute mich nicht, Zweers zu fragen, ob auch er diese Behinderung kannte. Einige Tage später fragte ich Aleida, die allein in der Küche war. Sie hatte dies als junges

Mädchen, als sie zum ersten Mal melken mußte, auch mitgemacht. Es verschwand nach einiger Zeit von selbst, und das beruhigte mich. Wohl bedeutete dies, daß meine doch schon kurze Nachtruhe noch weiterhin verkürzt wurde. Mit großer Erwartung lebte ich auf den Sonntag zu. Dann mußte zwar auch gemolken werden, aber vielleicht gab es auch einige Ruhestunden. Samstagabend stellte ich einen großen Kübel im Stall hin, füllte diesen mit kaltem Wasser und begann mich ausführlich zu waschen. Danach massierte ich meine Handgelenke im Zimmer. Zweers sah dies alles nicht, da er wie immer fest schlief. Er stand auf, hüstelte etwas verlegen, griff in seine Hosentasche und holte einen fettigen, schwarzen Beutel heraus. Mit Mühe nahm er aus dem Beutel zwei „kwartjes" (1 kwartje ist 25 Cent) und legte diese auf den Tisch. „Wert bischt es ni." Es war die niedrigste und merkwürdigste Lohnauszahlung in meinem Leben. Zu meiner großen Überraschung folgten nicht, so wie bisher, Aufträge. Zweers ging in den Schweinestall, und ich hörte ihn dort mit einem Hammer etwas reparieren. Bevor er sich bemerkbar machen konnte, ging ich auf mein „Zimmer", das ich zum ersten Mal bei Tageslicht sah. Ich legte mich auf mein Bett und schlief sofort ein. Gegen Mittag weckte Aleida mich auf, aber nach dem Essen schlief ich sofort wieder bis zur Melkzeit auf meinem Bett ein.

In den ersten Tagen der zweiten Woche bei Bauer Zweers kam ich zu dem Schluß, daß Ru Cohen recht gehabt hatte. Ich mußte von 24 Stunden 16 schwer, und praktisch ununterbrochen arbeiten, und ich konnte mir nicht vorstellen, daß ich dies lange aushalten würde. Ich bat Aleida vorsichtig um einen Briefbogen und einen Briefumschlag. Nach langem Suchen kamen ein Stück Papier und ein zerknitterter Briefumschlag aus einer Lade. Am Abend, als Zweers fest in seinem Stuhl schlief, schrieb ich Ru, daß ich eingesehen hatte, wie wahr seine Prophezeiung gewesen war. Es war viel zu schwer, und ich bat um ein Gespräch in seinem Büro, um meine Zukunft zu besprechen. Bei Zweers zu bleiben, war für mich nicht länger möglich. Als der Brief fertig war, wurde Zweers wach. „Dacht ich schon, schrive kanst bescher als arbeije, vul bescher." Ich hatte inzwischen gelernt, auf seine Kommentare nicht zu reagieren.

4

Das Problem war nun, eine Briefmarke zu bekommen. Der Briefträger kam jeden Tag gegen Mittag, um die Zeitung vom vorigen Tag zu bringen. Ab und zu brachte er auch einen Brief, eine Rechnung oder einen Bericht von der Bauernorganisation. Ich mußte nun versuchen, dem Briefträger meinen Brief und das Geld für eine Briefmarke zu geben. Ob Zweers mein Vorhaben durchschaute und sich den Inhalt des Briefes vorstellen konnte? Er hatte auf jeden Fall in den kommenden Tagen für mich Aufträge bedacht, die alle nicht in der Nähe des Hofes waren. Gegen 11:30 Uhr wurde es spannend, der Briefträger konnte jetzt jeden Augenblick kommen. Wir waren im Wald am Holzsägen. Ich täuschte plötzlich entstandene Bauchschmerzen vor und lief, ohne einen Kommentar von Zweers abzuwarten, schnell zum Bauernhof. Im WC stieg ich auf den Sitz und konnte so durch ein kleines schmutziges Fenster auf den Weg sehen, der zum Hof führte. Kein Briefträger. 11:45 Uhr und noch niemand zu sehen! Lange konnte ich nicht bleiben! Zweers würde mich suchen, und außerdem wurde um genau 12:00 Uhr gegessen. Vor dem Essen war der Briefträger immer schon dagewesen, aber ausgerechnet heute war das nicht der Fall. Kurz vor 12:00 Uhr ging ich hinaus und sah Zweers aus dem Wald kommen. Im selben Augenblick setzte der Briefträger sein Fahrrad gegen die Mauer. Ich lief auf ihn zu, gab ihm den Brief, Geld für eine Briefmarke und 10 Cent für die Mühe. Zweers hatte die ganze Transaktion mit Interesse gesehen, ohne ein Wort zu sagen. Während der Mahlzeit sah er einmal von seinem Teller auf. „Bauchwe voorbi jo, jo. Bauchwe voorbi."

Die Erwartung einer Antwort von Ru hielt mich in den kommenden Tagen auf den Beinen. Wie lange konnte es dauern, bevor ich Antwort erhielt? Einen Tag nach Deventer, einen Tag, um eine Antwort zu schreiben, einen Tag zurück nach Worth Rheden. Nach vier Tagen könnte ich einen Brief von Ru haben. Der vierte Tag war ein Samstag. Keine Antwort. Ich war jetzt seit zwei Wochen auf dem Hof und hatte außer der Familie Zweers und dem Briefträger keinen Menschen gesehen. Trotz meiner großen Übermüdung hatte ich ein unwiderstehliches Bedürfnis, den Hof einige Stunden nicht zu sehen. Nach dem Abendessen nahm ich all meinen Mut zusammen und fragte Zweers, ob ich sein Fahrrad leihen könne, um nach Arnheim zu radeln. Zu meiner Überraschung sagte er „jo, jo", was ich als positive Antwort bewertete, nahm seinen Beutel aus der Hosentasche und legte ohne jedwede Bemerkung 50 Cent auf den Tisch. Ich ging weg, als es schon dunkel war, und merkte schnell, daß ich vergessen hatte, den Sattel herunter zu stellen, was das Fahren über den Sandweg nicht leichter machte. Aber es war schon spät, und ich hatte keine Lust zurückzugehen. Schließlich kam ich in Arnheim an und suchte als Erstes ein Geschäft, wo Schokolade zu kaufen war, obwohl mir klar war, daß die Geschäfte schon geschlossen waren. Nach einigem Suchen fand ich ein Geschäft von de Gruyter mit einem Automaten an der Außenmauer. Nach Einwurf von zehn Cent erhielt ich einen Schokoladenriegel. Ich zog sechs Riegel aus dem Automaten, schaute mir einige Geschäfte an und sah dauernd auf die Uhr, um noch vor 10:00 Uhr wieder „zu Hause" zu sein. Ich hatte Arnheim bereits hinter mir, als ich eine Panne bekam. Wo konnte Samstagabend um 21:00 Uhr ein Fahrradschlauch repariert werden? Das war so gut wie unmöglich. Außerdem hatte ich kein Geld mehr. Das war mit dem Schokoladeeinkauf verschwunden. Es blieb nichts anderes übrig, als „nach Hause“ zu laufen. Gegen halb zwölf Uhr kam ich schweißgebadet auf dem stockdunklen Hof an. Ich hoffte, daß Zweers eine Tür aufgelassen hatte. Aber nein, die Küchentür wie auch die Stalltüren waren verschlossen. Was nun? Zweers aufwecken, war das Letzte, woran ich dachte. Außerdem, wie hätte ich dies tun sollen? Klopfen oder Rufen würden die Zweers im ersten Schlaf nicht hören. In der Scheune stand eine alte Kutsche mit ein paar Pferdedecken, die zu schmutzig waren, um angerührt zu werden. Ich legte mich in die Kutsche und wickelte mich in die schmutzigen, nach Pferdemist stinkenden Decken. Ich dachte noch eben an die Ratten, die ich regelmäßig in der Scheune gesehen hatte, aber ich war zu müde, um mir darüber Sorgen zu machen und schlief sofort ein. Da ich das Fahrrad auch in die Scheune gestellt hatte, konnte Zweers am folgenden Morgen nicht direkt sehen, ob ich nach Hause gekommen war. Vielleicht dachte er, daß ich durchgebrannt war, an sich kein unlogischer Gedanke. Gegen Mittag kam er in die Scheune, sah das Fahrrad und mich in der Kutsche in tiefem Schlaf. Er weckte mich auf, und sagte ein Wort: „Essenstid.“ Ich ging mich waschen, zog saubere Kleidung an und verbarg meine mit so viel Mühe eroberte Schokolade unter dem Kopfkissen. Am Tisch wurde kein Wort gesprochen, was ich noch schlimmer fand, als eine Zurechtweisung. Schließlich erzählte ich von meiner Panne, meiner späten Heimkehr und meinem Beschluß, die Familie nicht aufzuwecken. Alcida sah ängstlich in die Richtung ihres Mannes und wartete auf seinen Kommentar. Zweers war mit seinem Sonntagsfleisch beschäftigt und hatte dieses Mal nichts zu sagen. Ich stand auf, ging in mein Zimmer, setzte mich auf den Rand meines Bettes und begann an der Schokolade zu knabbern, von der ich schon seit Wochen geträumt hatte. Nach zwei oder drei Riegeln übermannte mich wieder der Schlaf.

5

Montag war kein Brief von Ru gekommen, auch Dienstag nicht. Erst Freitag lag ein Brief neben meinem Teller. Obwohl die Kartoffelrunde schon unterwegs war, wollte ich doch erst den Brief lesen. Das war schnell getan. Es stand darin nur ein Satz. Leo Reichenberger würde mich in Kürze besuchen. Kein Wort über meinen Kniefall, daß er die Situation gut eingeschätzt hatte. Kein Wort über meine dringende Bitte, Klaphek schnell verlassen zu können. „Leo kommt" – das war alles. Es war wie ein Telegramm. Zweers sah, obwohl er auf seinen Teller fixiert war, in die Richtung des Briefes. Ich nahm all meinen Mut zusammen und legte den Brief neben seinen Teller. Erst kamen die Kartoffeln und der Speck, die er, ohne aufzusehen, schnell aß. Nachdem er mit seinem zerknitterten, schmutzigen Taschentuch seinen Mund abgefegt hatte, nahm er den Brief in die Hand und hielt ihn ein ganzes Stück vor seine Augen. „Jo, Jo", war sein Kommentar, und er legte den Brief wieder auf den Tisch. Aleida rutschte unruhig auf ihrem Stuhl hin und her, wahrscheinlich wurde ihr die Neugier zu viel. Da sie mir mit dem Briefpapier und Umschlag geholfen hatte, fühlte ich es als Pflicht, ihr den Inhalt des Briefes mitzuteilen. „Herr Reichenberger kommt in Kürze", sagte ich. Jeder aß schweigend seine Buttermilchgrütze.

Das Warten auf Leo begann. Ich spitzte fast permanent meine Ohren, um das Geräusch seines Motorrades aufzufangen. Es war lange Zeit gutes Wetter, der Sandweg war trocken, und man konnte sehr wahrscheinlich mit dem Motorrad darüber fahren. Die Tage gingen vorbei mit der Eintönigkeit der schweren täglichen Arbeit. Ich mußte die Zähne zusammenbeißen und stark bleiben. Leo würde kommen und mit ihm die Lösung des Problems. Vielleicht konnte ich mit dem Koffer zwischen uns eingeklemmt mit ihm mitfahren? Wohin? Darüber dachte ich nicht nach. Weg von Zweers war die Hauptsache. Alles Weitere würde schon in Ordnung kommen. Ungefähr zehn Tage nach Erhalt des Briefes von Ru sah ich, als ich mit einem Wagen mit Baumstämmen auf den Hof kam, das Motorrad von Leo stehen. Leo begrüßte mich freundlich, fragte, wie es mir ging – als ob er nichts von meinen Schwierigkeiten wußte – und klopfte mir, nachdem ich ihm kurz meine Probleme geschildert hatte, ermutigend auf die Schulter. Zweers kam mit einem „Gu tag Herr Reichenboarger“ auf uns zu und bat Leo hereinzukommen. Ich ging mißmutig hinter ihnen her und merkte schnell, daß die Einladung hereinzukommen nur Leo betraf; „Pferd utspanne, Stammen aflaai, Bakke vullen“ waren meine Aufträge. Ich war gerade dabei, den letzten Baumstamm abzuladen, wobei ich aufpassen mußte, daß so ein schwerer Stamm mir nicht auf die Füße fiel, als Leo auf mich zukam. Er empfand es als ein schweres Problem. Es war ihm deutlich, daß ich es bei Zweers schwer hatte. Ich sagte ihm darauf nachdrücklich, daß dies ein „Understatement“ war und versuchte, ihm meinen 16-stündigen Arbeitstag zu beschreiben. Er sah mich nachdenkend an und sagte: „Ja, dann werden wir uns nach einem anderen Bauern umsehen müssen.“ „Kann ich dann nicht nach Wieringen?“, fragte ich nachdrücklich. „Das geht so einfach nicht. Du hast Einzel-Hachschara gewählt und um das nach einigen Wochen aufzugeben, nein, das ist keine Empfehlung für Wieringen. Wir werden einen anderen Bauern suchen müssen, wo es Dir leichter fällt.“ „Wie lange kann das dauern?“ fragte ich zaghaft, während das Bild von mir hinter Leo auf dem Motorrad immer verschwommener wurde. „Wir werden versuchen, das schnell zu machen. Du hörst von uns – Schalom.“ Bevor ich es richtig mitbekam, war das Gespräch zu Ende, und Leo saß auf seinem Motorrad. Ich wollte ihm nachlaufen, ihm sagen, daß es so nicht weitergehen konnte, daß ich mit ihm mitwollte. Zweers stand einigermaßen amüsiert in der Türöffnung „Hascht du die Bäum abglade?“ Ich wußte nicht, was Leo mit Zweers besprochen hatte. Er hatte sicher nicht die zu große Arbeitslast besprochen und um Verminderung gebeten, denn in den auf seinen Besuch folgenden Tagen blieb alles so, wie es war. Es war übrigens sehr zu bezweifeln, ob Zweers den Begriff „weniger“ oder „langsamer arbeiten“ kannte. Am Samstagabend nach Leos Besuch bemerkte ich zum ersten Mal, daß er dagewesen war. Zweers nahm seinen Geldbeutel aus dem Sack, suchte mit seinen Fingern Geldstücke und legte schließlich triumphierend einen Gulden auf den Tisch. Eine Lohnerhöhung von 100 Prozent! So etwas ist in meinem weiteren Leben nicht mehr passiert. Aber das war noch nicht alles! Nach einigem hin und her trödeln drehte er sich an der Tür um: „Wensch du in de stad wilscht, i hob de Zattel tiefer steld.“ Das war die freundlichste Bemerkung, die ich während meines Aufenthaltes beim Klaphek zu hören bekam. Wahrscheinlich hatte Leo Zweers gesagt, daß ich unbedingt weg wollte. Zweers mußte dabei begriffen haben, daß ein Knecht für 16 Stunden pro Tag à Raison von 50 Cent pro Woche und sogar für das Doppelte nicht zu teuer bezahlt war.

Eine Woche ging vorbei und noch eine, wobei ich nichts hörte, weder von Ru noch von Leo. Wie sollte das weitergehen? Als ich eines Samstagabends in Arnheim war, hauptsächlich um Schokolade zu kaufen, fiel mein Auge auf eine öffentliche Telefonzelle. Ich war durch die Arbeit der ganzen Woche und die Fahrradtour nach Arnheim so ermüdet, daß ich mich auf eine Bank in einem Park setzte, um über meine Situation ruhig nachdenken zu können. Ich hatte mir niemals vorstellen können, daß es so schwer sein und ich so schnell an das Ende meiner Kräfte kommen würde. Von der Bank aus konnte ich die Telefonzelle gut sehen. Es mußte etwas geschehen! Ich konnte nicht, ohne etwas getan zu haben, eine neue

Woche beginnen. Ich kam zu dem Schluß, Ru Cohen anzurufen. Ich kannte nur die Telefonnummer der Deventer-Vereinigung, aber da würde am Samstagabend niemand anwesend sein. Ich wählte die Nummer und bekam sofort Ru Cohen ans Telefon. Ich war so überrascht, daß es eine ganze Zeit dauerte, bevor ich sprechen konnte. Täppisch und aufgeregt erzählte ich Ru vom Besuch Leos und seiner Zusage, einen neuen Bauern für mich zu suchen. „Ja", sagte Ru etwas sarkastisch „damit sind wir täglich beschäftigt." „Wie lange kann das noch dauern?", fragte ich unterwürfig. „Keine Ahnung, keine Ahnung", sagte Ru „wir tun, was wir können." Ich hatte das Gefühl, mit glatten Worten abgespeist worden zu sein. Ich sah von der Telefonzelle auf die Straße. Autos, Fahrräder, lachende Menschen und dahinter das Klaphek, Zweers, die Kühe, mein Bett mit der halben Gardine. „Ich will mit Dir so schnell wie möglich sprechen", war der letzte Rettungsanker, den ich auswarf. Ru mußte die Aufregung in meiner Stimme gehört haben. „Gut", sagte er „ich muß ruhig nachsehen. Du hörst von mir. Schalom." Ich hörte den Klick des Telefons. Ich aß etwas Schokolade und begann meine Rückfahrt zum Klaphek.

Mittwochmittag lag ein Brief aus Deventer neben meinem Teller. Es war, wie ich es von Ru inzwischen gewöhnt war, ein kurzer Brief: „Erwarte Dich kommenden Freitag um 11:00 Uhr." Eine Eisenbahnfahrkarte war dem Brief beigefügt. Ehe ich die Kartoffel nahm, sagte ich: „Ich muß Freitag nach Deventer." Zweers sah mich mit dicht gekniffenen Augen an, wollte etwas sagen, aber sagte schließlich „die eerpels un de spek". Als der Brei auf den Tisch kam, sagte er ohne mich anzusehen: „Dat mut dan jo, jo." Weiter wurde kein Wort über meine kommende Reise gesprochen. Daß ich Freitag noch mitmelken würde, wurde als selbstverständlich angenommen. Meine Aufregung und zugleich meine Erwartung waren groß. Die Spannung war fühlbar und Zweers sagte noch weniger, als die paar Worte, die er täglich sprach und die fast ausschließlich mit der Arbeit zu tun hatten. Ich beschloß, mich nach dem Melken zu waschen, anzuziehen, etwas zu essen und mich schnell auf den Weg zu machen. Sollte das nicht in gute Erde fallen, dann wartete ich das ruhig ab. Als ich in meinem guten Anzug in die Küche kam, saß die ganze Familie beim Frühstück. Ich mußte zur Reichsstraße hinuntergehen, um den Bus nach Arnheim zu nehmen. Ich hatte keine Ahnung, ob ich um 11:00 Uhr in Deventer sein konnte. Der Kaffee war so heiß, daß ich mir meinen Mund verbrannte. Ich nahm einige Butterbrote und stopfte diese in eine meiner Taschen. „Nu, dann gehe ich“, sagte ich. Ich sah mich um, aber erhielt keine Antwort. Alle saßen mit dem Kopf über ihren Teller gebeugt und waren ausschließlich mit dem Essen beschäftigt.

Mit viel Mühe saß ich um 11:30 Uhr im Büro bei Ru. Ich erklärte ihm, warum ich eine halbe Stunde zu spät war, aber das schien ihn nicht zu interessieren. Er holte zuerst eine Tasse Kaffee für mich. „Wenn das zukünftige Israel aufgebaut werden muß und wir es zu unserem Heimatland machen wollen, dann haben wir vor allem Chaluzim (Pioniere) nötig, die bereit sind, das Äußerste zu geben.“ Das war der längste Satz, den ich je von Ru gehört habe, und was er sagte, war mir mehr als bekannt. Dieser Wahlspruch war uns bereits als Kinder in der Jugendbewegung immer wieder eingeprägt worden. Aber für die Ideologie hatte ich in den vergangenen Monaten wenig Gelegenheit. Ich hatte kaum Zeit, mir vor Augen zu führen, für welch’ große Ideale ich täglich beim Klaphek arbeitete. Die schwere Arbeit, die große Einspannung, die permanente Müdigkeit hatten alle anderen Gedanken blockiert. Ich versuchte, es Ru deutlich zu machen, erzählte ihm von Zweers, von der täglichen Arbeit, von meinen kalten Händen, die die kurze Nachtruhe noch kürzer machten, von der großen Einsamkeit, unter der ich litt. Er hörte alles an, ohne auch nur eine Sekunde spüren zu lassen, daß er meine Schwierigkeiten begriff. Er ließ mich ausreden, mehr als eine halbe Stunde, und holte noch eine Tasse Kaffee. „Ich habe es Dir ausführlich beschrieben", war sein einziger Kommentar. „Was muß ich jetzt tun?", fragte ich in großer Erwartung. „Abwarten, bis wir einen anderen Bauern gefunden haben. Noch eben durchhalten." Die Reise nach Deventer war vergeblich gewesen. Was hatte ich noch hinzuzufügen? „Ich hoffe, bald etwas zu hören", konnte ich noch mit Mühe über die Lippen bringen. „Danke für den Kaffee. Schalom." Ru brachte mich, ohne noch ein Wort zu sagen, zur Tür.

6

Es war ein herrlicher warmer Frühlingstag. Ich hätte durch die Stadt schlendern können, ich hätte zum ersten Mal nach Monaten offene Geschäfte sehen können, ich hätte auf einer Bank in einem Park sitzen können. Aber ich hatte keine Lust. War ich bereits mit der Arbeitsmanie von Zweers kontaminiert? Auf dem Hof war niemand zu sehen. Ich zog meine Arbeitskleider an und fügte mich, als ob nichts geschehen war, in das tägliche Leben. Vor dem Melken tranken wir Tee, ohne daß auch nur eine Frage über meine Reise gestellt wurde. Aleida hätte sicher etwas hören wollen, aber traute sich im Beisein von Zweers kaum ihren Mund aufzumachen. Am Abend, als Zweers nach einigen Minuten die Zeitung fallen ließ, und fast schon einschlief, richtete er sich auf und sagte feierlich: „Die küh müsse Montag na de wei", und da niemand hierauf einen Kommentar abgab, sagte er, bevor er einschlief: „Jo, jo, dat muß dan g'schehe." Montagmorgen nach dem Melken wurden die Kühe von den Ketten losgemacht und auf dem Weg zum Bauernhof aufgestellt. Die Brig mit dem Pferd stand schon vor der Scheune. Wir hatten alle, auch der kleine Barend, Stöcke bekommen, um die Kühe, die Monate im dunklen Stall gestanden hatten und aufgeregt waren, zusammenzuhalten. Zweers und der junge Barend an der Seite, und ich von hinten, trieben die Kühe voraus. Aleida kam mit der Brig hinter uns her. Bis auf die Reichsstraße ging alles gut. Dann kamen wir in den Verkehr von beiden Seiten, und es wurde alles schwieriger. Zweers und Aleida hielten den Verkehr auf, während Barend und ich die Kühe auf einen schmalen Weg trieben, der zu den Weiden entlang der Yssel führte.

Auf dem Deich wurde alles etwas übersichtlicher, obwohl die Kühe immer wieder versuchten, ihr Maul mit frischem Gras zu füllen. Es dauerte noch eine Stunde, bis wir, vorbei am Schloß Middachten, die Weidegründe von Zweers erreicht hatten. Mit der Brig fuhren wir wieder nach Hause. „Doan Du gescht heut mittag mit'm Fahrrad en set de Küh fest. Wir komme mit de Brig. Das tust morgens un aobends." Die Fahrradtour in der warmen Sonne auf dem Deich war eine angenehme Abwechslung. Aber sehr schnell sollte ich darüber anders denken. Am folgenden Morgen mußte Zweers mich, so wie am ersten Tag, wachrütteln. Es war zur Gewohnheit geworden, daß er, sobald er wach war, einen Holzschuh nach mir warf (darum die offene Tür des ehelichen Zimmers). Meistens landete der Holzschuh auf dem Bett oder an der Wand, ab und zu auf meinem Kopf. Da ich meistens schon einigermaßen wach war, schob ich das Kissen als Verteidigungslinie vor mein Gesicht. Aber an diesem Morgen war ich noch zu tief im Schlaf, um dem nach mir geworfenen Projektil standhalten zu können. Als wir in die Küche kamen, sah ich, daß es noch vor vier Uhr war. „Zomertid", murmelte Zweers. „Mach dascht schnell bei de küh bischt." Im Wald war es noch stockdunkel, und erst beim Fluß konnte ich etwas von der Umgebung sehen. Die Kühe waren meistens am anderen Ende der Weide, und meine Socken und Hosenbeine waren in kurzer Zeit durch und durch naß, sei es durch den Tau, sei es durch den Regen. Während des Melkens mußte ich dann einige Stunden in den nassen Kleidern sitzen und auch naß nach Hause fahren. Die idyllische Fahrt auf dem Deich hatte wohl zur Folge, daß ich jetzt eine Stunde eher aufstehen mußte und der Arbeitstag nicht 16, sondern 17 Stunden dauerte. Viele Male fiel ich schlafend vom Fahrrad, glücklicherweise immer zur Landseite und nicht in den Fluß. Mehrere Male hatte ich dadurch ziemlich ernste Verletzungen und Blutungen. Immer wieder probierte ich, durch pfeifen, singen und durch Selbstgespräche wach zu bleiben.

Ungefähr zehn Tage nach Leos Besuch bekam ich von ihm einen Brief, in dem er mir mitteilte, intensiv einen anderen Bauern für mich zu suchen und daß er gute Hoffnung habe, daß dies nicht zu lange dauern würde. Als ich einige Tage später bei herrlichem Wetter zu den Kühen fuhr, hörte ich viele Flugzeuge in der Luft. Das war in letzter Zeit regelmäßig der Fall, auch während der Nacht, aber ich war zu müde, um dem besondere Aufmerksamkeit zu schenken. Als Zweers und Aleida mit der Brig kamen, waren noch immer viele Flugzeuge in der Luft. Zweers ging die erste Kuh melken. „Wird der Mof (wörtlich Muff, Schimpfwort für Deutsche) sein.“ Erst als ich nach Hause fuhr, sah ich, daß Menschen in Gruppen beieinanderstanden und zum Himmel sahen. Schnell hörte ich, daß Deutschland in der vergangenen Nacht Holland angegriffen hatte – es war Krieg. Die Flugzeuge in der Luft waren deutsche Maschinen mit Fallschirmjägern, die abgesprungen waren, um die Brücken zu besetzen. Die wildesten Gerüchte tauchten auf. Jemand hatte schon deutsche Soldaten gesehen, andere hatten im Radio gehört, daß die Brücken bereits von deutschen Fallschirmjägern bewacht würden. Ich fuhr zum Klaphek, wo vor dem Frühstück noch ein ganzes Programm ausgeführt werden mußte. Als ich die Brig hörte, lief ich hinaus, um beim Abladen der vollen Milchkannen zu helfen und das Pferd auszuspannen. „Es ist Krieg“, rief ich aufgeregt. „Die Deutschen sind dabei, Holland zu besetzen.“ „Jo, jo“, sagte Zweers. „Ganz ruhig mußte eimol passiere. – Jetzt is de mof de boss.“ „Nu, es wird noch überall gekämpft. Sie sind noch lange nicht in ganz Holland.“ Ich sagte dies viel mehr, um mich selbst zu trösten und nicht, um mit Zweers zu diskutieren. „Oh nei“, sagte Zweers, „dauert ni lang mehr und sie stehn vor der Tür.“ Es hatte keinen Sinn, mit ihm weiter zu diskutieren. Er hatte natürlich recht, und mit dem Kopf war es nicht zu übersehen, nur mein Herz wollte es (noch) nicht zugeben. Während des kurzen Frühstücks war Aleida sehr aufgeregt. „Wir sitzen mitten im Krieg, Mutter“, sagte sie zu der alten Frau, aber diese gab, wie üblich, keine Antwort. Mehr wurde an diesem 10. Mai 1940, einem der bedeutungsvollsten Tage in der holländischen Geschichte, nicht gesagt. Auf der Kommode stand ein altes Radio, das seit langem defekt war. Wer hätte Zeit und Interesse gehabt, Radio zu hören!

Einige Tage später kam der Briefträger mit Zeitungen und Extraausgaben über das Kriegsgeschehen. Vom Krieg merkten wir oben auf der Heide hinter dem dunklen Wald nichts. Die Neuigkeiten konnten nur via Zeitung zu uns kommen. Ab und zu hörte ich auf der Straße, auf dem Weg nach oder von der Weide, Berichte, die fast immer beunruhigend waren. Wohl war es auf der breiten Reichsstraße außerordentlich voll und laut. Autos, Pferdewagen, Fahrräder, Menschen, die nach Arnheim flüchteten. Einige Tage später hörte ich, daß Holland kapituliert hatte und kurz danach erschienen auf den öffentlichen Gebäuden Bekanntmachungen der Wehrmacht auf Deutsch und Niederländisch. Die Bevölkerung wurde aufgerufen, sich ruhig zu verhalten. Eines Tages sah ich in aller Frühe endlose Kolonnen deutscher Soldaten, alles Ältere mit Pferd und Wagen, in Richtung Westen ziehen. Die Fahrzeuge waren mit Zelttuch abgedeckt und schienen schon lange unterwegs zu sein. Am selben Tag kam ich ihnen oben im Wald entgegen. Sie studierten eine Stabskarte und versuchten, sich zu orientieren. Einer der Soldaten fragte mich, wohin der Sandweg führte, und ich antwortete – ohne nachzudenken – in Deutsch mit meinem Wiener Akzent. Zu meinem Glück merkte niemand etwas.

7

Beim Bauernhof wartete Leo auf mich. Ich war überrascht, ihn unangekündigt vor mir zu sehen. „Wie geht es?", fragte er mit ernstem Gesicht. Ich war überzeugt, daß er meine Schwierigkeiten bei Zweers meinte, aber als wir auf einem Baumstamm saßen, erzählte er, daß er in den vergangenen Tagen alle Chaluzim – oft unter schwierigen Umständen – besucht hatte. Erst später hörte ich, daß er mit großem Mut durch feindliche Linien gefahren und einige Male mit Not dem Tod entkommen war. Leo war über die Zukunft von uns allen sehr pessimistisch. Ich hatte, gefangen in meiner eigenen Situation, viel zu wenig darüber nachgedacht, was ein durch Hitlerdeutschland besetztes Holland bedeuten würde. Zweers kam auf uns zu, und ich ging weg, um Leo und ihm die Gelegenheit zu geben, miteinander zu sprechen. Bevor er wegfuhr, kam Leo nochmals zu mir. „Ich weiß nur all zu gut, wie schwer Du es hast. Ich hoffe, daß ich bald einen anderen Bauern für Dich habe, aber das kann unter den heutigen Umständen noch eine Weile dauern." Ich war froh, daß er selbst hierüber gesprochen hatte.

In Holland veränderte sich nach dem 10. Mai vieles, aber nicht beim Klaphek. Wir standen um 4:00 Uhr auf und gingen, oder besser fielen abends gegen 10:00 Uhr halb schlafend ins Bett. Der einzige Unterschied war, daß ich mich jetzt abends zwang, die Zeitung zu lesen, so müde ich auch war. Ich mußte wissen, was um mich herum geschah. Einige Male sah Aleida mich mitleidsvoll an, und wenn Zweers laut schnarchte, traute sie sich mich zu fragen, ob ich noch Familie hatte und wo diese im Augenblick war. Ab und zu wurde Zweers wach und hörte uns flüsternd sprechen. „Jo, jo, rede kanscht bessr als arbeije, du muscht avokat worde. Jo, jo. Avokat.“ Ich hatte das Gefühl, daß Aleida in solchen Augenblicken begriff, mit was für einem Lebensgefährten sie zusammenlebte. Als er kurz danach in das Schlafzimmer ging, folgte sie ihm unterwürfig, ohne noch ein Wort zu sagen.

So ging der erste Besatzungsmonat vorbei. Ohne daß es mir bewußt war, hatte sich mein Körper an die schweren Umstände einigermaßen angepaßt. Ich war härter geworden, und mein alles überherrschender Wunsch, das Klaphek hinter mir zu lassen, war etwas weniger dringend geworden. Ich war noch immer übermüdet und wollte so schnell wie möglich bei Zweers weg, aber die Panik war nicht mehr dauernd in mir. Vieles geschah in Holland und in der Welt, aber hier oben auf der Heide war alles beim Alten geblieben. Auf dem Bauernhof war nicht zu merken, daß Holland besetzt war, und oft hatte ich das Gefühl, auf einer Insel zu leben, von der ich nicht weg konnte. Mitte Juni erhielt ich einen Brief von Leo, in dem er mir mitteilte, einen anderen Bauern für mich gefunden zu haben und daß ich in Kürze mehr darüber hören würde. Einige Wochen später kam er zu mir. Er war noch schwermütiger als das vorige Mal. Alle Chaluzim arbeiteten noch an gleicher Stelle, aber was die Zukunft bringen würde, war sehr die Frage. Deutschland siegte an allen Fronten, und das konnte für die jüdische Bevölkerungsgruppe nichts Gutes bedeuten.

Meine neue Adresse war ein Bauer in Wiene, ein Weiler zwischen Goor und Delden, ganz in der Nähe des Twente-Rheinkanals. Leo würde mir bald den Tag der

Abreise mitteilen und mich dann zur Familie Wijnbergen bringen. Ich wußte nicht, ob Leo dies auch Zweers mitgeteilt hatte. Ich sagte nichts, und Zweers hielt wie üblich seinen Mund. Wochen gingen vorbei. Daß Holland besetzt war, wurde durch allerlei Maßnahmen stets deutlicher, es folgten immer mehr „Bekanntmachungen", die das tägliche Leben der Bevölkerung – und in erster Linie der Juden – beschränkte. Noch immer probierten Menschen, nach England zu flüchten, und die ersten Todesurteile von Menschen, die Widerstand geleistet hatten, wurden öffentlich bekannt gemacht. Bei Zweers veränderte sich nichts, außer daß er jetzt die Zeitung länger las als früher. Einen Kommentar über die Ereignisse gab er nie, auch wenn ich immer wieder versuchte, zu einem Gespräch zu kommen. Und es gab genug, worüber gesprochen werden konnte! Da Zweers jetzt die Zeitung länger las, mußte ich auch länger aufbleiben. Ich drehte dann die Petroleumlampe etwas höher und las, gegen den Schlaf kämpfend, die wichtigsten Berichte.

Von Leo hörte ich Wochen nichts. Was war geschehen? Er hatte eine neue Adresse für mich, und was war einfacher, als meine wenigen Sachen zu packen und mich nach Wiene zu bringen? Erst Mitte Juli kam ein Brief aus Deventer, in dem mir mitgeteilt wurde, daß Leo mich Ende des Monats nach Twente bringen würde. Mit derselben Post war auch ein Brief für Zweers von der Deventer-Vereinigung gekommen, wahrscheinlich mit dem Bericht meiner baldigen Dienstbeendigung. Er riß den Briefum schlag auf, las den Brief schnell, stopfte ihn ohne ein Wort zu sagen in seine Tasche und schenkte weiter seine volle Aufmerksamkeit dem Essen. Am Abend vor meiner Abreise, ich hatte den Koffer schon gepackt und meinen guten Anzug bereits an, sagte ich: „Nun das wäre es dann. Morgen früh kommt Herr Reichenberger, mich zu holen. Ich gehe also nicht mehr zum Melken." „Jo, jo" war das Einzige, das Zweers noch zu sagen hatte. Aleida sah mich an, und ich glaubte, Tränen in ihren Augen zu sehen. Mehr als fünf Monate hatte ich abends in diesem Zimmer gesessen. Es waren nicht mehr als 100 Worte gesprochen worden und es war niemand zu Besuch gekommen. Am folgenden Morgen kam Leo schon ganz früh, noch bevor die Zweers vom Melken zurück waren. Er fragte, ob wir auf sie warten sollten, aber ich hatte danach kein Bedürfnis. Ich nahm Abschied von Oma und gab dem jungen Barend die Hand. So wie wir gekommen waren, so fuhren wir auch wieder weg, mit dem Koffer zwischen uns eingeklemmt. Von diesem Augenblick hatte ich monatelang geträumt. Noch bevor wir den Reichsweg erreicht hatten, kam uns die Brig mit Zweers und Aleida entgegen. Leo blieb stehen, aber zu meiner Verwunderung fuhr Zweers durch, stärker noch, er gab dem Pferd einen Peitschenschlag, um noch schneller durchzufahren! Ich sagte kein Wort, der Vorfall sprach für sich und ließ Leo erfahren, bei was für einem Bauern ich fast ein halbes Jahr gearbeitet hatte.

Ein Jahr später wurde ich durch die Chaluzim als ihr Vertreter in den Ausschuß der Deventer-Vereinigung berufen und begriff zum ersten Mal, was wirklich geschehen war. Ru Cohen war ein Perfektionist, der perfekt ausgebildete Menschen nach Palästina schicken wollte, was ihm auch in fast allen Fällen gelungen ist. Um sein Ziel zu erreichen, mußte er Menschen aussuchen, die bereit waren, sich vollständig und ohne jedwede Bedenken einzusetzen. Um diese Eigenschaften zu prüfen, hatte die Vereinigung einige Bauern ausgesucht, die intensiver arbeiteten als der durchschnittliche Bauer und ihr Personal demgemäß arbeiten ließen. Einer dieser Bauern – und vielleicht der meist berüchtigtste – war Zweers in Worth Rheden. Die meisten Chaluzim probierten, so schnell wie möglich vom Klaphek wegzukommen. Das „Spiel" war nun, den Chaluz so lange wie möglich in der Schwebe zu halten, und zu sehen, wie lange der Betroffene es aushalten würde. Konnte jemand dies fünf bis sechs Monate, dann hatte er die „Prüfung“ bestanden und es konnte in der Zukunft mit dem Betroffenen in Palästina nichts mehr schief gehen. Ich habe nach dem Krieg mit Tierärzten viele Kibbuzim in Israel besucht und bin mehreren durch die Deventer-Vereinigung ausgebildeten Chaluzim begegnet. Beinahe alle hatten leitende Funktionen, vor allem als Melkmeister in einem großen Kuhstall, und standen wegen ihrer Energie und Fachkenntnis in hohem Ansehen.

Ich habe Zweers und Aleida noch einmal in meinem Leben gesehen. An einem schönen Sommertag. Zu Beginn der 1980er Jahre mußte ich bei der Landwirtschaftsuniversität Wageningen, an der ich als Teilzeit-Professor zwei Tage pro Woche arbeitete, abends bei einer Versammlung sein. Es würde viel Zeit kosten, erst nach Hause (Bilthoven) zu fahren und dann wieder zurück nach Wageningen. Plötzlich kam bei mir der Gedanke auf, zum Klaphek zu fahren, was nicht weit von Wageningen ist. Ich weiß nicht, warum dieses Verlangen in mir aufkam. Ich hatte viele Jahre nicht mehr an diese Periode meines Lebens gedacht, aber plötzlich stand der Hof wieder vor meinen Augen. Als ich das Heck aufmachte, sah ich auf der Bank vor der Küchentür eine alte Frau sitzen. Aleida erkannte mich nach 40 Jahren sofort. Sie fragte eine junge Frau, die in der Küche war, um uns Tee zu bringen. Diese Frau mußte die Frau vom jungen Barend sein. Ich hatte soeben eine Anzahl Fragen von Aleida beantwortet, da kam die Brig mit zwei Männern aus dem Wald. Während der junge Barend die Milchkannen auslud, kam der alte Zweers auf uns zu. Außer den noch tieferen Runzeln im Gesicht war es derselbe Zweers. Auch das fettige Hütchen wibbelte noch auf dem Kopf. Wenn er mir in diesem Augenblick einen Auftrag gegeben hätte, hätte ich ihn wahrscheinlich auch ausgeführt. „Kennst Du mich noch?“, fragte ich. „Jo, Jo kenscht die noch“, brummte er und wollte wieder weggehen. „Dat ist Doan“, sagte Aleida, „der ist jetzt Professor in Wageningen.“ „Jo, jo, wischt das ie advocat muscht werde. Kan so scheen spreche, jo, jo.“ Nach der Mühe, einen so langen Satz auszusprechen, war es jetzt Zeit, an die „Arbei“ zu gehen. Aleida fragte, ob ich noch hereinkommen wollte. Ja, ich wollte das Zimmer gerne noch einmal sehen. Es war nichts verändert, außer einem neuen Radio mit zwei Lautsprechern an beiden Seiten. Das Radio passte überhaupt nicht in das Zimmer. Der Armstuhl war noch mehr verschlissen, und von dem Teppich war fast nichts mehr übrig. „Komm einmal mit Deiner Familie“, sagte Aleida nicht überzeugend beim Abschied. Ich wünschte ihr alles Gute. Zweers war nirgendwo zu sehen. Beim Wegfahren sah ich sein Gesicht hinter einem kleinen schmutzigen Stallfenster. Das grinsende Gesicht, das wibbelnde Hütchen auf dem Kopf und die noch übriggebliebenen Zähne aus dem geöffneten Mund nach vorne stehend – so bleibt er in meiner Erinnerung.

VII.
Unter Omas Flügeln

Die anderen Mitglieder der Familie hatten inzwischen meinen Koffer in mein Zimmer gebracht und waren dabei, alles auszupacken. Leo war ganz in den Hintergrund getreten, aber Opa, im Gegensatz zu seiner Frau ein kleines schmächtiges Männchen, lief jetzt auf ihn zu. „Wie sin so froh mit de neue Knecht. Herr Reichenboarger, daß we U vergesse. Kimt binne. Kimt binne.“ Was für ein Empfang! Was für ein Unterschied zu dem Klaphek! Hinten auf der Diele stand ein runder Tisch mit Tellern und Besteck. Oma setzte einen großen Topf mit dampfenden Kartoffeln auf den Tisch, und die junge Frau brachte eine Schale mit Fleisch und eine Schale mit Apfelmus. „Komm

Mannen. Laß' Euch ni bitten, nemt was ihr gern habt, es ist genug da." Leo und ich hatten nicht viel Zeit, um zu essen, so viel Fragen wurden auf uns abgefeuert. Von wo wir kamen, wie wir gefahren waren, ob wir ihren Hof schnell gefunden hatten, wie mir der vorige Bauer gefallen hatte, von wo ich ursprünglich kam usw. Oma war in jeder Hinsicht der Wortführer und die Leiterin der Familie. Ab und zu sah mich das junge Ehepaar Gerrit und Aafje neugierig an, und als seine Mutter einen Augenblick schwieg, traute sich Gerrit, der der Bauer war, mich zu fragen, was meine Arbeitserfahrung war. So blieben wir mehr als eine Stunde am Tisch sitzen, und wenn Leo nicht gesagt hätte, daß er weiter mußte, hätte dies noch länger gedauert. Bevor er wegging, mußte Leo noch unbedingt einen großen Teller Buttermilchpap essen. „Nemt toch noch was, Mijnheer", sagte Oma. „Ie et us et jünkse gebracht en dar bent we bli met." Im Gegensatz zu Zweers, der ein Vokabular von circa hundert Worten hatte – mehr hatte er auch nicht nötig – sprach Oma den Twentschen Dialekt, der allgemein gebraucht wurde. Leo nahm Abschied von mir mit einem Lächeln, als ob er sagen wollte „Nun Jünksken, Du hast es hier nicht schlecht getroffen." Wir brachten Leo zum Motorrad, und da er auf dem Sandweg beide Hände am Steuer halten mußte, winkte die ganze Familie ihm nach, bis er nicht mehr zu sehen war.

„Nun Gerrit zeig dem Jünksken den Hof, es ist noch lang nicht Zeit zum Melken." Mit den Jungens, die mich immer noch neugierig ansahen, gingen wir durch einen Obstgarten mit hauptsächlich Pflaumenbäumen. Einer der Jungens kletterte ganz schnell in einen Baum und pflückte zwei große gelbe Eierpflaumen, die er mir anbot. Da ich bei Zweers in fünf Monaten kein Obst gegessen hatte, schmeckten mir die Pflaumen außerordentlich gut. Als ich das sagte, wollte Gerrit noch mehr Pflaumen pflücken. Ich konnte dies mit Referenz auf die soeben genossene ausgiebige Mahlzeit verhindern. Vom Obstgarten liefen wir direkt auf eine Weide und sahen nicht weit von uns die Kühe grasen. Alles lag nahe dem Hof und war innerhalb von zehn Minuten zu erreichen. Als ich Gerrit erzählte, wie das in Worth Rheden war, konnte er es kaum glauben. Kühe eine halbe Stunde vom Hof entfernt, das hatte er noch nie gehört. „Jo, jo", sagte er auf einmal sehr ernst. „Die Pacht hier läuft im Oktober ab, und dann müssen wir nach Oele übersiedeln." Ich sah ihn fragend an. „Jo, wir haben einen Hof gepachtet in Oele, zwischen Hengel (Hengelo) und Hoksebarge (Haaksbergen), und da gehn wir im Oktober hin." Wiene war also nur eine kurze Periode, und es tat mir schon jetzt leid, den ruhig gelegenen Hof wieder so schnell verlassen zu müssen.

Später am Mittag gingen Aafje, Gerrit und ich melken, und auch dies ging ganz anders als beim Klaphek. Im Handumdrehen hatten wir pro Mann unsere fünf bis sechs Kühe gemolken, die Pferde und Schweine wurden gefüttert, und da Oma und Opa auch schon Verschiedenes getan hatten, saßen wir gegen 19:00 Uhr am Tisch für die Brotmahlzeit. Nach dem Essen wurden Spiele mit den Jungens getan, während Opa Radio hörte. Später lasen wir die Zeitung, während die Damen mit Näharbeit beschäftigt waren. Opa war vor allem an den Berichten über den Krieg interessiert und versuchte, keinen Bericht zu verpassen. Bald entdeckte er, daß der neue Knecht ein wichtiger Brunnen für die Hintergrundinformation mit Bezug auf das Geschehen in Europa war. Auf vielen Gebieten hatten wir dieselbe Meinung, aber über die Dauer des Krieges waren wir vollkommen uneinig. Opa fürchtete einen schnellen Sieg von Deutschland an allen Fronten und danach einen Friedensvertrag, so bitter dieser auch für die besetzten Gebiete sein würde. Meine Auffassung, daß der Krieg noch Jahre, vielleicht wohl bis 1945 dauern würde, und daß Deutschland letzten Endes mit Hilfe von Amerika besiegt werden würde, nannte er

„wishful thinking" und völlig unrealistisch. Als ich die Familie nach dem Krieg besuchte, Opa war inzwischen über 80 Jahre alt, kam er immer wieder auf dieses Thema zurück. „Du hat ét gut gezin, Jünksken. Al an begin van de Krieg. Wie ad di kunne denke, jo, jo, ie ad et bi het rechte end. Gott sei Dank."

Gegen 10:00 Uhr wurden die Vorbereitungen für die Nacht getroffen. Ich wurde in ein kleines Zimmer gebracht mit einem Fenster, das Ausblick gab auf den Obstgarten. Auf dem Bett lag eine Decke mit einem rotkarierten Bezug und einem Kissen, das mit demselben Stoff überzogen war. Es gab ein Nachtkästchen, einen Kasten und ein Waschbecken mit Kanne auf einem kleinen Tisch. In dem Kasten waren meine geringen Besitzungen nett aufgestapelt oder aufgehängt. Oma hatte während des Melkens meinen Koffer ausgepackt. Triumphierend erzählte sie, daß die Hälfte der Kleider gleich in die Waschtonne gegangen war. Als ich mich ausgekleidet hatte und ruhig im Bett lag, um die Eindrücke dieses Tages noch einmal zu überdenken, ging die Tür von meinem Kämmerchen vorsichtig auf. „So Junksken, ik zal u lekker understoppen." Das hat Oma jeden Abend während meines Verbleibs bei den Wijnbergens getan. Als ich ab und zu bei einer Abendversammlung der Deventer-Vereinigung in Hengelo oder Enschede sein mußte und spät nach Hause kam, saß Oma mit dem Kopf schlafend auf den ineinander geschlagenen Händen, um auf mich zu warten. Sie konnte nicht ins Bett gehen, so lange sie nicht ihre Jünkskens – das waren ihre Enkelsöhne und ich – ins Bett gebracht hatte.

VIII.
Unter dem Dach der Spatzen

Der Empfang bei der Familie Nijhuis war anders, aber nicht weniger herzlich, als bei den Wijnbergens acht Monate früher. Hier wurde sehnlichst auf mich gewartet, und ich hatte vom ersten Augenblick an das Gefühl, daß ich nötig war, um den Betrieb aufrecht zu erhalten. Warum dies so war, wurde mir innerhalb von 24 Stunden deutlich. Rina, die Bäuerin, würde in Kürze ihr drittes Kind bekommen. Besah man ihren Bauch, dann hatte man das Gefühl, daß es jeden Augenblick passieren könnte. Trotzdem saß sie zwei Mal pro Tag auf einem kleinen Melkschemel, um die Kühe zu melken. Willem, ihr Mann, war ein kleines, mageres Männchen, der das Leben herrlich fand, solange das nicht mit Arbeit verbunden war. Sein Vater, der alte Muske – die Familie wurde niemals Nijhuis genannt, sondern nur „De Muskes" (die Spatzen), was wahrscheinlich zusammenhing mit einem Giebelstein an der Vorderseite des Hauses, worauf ein Spatz abgebildet war – war dement und irrte den ganzen Tag im Haus oder auf dem Hof herum. Rina war nicht nur die Bäuerin, sie war auch Haupt der Familie, Betriebsleiterin, Mutter, Ratgeberin für die Nachbarschaft, aber vor allem eine sehr fleißige und kluge Frau. Das Matriarchat von Oma Wijnbergen wurde jetzt durch das sehr ausgesprochene Matriarchat von Rina ersetzt. Willem hatte eine schwache Konstitution, pflegte Rina zu sagen, was dazu führte, daß sie noch am Tag der Geburt die Kühe melkte, während Willem ausschlief und nicht gestört werden durfte. Neben ihren täglichen Aufgaben mußte Rina auch noch auf die Kinder und vor allem auf das „große Kind", wie sie Opa nannte, aufpassen – vor allem deswegen, weil er sich fast täglich ungewünschte Streiche zuschulden kommen ließ. Einer der unschuldigsten hiervon war, daß er mehrere Male pro Tag in den Hühnerstall ging, ein frisches Ei aufbrach und es ausschlürfte. „Wirst davon stark“, grinste er, als er erwischt wurde. Da er es immer wieder tat, mußte er vom Hühnerstall ferngehalten werden, wollte die Familie noch ein Ei übrig behalten. Willem, der keiner Fliege etwas antun konnte, hatte täglich etwas in der Stadt zu tun. Oft bat Rina ihn, eine Besorgung für sie zu machen, nicht weil sie etwas nötig hatte, sondern weil sie wußte, ihm kein größeres Vergnügen bereiten zu können. Kurz vor 12:00 Uhr, als der Zug von Zutphen nach Hengelo hinter dem Hof vorbeikam, war Willem wieder zu Hause. Lachend sagte Rina dann: „Willem is thus, dus de eerpels bene kloar“ („Willem ist wieder zu Hause, also die Kartoffeln sind fertig“). Während der drei Monate, die ich bei den Muskes war, hat Rina niemals ein negatives Wort über Willem gesagt. So war er, und damit war sie zufrieden.

Alle paar Monate war bei einem der Bauern, dessen Hof ganz nahe an Hengelo-Tuindorp grenzte, ein „Nabuur-avond“. Da Rina es sehr wünschte, den neuen Knecht im Mittelpunkt zu sehen, machte ich mit. Es wurde an so einem Abend über alles Mögliche gesprochen, wobei, genauso wie in Wiene, die Männer das Wort hatten. Da Willem zu bescheiden und zu verlegen war, um etwas zu sagen, folgte Rina den Gesprächen mit größter Aufmerksamkeit. Sobald ein Augenblick Stille eintrat, schob Rina ihre Beine auseinander, legte ihre kräftigen Arme auf die Knie und sagte „onze Willem et e zeid“ (unser Willem hat gesagt) und begann, ausführlich auf ein bestimmtes Thema einzugehen. Willem saß nachdenklich dabei und bewunderte seine Frau. Niemand zweifelte auch nur eine Sekunde daran, daß dies die Meinung von Rina war, und sie klug genug war, um dies auch zu wissen, aber kam doch viele Male an so einem Abend mit: „onze Willem et e zeid“ nach vorne. Trotz der sehr großen Unterschiede zwischen Mann und Frau habe ich nie wieder ein so harmonisches Verhältnis in einer

Familie erlebt. Dies hatte zur Folge, daß Rina in Zeiten von eingeschränkter Kraft Hilfe, z.B. in der Form eines Knechtes, benötigte. Mit ihm nahm sie die täglichen Aufgaben durch und besprach die Arbeiten, die ausgeführt werden mußten. Auch hier betonte sie, daß sie dies mit Willem am späten Abend oder in der Nacht durchgesprochen hatte. Wer dieses Spiel mitspielte, hatte nie Schwierigkeiten mit Rina. Böse wurde sie nur – und sie konnte sehr böse werden – wenn jemand etwas Negatives über Willem sagte. Ich wußte das und konnte sehr gut mit Rina auskommen, wobei ich mehr denn je die Gelegenheit hatte, die auf dem Hof erforderlichen Arbeiten selbstständig auszuführen und initiativ zu sein. Rina, Tochter eines Bauern mit einem großen Hof in Borne, nicht weit von Hengelo, wußte so gut wie alles über einen Bauernhof und konnte diesen mit der nötigen Hilfe ausgezeichnet führen. Ein verkomplizierender Faktor war, daß die Muskes durch die Ausbreitung der Stadt Land verloren hatten. Als Ersatz konnte Land bei Delden erworben werden. Das hatte den großen Nachteil, daß regelmäßig mit Pferd und Wagen Mist und Jauche weggebracht, in Delden gepflügt und gesät und im Winter von dort Futterrüben geholt werden mußten. Viele Male fuhr ich mit Willem oder allein mit Pferd und Wagen über die Landstraße an dem Hotel-Restaurant Carlshaven vorbei. Hinter den breiten Fenstern saßen gut gekleidete Leute, die Kaffee tranken oder aßen. Ich träumte viele Male, auch an einem der gedeckten Tische sitzen zu können. In der weitesten Ferne konnte ich nicht vermuten, daß ich 52 Jahre später in Carlshaven mit meiner Frau an einem Festdiner teilnehmen würde, das uns aus Anlaß meines Ausscheidens nach sechs Jahren als Präsident dieser Gesellschaft durch die Königliche Niederländische Gesellschaft für Tierheilkunde geboten wurde.

Nicht lange nach der Geburt ihres Kindes nahm Rina wieder an der täglichen Arbeit von 6:00 Uhr morgens bis spät am Abend teil. Dem Säugling die Brust geben, die anderen Kinder versorgen, die Mahlzeiten bereiten und auf Opa aufpassen, waren für sie „tussendoortjes" (Nebenaufgaben). Die wirkliche Arbeit war am Hof, Kühe melken, für die Tiere sorgen und wenn nötig auf dem Feld mithelfen. Als am Zaun auf der Weide ein Pfahl abgebrochen war, konnte man Rina mit einem großen Holzhammer einen neuen Pfahl in den Boden schlagen sehen. Nichts war für sie unmöglich und nichts war ihr zu viel. Am Abend kamen viele Menschen aus der Stadt zu ihr, um Milch zu holen. Ich half, die Kannen und Eimer zu füllen. Bei diesen Kontakten hörte ich viel mehr als in Oele die Neuigkeiten des Tages und die stets neuen Maßnahmen der deutschen Besatzungsmacht. So erschien in De Twentse Courant die Mitteilung, daß ab sofort Juden verpflichtet wurden, den Davidstern auf ihrer Kleidung zu tragen. Obwohl hierüber schon länger gesprochen wurde, machte die endgültige Mitteilung einen niederschmetternden Eindruck auf mich. Eine Schikane folgte jetzt schnell der anderen, und für mich war es deutlich, daß dies letzten Endes die Vernichtung des europäischen Judentums bedeuten würde. Warum ich den Zeitungsbericht damals ausgeschnitten habe, weiß ich nicht, aber er liegt noch heute, 68 Jahre später, in meiner Mappe „Krieg". Juden wurden verpflichtet, den gelben Stern zum Preis von vier Cent anzuschaffen und deutlich sichtbar auf den Kleidern anzunähen. Ich habe den Stern nicht gekauft und auch niemals getragen. Um mit Presser, dem Autor des berühmten Buches „Untergang" zu sprechen: „Weil ich ihnen das Recht, mich zu schänden, entsage." Ein Nachbar der Muskes, der mit einem Dreirad und Pferd Milch in der Stadt feilbot, wurde einige Zeit nach meiner Ankunft bei ihnen krank. Es war eine Familie ohne Kinder, ein Ehepaar und eine alte Frau, die Mutter von Gradus. Rina konnte Hilfe bieten. Ihr Knecht, Doan, würde die Milch hinbringen, bis es Gradus wieder besser ging. So wurde ich 1942

Milchbauer in Hengelo. Nach dem Melken und einem schnellen Frühstück ging ich mit Dreirad und Pferd und drei großen Milchkannen in die Stadt, um Milch bei festen Kunden zu besorgen. Ich trug Holzschuhe, eine Manchesterhose und einen Grauen Kittel ohne Stern. Daß dies nicht ungefährlich war, wurde mir viele Male durch Kunden, die genau wußten, was los war, zu verstehen gegeben. Vor allem die Frau des Küsters, die einen großen Teil der Einwohner der Stadt kannte und die mich jeden Morgen mit Kaffee und einer Schnitte Twentse-Kuchen verwöhnte, wies auf die relativ vielen NSP-Anhänger (Mitglieder der nationalsozialistischen Partei Holland) hin. Sie wußte auch, daß ich bei einigen von ihnen Milch lieferte. Gradus wurde schnell wieder gesund, und so kam ein Ende meiner Karriere als Milchmann und der großen Gefahr wegen der Nichtbefolgung deutscher Gesetze, z. B. das Nichttragen des Judensterns, verhaftet zu werden.

Als Rina abends noch voll beschäftigt war, hörte ich mit Willem Radio. Opa lag schnarchend in einem Stuhl, während der Speichel ihm dauernd aus dem Mund lief. Willem war zweifelsohne am Krieg und an der deutschen Besatzung interessiert, konnte aber seine Auffassungen nicht artikulieren. Er fand alles schrecklich und sah ein schlimmes Ende auf uns alle zukommen.

Zu Beginn meines Verbleibes bei den Muskes war ich ein paar Mal am Abend zu den Wijnbergens gefahren, um Oma zu erzählen, wie es mit ihrem „Jünksken" ging und mit Opa über die Situation zu sprechen. Nach dem Einführen des Judensterns wurden diese Fahrten gefährlich, da oft in den Abendstunden Passanten angehalten und kontrolliert wurden. Ich fühlte mich bei den Muskes gut, und Rina schätzte es sehr, wenn ich ihr abends noch eben einige Hilfe anbot.

Es war ein außergewöhnlich schöner Sommer, auf dem Hof verlief alles nach Wunsch, und ich hatte ein Zuhause gefunden in einer ruhigen und harmonischen Familie. Bis an einem frühen Morgen Anfang August der Briefträger eine Nachricht für mich brachte. Der Inhalt war kurz und kräftig. Ich wurde aufgefordert, mich innerhalb von 48 Stunden mit Arbeitsschuhen und einem Rucksack mitten in der Nacht bei einer deutschen Instanz am Zentralen Bahnhof von Amsterdam zu melden.

Innerhalb einer halben Stunde hatte ich meine wichtigsten Habseligkeiten in einen kleinen Sack gepackt und Rina gesagt, daß dies leider das Ende meines Verbleibs war. Bevor ich mit meinem Bündel auf dem Fahrrad nach Zeist abfuhr, hatte ich noch kurz Zeit von Willem, der so wie üblich gegen 12:00 Uhr nach Hause kam, Abschied zu nehmen. Er begriff die Eile nicht, Rina dagegen sehr gut. Zum ersten Mal in diesen Monaten sah ich sie in Panik, nicht weil sie eine gute Hilfe verlor, sondern wegen ihrer Sorge um meine Zukunft. Sie begriff vollständig, warum ich so eine Eile hatte und stopfte noch schnell 10 Gulden in meinen Beutel. Einige Stunden nach Empfang meines Aufrufs fuhr ich über die Ysselbrücke bei Deventer einer sehr ungewissen Zukunft entgegen.

IX.
Mit den Schweinen

Meine vollkommen unerwartete Ankunft in Zeist verursachte viel Panik. Meinen Aufruf hatte ich bei den Muskes verbrannt und konnte darum diesen nicht vorzeigen. Aber die Tatsache, daß ich aufgerufen war, und daß dies jetzt regelmäßig passierte, war Angst einjagend. Es war deutlich, daß ich jetzt als Gesuchter irgendwo auf einer Liste stand und nicht bei der Familie Prüfer bleiben konnte, wollte ich nicht uns alle in Gefahr bringen. Nach einer so gut wie schlaflosen Nacht nahm ich am folgenden Tag mein Fahrrad, jetzt mein kostbarster Besitz, um die Umgebung kennenzulernen und um zu sehen, ob nicht auf dem einen oder anderen Bauernhof ein Knecht gesucht wurde. Die große Schwierigkeit hierbei war, daß ich offenherzig meinen illegalen Status nennen mußte. Aufgrund der immer strenger werdenden Strafen bei Hilfe an „Onderduikers“ (Untergetauchte), war ein solcher Status für den Arbeitgeber nicht sehr einladend. Ich fuhr von Zeist nach Bunnik und von dort nach Werkhoven, da ich gehört hatte, daß in dieser Region viele Bauernhöfe waren. Auf schmalen Landwegen wendete ich mich einige Male an einen Bauern, der auf der Weide oder im Obstgarten bei der Arbeit war. Für Hilfe, vor allem für billige Hilfe, bestand viel Interesse, aber wenn der Betreffende hörte, daß ich einen illegalen Status hatte, wurde ich wie ein Lepra-Kranker behandelt. Wieder war es ein herrlicher Tag – Bäume mit reifem Obst, grüne Weiden, ein blauer Himmel und strahlende Sonne – aber ich fuhr durch die „Nacht“, ohne Unterstützung des Deventer Vereins, ohne ein Unterkommen, ohne Geld, ohne Zukunft. Ich fuhr von Bunnik zurück nach Zeist, wobei mir bewußt war, daß ich noch eine, höchstens zwei Nächte bei der Familie Prüfer bleiben konnte. In der danach kommenden Nacht hätte ich mich in Amsterdam melden sollen, und es war deutlich, daß ich danach auf irgendeine Liste von gesuchten Personen kommen würde. Die Polizei in Hengelo würde wahrscheinlich von einer deutschen Behörde den Auftrag erhalten, sich bei den Muskes zu informieren, wo ich war und es würde vor allem bei Willem nicht lange dauern, bevor der Name Zeist fiel. In Zeist wohnte eine kleine Anzahl jüdischer Familien, und ich würde schnell gefunden sein. Es mußte also unbedingt so schnell wie möglich ein Unterschlupf gefunden werden.

Auf einer Weide nahe dem Bunnikschenweg, ungefähr 100 Meter entfernt vom heutigen Utrecht Medisch Centrum (UMC), saß ein junger Bauer, der Kühe melkte. Es war eine ziemlich große Herde von ungefähr 20 Kühen, und es stand eine ganze Batterie Milchkannen auf einem Wagen. Ich stellte mein Fahrrad gegen den Zaun und schlenderte auf die Weide. „Kann ich Ihnen beim Melken helfen?", fragte ich so ruhig wie möglich. Der Bauer, der gebückt unter einer Kuh saß, hatte mich noch nicht gesehen und schaute mich überrascht an. „Das ist nicht so einfach, melken muß man lernen." Ich fragte ihn, ob ich es versuchen dürfte. „Auf dem Wagen stehend noch ein Eimer und ein Melkstuhl." Ich setzte mich mit einem Eimer unter eine Kuh mit vollem Euter. Ich ging an die Arbeit, als ob mein Leben davon abhing. Meistens ist dies eine Bemerkung in übertragenem Sinn, aber hier war es völlig in Übereinstimmung mit der Wirklichkeit. Gleichzeitig mit dem jungen Bauern kam ich mit einem Eimer schäumender Milch bei dem Wagen an. Der Bauer sah mich an, sagte aber nichts, was ich als eine Aufforderung verstand, weiter zu melken. „Du kannst wohl melken?" Nach gut einer Stunde waren wir fertig, und die Kühe waren gemolken. „Du kannst wohl melken", sagte der Bauer „und das passt heute gut, da die Frau zum Doktor muß. Sonst melken wir zu zweit." Ich hatte das Gefühl, daß er viel begriff und zur Bestätigung viele Fragen auf den Lippen hatte. Stattdessen war er laut am denken: „Die Frau ist schwanger, das wird die Arbeit am Hof in den kommenden Monaten nicht leichter machen." Ich erzählte ihm, daß ich einige Jahre Erfahrung hatte mit der Arbeit auf einem Hof, aber betonte gleichzeitig meinen illegalen Status. Jitse, so hieß er, war darüber sehr erschrocken, brach aber das Gespräch doch nicht ab. „Tja", sagte er nach einigem Nachdenken „darüber muß ich mit meiner Frau Joke und mit meinen Eltern sprechen. Komm morgen wieder zurück." Ich kehrte nach Zeist zurück und erzählte meine Erlebnisse. Ich war so ermüdet, daß ich früh ins Bett ging. Ich schlief sofort ein, war aber nach ein paar Stunden wieder wach. Was wird das Resultat der Besprechung auf Bureveld 2 sein? Was wird morgen passieren? Immer wieder gingen diese Fragen durch meinen Kopf. Stets schaute ich auf die Uhr. Gegen 4:00 Uhr konnte ich es nicht länger im Bett aushalten. Schnell zog ich meine Bauernkleider an und fuhr auf einem Feldweg, den ich am vorigen Tag entdeckt hatte, nach De Bilt. Die Kühe standen schon am Gitter, aber ansonsten war noch niemand zu sehen. Nachdem ich einige Zeit gewartet hatte, hörte ich in der Ferne das Rasseln von Milchkannen auf dem Wagen. Der junge Bauer zog den Wagen und neben ihm lief eine große kräftige Frau. Als er mich sah, erschien ein Lächeln auf seinem Gesicht. „Geh wieder nach Hause, Joke", sagte er zu seiner Frau. „Doan hier hilft mir schon." Mir fiel ein großer Stein vom Herzen; ich wurde nicht weggeschickt! Während des Melkens wurde kaum ein Wort gesprochen, und als die Kannen voll waren, zog ich den Wagen zum Hof, als ob dies niemals anders gewesen wäre. Wohl mußte ich gut schauen, wo Jitse hinging, da ich noch nicht wußte, wo der Bauernhof lag. „Hier sind wir schon", sagte er und wies mit der Hand auf ein großes Haus, auf dessen Giebel „Bureveld 2" stand.

In der großen Küche war Joke dabei, das Frühstück fertig zu machen, während auf der Diele ein alter Mann irgendein Werkzeug reparierte. Eine ältere Frau kam aus dem Zimmer in die Küche und gab mir ihre Hand: „Ich bin die Mutter von Jitse." Auch der Vater, Flip Kraaikamp (von jedem „alter Flip" genannt), kam in die Küche und gab mir seine Hand. Wir setzten uns an einen runden Tisch, während Joke aus einer großen Kanne Kaffee einschenkte und einen großen Teller mit Butterbroten auf den Tisch stellte. Während des Essens wurde wenig gesprochen und ich saß dabei, als ob es niemals anders gewesen wäre. Nach der Mahlzeit ging, der „alter Flip" wieder zu seiner Arbeit in der Diele und die alte Frau verschwand im Vorzimmer. Ich blieb mit Jitse und Joke am Tisch sitzen und wartete in großer Spannung ab, was nun gesagt werden würde. „Du kannst hier arbeiten", sagte

Jitse, „aber Du kannst hier nicht wohnen. Das ist viel zu gefährlich." Meine Enttäuschung war so groß, daß man sie von meinem Gesicht ablesen konnte. „Wo muß ich dann bleiben?", fragte ich bestürzt und hilflos. Während des Tages wollten Jitse und Joke das Risiko wohl auf sich nehmen, aber während der Nacht unter einem Dach, das fand die Familie zu gefährlich. Als ich ihnen deutlich machte, daß ich keine andere Möglichkeit hatte, irgendwo anders die Nacht zu verbringen, folgte eine lange Stille. Zowel Jitse, aber noch mehr Joke, hatten es schwer. Sie waren überzeugt, daß ich ihnen in einer für die junge Familie schwierigen Zeit helfen könnte, und sie wollten auch mir gerne helfen. Aber sie hatten Angst. Wir saßen eine ganze Weile schweigend am Tisch. Plötzlich sagte Jitse „Komm einen Augenblick mit". Wir überquerten den Hof in Richtung eines Schuppens, in dem ungefähr 20 Mutterschweine, einige mit Ferkeln, untergebracht waren. Über den Schweinen lag ein aus dicken Brettern hergestellter Boden für Heu und Stroh. „Wenn es nicht anders geht und falls Du Lust dazu hast", sagte Jitse, „kannst Du auf dem Boden über den Schweinen schlafen." Ob ich Lust hatte!? Diese Bemerkung bewies, daß Jitse trotz allem noch nicht begriffen hatte, wie dramatisch die Situation war. „Könnte ich schon heute Nacht hier schlafen?", fragte ich begierig. Jitse mußte das wieder mit der Familie besprechen. Das war nicht unlogisch. Sollte ich entdeckt und gefasst werden, dann hatte das Konsequenzen für die ganze Familie. Das hatte die deutsche Besatzungsmacht im Laufe der Jahre wohl deutlich gemacht. Erneut wartete ich in großer Spannung auf den Familienbeschluß. Ich hatte, Wunder über Wunder, schon am ersten Tag einen Bauern gefunden, und es war sehr die Frage, ob eine andere Möglichkeit überhaupt vorhanden gewesen wäre. Nach dem Melken sprach Jitse die erlösenden Worte: „Ja, dann mußt Du bei den Schweinen schlafen." Es war deutlich, daß er mit dieser Lösung nicht zufrieden war, andererseits konnte er einen Knecht in den kommenden Monaten sehr gut gebrauchen. Diese Erwägungen haben zweifelsohne beim Familienrat eine große Rolle gespielt. So lag ich einige Stunden später über den knurrenden Schweinen und sah durch ein Loch im Dach die vorbeiziehenden Wolken und später die Sterne.

Ich hatte ein Dach über dem Kopf, auch wenn dies nicht wasserdicht war, aber damit waren die Gefahren nicht beseitigt. Ich war kein „Onderduiker" (Untergetauchter), jeder Besucher konnte mich am Hof sehen. Bureveld 2 war nicht weit von De Bilt. Auf dem Bunnikschenweg waren noch mehr Bauernhöfe und auch einige kleine Wohnhäuser. Daß die Kraaikamps einen neuen Knecht hatten, würde innerhalb eines Tages, und wer dieser Knecht war, innerhalb von zwei Tagen bekannt sein. Ich hatte noch meinen ursprünglichen Personalausweis mit einem großen „J" und würde bei jeder Kontrolle sofort erkannt werden. Da ich jetzt illegal lebte, war es überaus wichtig, einen anderen Personalausweis zu bekommen. Über die Familie Prüfer und ihren Bekanntenkreis kam ich in Kontakt mit einem sehr wichtigen Mann innerhalb der Widerstandsgruppe Zeist, der bereit war, mir zu helfen. Als er von meinen Schwierigkeiten hörte, erhielt ich innerhalb einiger Tage einen neuen gefälschten Personalausweis. Von diesem Moment an war ich, Johannes Karel Kok, geboren am 17. März 1917 in Djambi, Niederl. Ostindien. Es wurde meistens ein leicht zu merkendes Datum gewählt und ein Ort, an dem die betreffenden Unterlagen nicht angefragt werden konnten. Mir wurde an's Herz gelegt, keine weiteren Fragen zu stellen, meine ursprüngliche Identität so schnell wie möglich zu vergessen, und unter keinen Umständen zu sagen, wer mir geholfen hatte. Ich war mit dem neuen Personalausweis nicht sicherer, aber ich fühlte mich so. Meine alte Identität hätte ich natürlich vernichten sollen, aber im Zusammenhang mit meinem Bedürfnis, alles zu bewahren, habe ich dies nicht getan. Dieser Personalausweis mit dem schwarzen „J“ liegt heute in einer Vitrine von Yad Vashem in Jerusalem.

Gut drei Monate – bis Mitte November 1942 – bin ich bei der Familie Kraaikamp geblieben. Daß dies gut gegangen ist, ist nur eines von den Gliedern in der Kette der Wunder, die mich fünf Kriegsjahre überleben ließen!

Die Kraaikamps, vor allem Joke und Jitse, waren freundliche Menschen. Die Arbeit war nicht schwer, aber wir lebten doch permanent in Spannung. Ohne darüber zu sprechen, fühlten wir doch die Gefahr, die Tag und Nacht um uns war. Dazu kam noch, daß der Hof ganz in der Nähe von Utrecht lag. Regelmäßig kamen Menschen, um Milch zu kaufen, und wir hörten immer mehr Berichte über die stets härteren Maßnahmen der Besatzungsmacht, über Deportationen, Razzien und Exekutionen z. B. in dem ganz in der Nähe liegenden Fort Rhijnauwen. Die Kriegshandlungen wurden immer heftiger, die Bombardierung von Städten nahm zu, und die deutschen Armeen stießen auf immer mehr Widerstand in Afrika und in der Sowjetunion. Die zahlreichen siegreichen Jahre schienen zu Ende zu gehen. Aber der „Krieg“ gegen die Bevölkerung in den besetzten Gebieten, vor allem gegen die Widerstandsbewegungen und gegen die Juden, schien erst im Anfangsstadium zu sein. Aufgrund all' dieser Berichte war es essentiell, den ganzen Tag aufmerksam zu sein und Gefahren im Auge zu behalten. Auch in der Nacht wurde ich immer wieder wach und lauschte dann auf jedes ungewöhnliche Geräusch. Meine Nervosität durfte ich vor allem nicht zeigen, um die Kraaikamps nicht noch ängstlicher zu machen. Jitse und der alte Flip waren den ganzen Tag mit der Arbeit beschäftigt, während die Frauen viel Zeit hatten, die Nachbarn zu besuchen und mit Besuchern zu reden, und so hörten wir bei den Mahlzeiten immer wieder, was sich in der Welt, in Holland, in De Bilt und am Bunnikschenweg abspielte. Die alte Frau war eine Friesin, die den Witwer Flip geheiratet hatte. Jitse war ihr einziger Sohn. Aufgrund ihrer friesischen Herkunft sah sie Bureveld 2 als einen Herrenhof an, auf dem Arbeit nur eine Sache von Männern war. Sie saß auch den ganzen Tag in der „Guten Stube", um Handarbeit zu verrichten oder um zu lesen. Joke dagegen, eine Tochter der Familie Doornenbal, die einen Hof hinter dem Gemeindehaus in De Bilt hatte, wußte, was Arbeit war, aber wurde durch ihre Schwangerschaft in zunehmendem Maße daran gehindert. Obschon sie ängstlicher war als alle Mitglieder der Familie zusammen, akzeptierte sie die Situation, vor allem, da ich den größten Teil ihrer Arbeit übernommen hatte.

Auf Befehl der deutschen Besatzung mußte ein Teil der Weiden dazu genutzt werden, um Getreide anzubauen. So hatte auch die Familie Doornenbal einen Teil ihrer Weiden in Ackerland verwandelt, auf dem Roggen angebaut wurde. Als der Roggen reif war und mit der Hand gemäht werden mußte, wurde ich an die Eltern von Joke ausgeliehen, um bei der Roggenernte zu helfen. Wochen standen wir in der brennenden Sonne mit einer Sense und einem Rechen. Ab und zu tranken wir aus einer blauen Kanne ein Glas kalte Buttermilch.

Anfang der 1950er Jahre beschloß die Familie Doornenbal, einen großen Teil ihres Landes an das Reich zu verkaufen, das auf diesem Gelände das „Reichsinstituut für die Volksgezondheid" bauen wollte. So wurde ich an dem Institut, in dem ich 34 Jahre meines Lebens gearbeitet habe, der erste Mitarbeiter. Bei dem Verkauf stellte Vater Doornenbal die Bedingung, daß seine beiden Söhne im Institut Arbeit finden sollten. Als ich um 1960 in einem der Versuchstierställe in Bilthoven sein mußte – wir arbeiteten damals noch zum größten Teil in dem alten Teil des Institutes in Utrecht – kam mir unerwartet einer der Brüder Doornenbal entgegen. Er hatte mich 20 Jahre nicht gesehen, aber erkannte mich sofort. „Oh", sagte er überrascht, „do heb je onze Doan", nicht wissend, daß ich inzwischen Direktor eines Laboratoriums in demselben Institut war. Ich sprach mit ihm über seine Arbeit, über die Kriegszeit, über seine Schwester und seinen Schwager, die kurz nach dem Krieg nach Kanada emigriert waren. „Und wo arbeitest Du jetzt?", fragte er. Als ich ihm sagte, daß ich auch im Institut arbeitete, begriff er es erst nicht, aber wurde durch seine Kameraden darauf hingewiesen, daß ich Dr. Kampelmacher war, Chef des Laboratoriums für Zoonosen, zu dem auch die Versuchstierställe gehörten. Er hatte im Krieg niemals den Namen Kampelmacher gehört, in den vergangenen Jahren im Institut jedoch häufiger. Er konnte aber nicht wissen, daß sein alter Knecht Doan und sein direkter Chef ein- und dieselbe Person waren. Noch am selben Abend stand Vater Doornenbal vor der Tür. Höflichst nahm er seine Mütze ab und bot seine Entschuldigung an, daß sein Sohn „Doan" und „Du" gesagt hatte. Wir tranken zusammen ein Gläschen und noch eins und sprachen über unsere Erinnerungen aus der Kriegszeit. Schließlich ging Doornenbal zufrieden nach Hause.

Ende Oktober wurde mein nächtlicher Verbleibeplatz trotz einiger Pferdedecken stets unangenehmer, vor allem, wenn es regnete und die kalten Tropfen mir ins Gesicht fielen. Eines Tages sagte Jitse ohne jedwede Einleitung: „Doan es geht nicht länger. Joke kann jetzt jeden Tag das Kind gebären und sie hat Angst. Du mußt eine andere Unterkunft suchen, und zwar so schnell wie möglich. Die Botschaft kam nicht unerwartet, traf mich aber doch mit voller Kraft. Es gab einen „Lichtblick". Ich hatte inzwischen Kontakt mit der Widerstandsgruppe Zeist und wußte, daß ich mit ihrer Hilfe rechnen konnte. Nun war es so weit. Mit großem Bedauern nahm ich Abschied von den Kraaikamps. Ich konnte Joke's Angst begreifen. „Wenn Du Hilfe nötig hast", sagte Jitse „Du weißt, wo Du uns finden kannst." Er sagte es, aber glaubte es selbst nicht.

P. S. Voriges Jahr rief mich ein Kanadier an. Er hieß Tenant und war Bürgermeister eines kleinen Ortes in Mittel-Kanada. „Ich habe durch Zufall Ihr Buch gelesen. Ich bin Joke's Erstgeborener. Meine Eltern haben wenig Glück in Kanada gehabt. Meine Mutter ist früh gestorben. Sollte ich einmal in Holland sein, dann will ich Sie gerne besuchen.

X.
Durch das Auge einer Nadel
(1–5)

1

Mein Kontaktmann bei der Widerstandsbewegung war nicht überrascht, mich zu sehen, nach allem, was ich in den vergangenen Monaten erzählt hatte. Er begriff, daß so schnell wie möglich ein Unterkommen für mich gesucht werden mußte. Noch am selben Abend saß ich bei der Familie Vermeulen, Eikenlaan 14, in Zeist. Ich hatte inzwischen gehört, daß dies eine Auffangadresse für eilige Fälle war und daß für mich schnell eine permanente Adresse gefunden werden mußte. Herr Vermeulen war Turnlehrer beim Nieuwe Lyceum in Zeist, und ich wurde von ihm, seiner Frau, zwei Söhnen und einer Tochter herzlich willkommen geheißen. Wieder in einem Bett in einem eigenen Zimmer zu schlafen, war nach den Monaten bei den Schweinen ein Erlebnis. Aber in einem Badezimmer in der Wanne mit warmem Wasser zu liegen, war etwas Außergewöhnliches für mich. Die ganze Familie arbeitete im Widerstand, wobei Hilfe an „Onderduikers" im Vordergrund stand. Schon nach einigen Tagen wurde ich zu meiner „echten" Untertauchadresse gebracht, und zwar zu einer Schwester von Herrn Vermeulen, Frau Charlotte van Dijk, Havikstraat 73, in Utrecht.

Aus meinen Erinnerungen schöpfend, habe ich bis jetzt ziemlich mühelos meine Erlebnisse zu Papier bringen können, aber ich erfahre es jetzt als eine außerordentlich schwere Aufgabe, das letzte Kapitel zu schreiben. Es ist sehr schwer, die zweieinhalb Jahre in Utrecht zusammenzufassen, um dem Leser ein Bild zu geben, wie es war. Wie muß ich 1.000 Tage, und, nicht zu vergessen 1.000 Nächte voll mit Spannung, Unsicherheit und vor allem Angst beschreiben? Und: Darf ich eine Klage über die

Lippen bringen, wenn ich jetzt weiß, was Menschen in KZ's und Vernichtungslagern mitgemacht haben?

Was ich hier beschreibe, ist nicht die Geschichte eines „Onderduikers", weil ich im eigentlichen Sinne des Wortes keiner war. Ein echter „Onderduiker" zu sein, bedeutet, passiv sitzen und warten – ja, worauf? Auf die Katastrophe, entdeckt zu werden und einem grausamen Tod entgegenzusehen oder an das Ende des Alptraumes zu denken, ein Ende, das in der fernsten Zukunft noch nicht zu sehen war? Diese Art von „onderduik" habe ich nur kurze Zeit ausgehalten. Hierfür war meine Energie als junger Mann, und vor allem mein Unternehmungsgeist zu groß. Ich mußte etwas tun, obwohl ich mir völlig bewußt war, welche Gefahren hiermit verbunden waren. Es waren die besten Jahre meines Lebens, und ich konnte es nicht vertragen, diese ungenützt vorbeigehen zu lassen. Hier kam noch hinzu, daß in der Havikstraat die Häuser eng zusammenstehen, wodurch die Ankunft eines Besuchers, wenn sich dieser auch nicht draußen sehen ließ, schnell bekannt war. Es kamen Menschen zu Besuch, Freunde der Kinder und Familie, und es war völlig ausgeschlossen, sich in der kleinen Wohnung zu verstecken. Ein „Onderduiker" war innerhalb einiger Tage kein „Onderduiker" mehr, da die ganze Straße und auch die weitere Umgebung sehr genau wußte, was los war. Daß es trotz allem gut gegangen ist, ist ein Wunder, das auch heute, 70 Jahre später, kaum zu begreifen ist.

Trotz aller Einwände und Unsicherheiten will ich doch probieren, dieses letzte Kapitel so gut wie möglich zu beschreiben.

Charlotte van Dijk oder Tante Lot, wie sie allgemein von der Familie und von Freunden genannt wurde, war in ihrer Jugend als Tochter eines Möbelmachers in Utrecht mit einem jungen Mann aus Java befreundet, der in Utrecht studierte. Das junge Paar heiratete und ging in die Heimat des jungen Mannes, dem früheren Niederl.

Indien zurück. Das Ehepaar bekam fünf Kinder, drei Jungen und zwei Mädchen. Ein paar Jahre vor dem Zweiten Weltkrieg kehrte Tante Lot mit vier ihrer Kinder nach Holland zurück, vor allem, um ihnen eine weitere Ausbildung zu bieten. Der älteste Sohn Wim blieb in Indien, da er in Kürze zum Militärdienst mußte. Die finanziellen Umstände waren für Tante Lot, vor allem nach Beginn des Krieges, als kein Geld mehr von Indien nach Holland geschickt werden konnte, ausgesprochen schlecht. Die beiden Töchter Vera und Els konnten schnell eine Stelle finden und ihrer Mutter finanziell helfen, während die beiden Jungens, Ysbrand und Rob, noch die Schule besuchten. Die Familie mietete eine Wohnung in der Vogelenbuurt (Vogelgegend), und zwar in der Havikstraat. Sie hätte einigermaßen den Kopf über Wasser halten können, wenn nicht zum unsagbaren Leid der Familie Vera an einer Gehirnhautentzündung gestorben wäre. Die Übersiedlung nach Holland, die ärmlichen Lebensumstände und vor allem der Verlust ihrer ältesten Tochter waren für Tante Lot schwere Schicksalsschläge. Aber da sie eine sehr starke Frau war, wie sich in den kommenden Jahren erweisen sollte, hielt sie sich bewundernswert aufrecht. Die Widerstandsbewegung war bereit, für Onderduikers zu bezahlen, und Tante Lot war bereit, so jemanden aufzunehmen, obschon sie wußte, daß sie damit ein großes Risiko für sich und ihre Familie einging. Daß sie dafür Geld bekam, galt nicht als Hauptsache. Sie war ebenso wie ihr Bruder und seine Familie überzeugt, daß Menschen in Not geholfen werden mußte. Es gibt sicher auch Menschen wie Wim, ihren ältesten Sohn, der inzwischen als Soldat bei einer der alliierten Armeen half.

Im Laufe des Krieges wurden der Mut und die Energie dieser Frau stets größer, und ich weiß, daß es nur ein kleiner Beitrag ist, an dieser Stelle Tante Lot meinen großen Dank und meine Bewunderung auszusprechen!

Ich kam am 18. November 1942 bei Tante Lot an. Außer meinen Bauernkleidern war das Fahrrad, für das ich jetzt wenig Verwendung hatte, mein wichtigster Besitz. Mir wurde das große Vorzimmer zugewiesen, als ob ich ein echter Untermieter wäre. Das Zimmer war einfach eingerichtet. Ein Tisch, ein Stuhl, ein Bett und ein Wandkasten waren das ganze Mobiliar. Auf einem kleinen Tischchen stand eine ausgestopfte Schlange, die mich mit ihren Glasaugen, vor allem in der Nacht, wenn das Licht von den Straßenlampen durch die dünnen Gardinen in's Zimmer fiel, anstarrte. Die Schlange könnte ein Talisman sein, ein Zeichen, daß ein Schutzengel auf meiner Schulter saß, aber es könnte auch ein memento mori, eine Warnung vor dem Tod, der so nahe zugegen war, sein.

In der ersten Nacht schlief ich wenig. Ich sah auf die vergangenen vier Jahre zurück und probierte mir ein Bild der Zukunft zu formen. Mußte ich in diesem Zimmer, zusammen mit der Schlange auf das Ende des Krieges warten? Mußte ich nach vielen Jahren mit schwerer Arbeit auf Bauernhöfen den ganzen Tag stillsitzen? Ich konnte ein Buch lesen, ich könnte studieren, ich könnte Radio hören, aber das alles doch nicht Jahre lang? Mein Gefühl sagte mir, daß wir erst am Beginn der Katastrophe standen und daß der Krieg noch Jahre dauern könnte.

Am ersten Morgen klopfte Els an die Tür und brachte das Frühstück herein. Das war auch gleichzeitig das letzte Mal. Schnell wurde ich in der Familie aufgenommen, übersiedelte in das Schlafzimmer der beiden Jungen und saß, nachdem die Schiebetüren zwischen den beiden Zimmern geöffnet wurden, mit der Familie am Tisch. Innerhalb weniger Wochen hatte Tante Lot keinen Untermieter mehr, sondern eine Familie mit drei Jungen. Obwohl die Veränderung von Jahren auf dem Bauernhof in eine Wohnung mitten in der Stadt Utrecht ziemlich tiefgreifend war, gewöhnte ich mich schnell an die völlig anderen Umstände. Hilfe erfuhr ich dabei durch die Präsenz und die

Freundlichkeit der ganzen Familie. Ich war fast so alt wie Els und etwas älter als Ysbrand, wodurch ein vernünftiges Verstehen gefördert wurde. Später hatten wir, so wie das in jeder Familie der Fall ist, von Zeit zu Zeit heftigen Streit und Meinungsverschiedenheiten.

In den ersten Wochen war ich vor allem damit beschäftigt, mich an das tägliche Leben zu gewöhnen, den Tag mit Lesen und Radiohören auszufüllen und, wo möglich, Tante Lot zu helfen. Die Familie hatte es finanziell schwer. Jeder Groschen mußte zweimal umgedreht werden, und das alles mit aufwachsenden Kindern, die, was Ernährung, Kleidung und Schulbedürfnisse betraf, viel nötig hatten. Die Familie war stark abhängig von Els' Einkommen. Was für mich von der Widerstandsbewegung gezahlt wurde, weiß ich bis heute nicht. Els arbeitete bei der Abteilung Administration von der Niederl. Stiftung für Psychotechnik am Wittevrouwensingel. Ich war sehr interessiert, was in diesem Institut passierte und sprach mit Els oft hierüber. In dem Institut wurden die Fähigkeiten von Menschen für einen bestimmten Beruf oder für eine Ausbildung geprüft. Arbeitgeber und vor allem auch Eltern forderten in zunehmendem Maße eine Prognose für einen Posten oder eine Berufsausbildung. Die Kandidaten mußten eine Anzahl schriftlicher Aufgaben erledigen, spezifische Fragen beantworten und Interpretationen anhand bestimmter Zeichnungen oder Abbildungen bedenken. Am Ende der Untersuchung, die einen ganzen Tag dauerte, wurde ein Gespräch mit einem Mentor geführt, der eine universitäre Ausbildung besaß und der auch das Gutachten schrieb. Das Institut bestand schon viele Jahre, und das Interesse für diese Untersuchungen nahm stets zu. Es wurde von zwei Direktoren, Jonkheer van Lennep und Dr. Kuiper, geleitet, die permanent den Wert dieser Untersuchungen unterstrichen.

Anfang 1943 erzählte Els eines abends, daß ein junger Mann, der bei der Abteilung Expedition arbeitete, im

Zusammenhang mit Schwarzhandel verhaftet worden war. „Könnte ich seine Arbeit nicht übernehmen?“, fragte ich zur Verwunderung der ganzen Familie. Els nahm meine Frage nicht ernst, aber nach wiederholtem Anfragen meinerseits war sie bereit, am nächsten Tag beim Chef der Abteilung anzufragen, welche Möglichkeiten bestanden. So endete bereits nach einigen Monaten meine erste Onderduik-Periode, und ich wurde Mitarbeiter bei der Niederländischen Stiftung für Psychotechnik.

In der ersten Woche arbeitete ich im Postzimmer und mußte Briefe in Umschläge tun, Briefmarken kleben und Briefe zum Briefkasten bringen. Einige Tage später, nachdem ich in Dienst getreten war, mußte ich bei Dr. Kuiper vorsprechen: „Kok heißt du, glaube ich.“ „Ja, Mijnheer, Johannes Karel Kok.“ „Nun, Kok“, sagte Dr Kuiper, mich durchdringend ansehend, „erzähle mir im Vertrauen wer Du wirklich bist.“ Ich gab eine kurze Zusammenfassung über meine Herkunft, Schulausbildung und Flucht nach Holland.

2

Für Dr. Kuiper war das alles keine Überraschung. Aufgrund meines Akzents hatte er bereits einiges vermutet, aber daß ein Jude den Mut hatte, 1943 eine Arbeitsstelle anzunehmen, verwunderte ihn in hohem Maße. „Was tust Du bei uns?“, fragte Kuiper, der etwas von kurzen Fragen und kurzen Antworten hielt. „Briefmarken kleben.“ „Muß man dazu das Gymnasium absolviert haben?“ „Ich dachte nicht, Mijnheer“, war meine Antwort. Am folgenden Tag wurde ich zur großen Überraschung von Els in das Team aufgenommen, das die schriftlichen Aufgaben beurteilte. Durch die Zusammenarbeit mit dem Chef der Abteilung lernte ich schnell die wichtigsten Beurteilungskriterien. Ich habe einen großen Teil des Jahres 1943 bei der Stiftung gearbeitet und erhielt ein normales Gehalt, das viele Hundert Male größer war, als mein Wochengeld als Bauernknecht. Dadurch war ich in der Lage, meine Dankbarkeit für die Gastfreundschaft bei Tante Lot auch finanziell zum Ausdruck zu bringen. Ich verrichtete meine Arbeit mit viel Vergnügen und mußte immer wieder an den Unterschied zwischen Barend Zweers und Dr. Kuiper denken.

Am frühen Morgen und am Abend lief ich von der Havikstraat zum Wolvenplein und zurück entlang der Mauer und dem Eingangstor des berüchtigten und größten Gefängnisses von Utrecht. Das Gebäude der Stiftung lag gegenüber dem Gefängnis. Den ganzen Tag hatten wir Aussicht auf das große Tor, das regelmäßig geöffnet wurde, um einen kleinen Bus mit Gefangenen durchzulassen, die kurz zuvor arrestiert worden waren oder die von anderen Gefängnissen Arrestanten zum Verhör brachten. Sobald ich im Hause der Stiftung war, fühlte ich mich sicher und begann sofort mit der täglichen Arbeit. Die Mitarbeiter, die die schriftlichen Aufgaben beurteilen mußten, saßen an einem langen Tisch in der Bibliothek, wo immer eine lebhafte und interessante Atmosphäre herrschte. Unter den zahlreichen „Onderduikers" waren prominente Holländer, die nach dem Krieg Minister, Botschafter und Professoren wurden oder andere hohe Funktionen ausübten. Zurücksehend auf das Jahr 1943 kommt ein Gefühl der Unwirklichkeit über mich. Ich war untergetaucht und war es auch nicht. Ich hatte eine Stelle mit festen Arbeitsstunden und ein Monatsgehalt. Aber alles war illegal. Ich hatte eine andere Identität angenommen, aber blieb doch der Mensch, der ich war. Es war nicht so, daß die Gastfamilie und ich in permanenter Angst lebten, aber Angst und Spannung verließen uns andererseits keine Minute, sicher nicht bei Els, die mich täglich zwischen der legalen und illegalen Welt operieren sah. Wahrscheinlich haben wir diese Gefühle verdrängt, weil wir sonst kein normales Leben hätten führen können. Erst nach dem Krieg erfuhren wir, daß die Besatzungsmacht 40 Gulden für jeden verratenen Juden bezahlte. In der Havikstraat und Umgebung waren sicher mehr als hundert Personen, darunter sicher auch Leute mit Sympathien für Deutschland. Ich blieb nicht allein. 1943 kam eine alte jüdische Frau, die wir sofort Oma Catania nannten, weil am selben Tag Catania auf Sizilien durch alliierte Truppen eingenommen wurde. Später kam noch ein jüdischer Junge hinzu und 1944 Fritzi Prüfer, die lange Zeit in Zeist untergetaucht war, aber dort nicht bleiben konnte. Das wären 160 Gulden gewesen, womit im Hungerwinter 1944 eine ganze Familie Wochen hätte leben können.

Eines abends kam Tante Lot nicht nach Hause. Sie war am Mittag weggegangen und wir wußten nicht, wohin. Was mußten wir tun? Weglaufen? Wohin? Es war schon Sperrzeit und wir konnten nirgendwo hin, z. B. um Rat bei jemandem von der Widerstandsbewegung zu holen. Ysbrand und ich saßen die ganze Nacht vor dem offenen Fenster, um zu hören, ob ein oder mehrere Autos ankamen. Wir hatten am Dachboden eine Luke in den Flur gemacht, wo Ysbrand und ich hineinkriechen konnten, um uns dann mit größter Mühe zwischen den Plafond zu schieben. Aber was die anderen Onderduikers tun mußten, wenn die Deutschen kamen, wußten wir nicht. Es war eine furchtbare Nacht, niemand schloss ein Auge, niemand sprach ein Wort. Am nächsten Morgen kam Tante Lot nach Hause, bleich und ermüdet. Erst nach einiger Zeit, obschon noch immer in Verwirrung, war sie imstande zu erzählen, was passiert war. Sie mußte bei einer bestimmten Adresse illegal erhaltene Lebensmittelkarten für uns holen. Als sie geklingelt hatte, wurde sie sofort durch einige Männer in Zivilkleidung festgenommen. Später wurde deutlich, daß der Mann, der Tante Lot die Adresse gegeben hatte, schnell danach arrestiert worden war. Das Haus wurde nunmehr als Falle für kommende Besucher verwendet. Tante Lot wurde in das Polizeibüro gebracht und stundenlang verhört. Sie blieb dabei, daß sie von dem Mann, der inzwischen verhaftet worden war, diese Adresse bekommen hatte, um einen Brief abzuholen. Sie wurde für weitere Verhöre am nächsten Morgen in einer Zelle eingeschlossen. Schließlich entließ man sie ohne weitere Fragen. Zu unserem großen Glück kam niemand auf die Idee, bei ihr zu Hause nachzuschauen. Wir hatten einige Wochen nötig, um nach diesem Geschehen wieder einigermaßen zur Ruhe zu kommen.

Bereits vor dem Krieg hatte die Familie am Rande der Stadt einen Schrebergarten erworben. Aufgrund der stets schlechter werdenden Lebensmittelversorgung bauten wir auf dem kleinen Acker Kartoffeln und Gemüse an. Vor allem im Frühjahr gingen wir oft zu unserem Garten, meistens in den frühen Abendstunden. Als wir eines abends fertig waren und auf dem schmalen Weg mit beidseitigen Wassergräben standen, kamen zwei Männer in Uniform auf dem Fahrrad auf uns zu. Sofort erkannte ich einen holländischen Landwächter – Männer, die als sehr fanatisch bekannt waren – und einen deutschen Feldgendarmen. Obschon unser erster Reflex wegzulaufen war, blieben wir wie festgenagelt stehen. Ich mußte durch den Feldgendarmen kontrolliert werden, sagte mir mein Gefühl. „Mach Deine Schuhsenkel fest", sagte ich zu Rob und lief einige Meter voraus. Der Landwächter blieb, wie ich gehofft hatte, bei Rob stehen, während der Feldgendarm auf mich zukam. „Ausweis." Ruhig bleiben. Keine Panik war jetzt das Gebot! Ich gab dem Gendarmen meinen Personalausweis, während der Landwächter mit Rob beschäftigt war. „Mitkommen", rief der Landwächter, halb als Befehl, halb als Frage an seinen deutschen Kameraden. „Ach es ist schon spät", antwortete dieser und zu mir „Abhauen". Sekunden, die über Leben und Tod entscheiden! Rob mußte einige Zeit auf mich warten, meine

Knie waren zu schlapp, um sofort weiterzugehen. Der Leser wird es wahrscheinlich unlogisch finden, aber wir gingen weiter auf dem eingeschlagenen Weg.

Tante Lot verrichtete alle möglichen Dienste für die Widerstandsbewegung, und wir arbeiteten weiter in unserem Schrebergarten. Was mußten wir tun? Erschrocken all unsere Aktivitäten beenden und zu Hause sitzen? Es ist heute objektiv gesehen merkwürdig, aber an diese Möglichkeit wurde nicht einmal gedacht. Aus allem, was soeben beschrieben ist, könnte man zu dem Schluß kommen, daß wir permanent am Rande des Abgrundes liefen. Das war natürlich auch so, aber wir dachten nie daran. Erst jetzt, 50 Jahre später, frage ich mich, wie wir so unbesorgt leben konnten mit leidenschaftlichen Monopoly-Spielen mit Freunden am Samstagabend, mit Verkleidungen am St.-Nikolaus-Abend und mit primitiven Geschenken zu Weihnachten. In diesem Augenblick fühle ich mehr Angst als damals, und ich habe diesem Gefühl einen Namen gegeben: Nachangst.

Ende 1943 endete meine Laufbahn bei der Stiftung. Die Zahl der Untersuchungen ging stark zurück, die Reisemöglichkeiten wurden immer geringer und auch schwieriger, und es kamen dadurch fast keine Aufträge mehr für das Institut. Auch Els wurde gekündigt, und sie ging schnell danach als Krankenschwester in einem Spital arbeiten.

So begann, von einem Tag auf den anderen, meine zweite Onderduik-Periode. Aber auch dieses Mal konnte nicht von Untertauchen gesprochen werden. Bei der Stiftung war ich mit Leuten aus der illegalen Studentenbewegung in Kontakt gekommen und hatte gehört, daß es auch unter den gegebenen Umständen möglich war, zu studieren. Meine Vorliebe ging in die Richtung eines Medizinstudiums, aber ich wußte dabei nicht, welche Richtung ich wählen sollte. Kurz nach meinem Eintritt bei der Stiftung ließ ich mich selbst mit Hinsicht auf eine

Berufswahl in der Zukunft psychotechnisch prüfen. In dem Rapport wurden meine Fähigkeiten für ein universitäres Studium außer Zweifel gestellt, wobei als Berufe Arzt, Tierarzt oder Zahnarzt genannt wurden. Da für all diese Studienrichtungen eine propädeutische Prüfung nötig war, erschien es mir sinnvoll, hiermit zu beginnen. Die Möglichkeit nach allen verlorenen Jahren doch noch etwas einholen zu können, gab mir große Genugtuung.

So begann ich bei Dr. Chris van den Broek zu Hause, mit sieben oder acht anderen Studenten, Vorlesungen in Zoologie zu hören. Wir bekamen zwei Mal pro Woche von 17:00 bis 19:00 Uhr Unterricht, mit dem Ziel, nach einigen Monaten schriftlich ein Testat-Examen abzulegen. Der Professor für Zoologie, Van Oordt, sollte dann in einem geschlossenen Briefumschlag die Fragen, die wir zu beantworten hatten, an Dr. van den Broek weiterreichen. Ich hatte sechs Jahre nicht mehr an einem Lehrprozeß teilgenommen und konnte mich während der Vorlesungen schlecht konzentrieren. Ich mußte von der Havikstraat mehr als eine halbe Stunde zum Haus von Dr. van den Broek gehen – alles zusammen dauerte vier Stunden – und daß ich im Hinblick auf den Rückweg schon während der Vorlesungen nervös und „abwesend" war, verwundert nicht. Es war ein Weg mit vielen Fußgängern, und es wurden regelmäßig Personalausweise kontrolliert. So interessant auch der Atmungsapparat der Fische war, mit meinen Gedanken war ich schon bei den Gefahren des Heimweges. Dies alles hatte zur Folge, daß ich das Examen Ende 1944 gerade noch mit „genügend" bestand.

Einige Wochen nach dem Ende des Krieges begegnete ich Dr. van den Broek in der Stadt. Ich genoß noch immer die Freiheit, ohne zu wissen, was ich jetzt, mittlerweile 25 Jahre alt, tun sollte. „So, Kok", sagte van den Broek, „wie geht es Dir?" „Gut", sagte ich, „aber ich heiße nicht Kok, sondern Kampelmacher." „Ich hatte bereits die

Vermutung, daß Kok nicht Dein wirklicher Name war, aber ich bin daran so gewöhnt, daß ich Kok weiter sage."
„Darf ich Dir einen Rat geben, Kok. Studieren ist nichts für Dich. Du bist ein kluges Männchen, glaube ich, aber kein Studiumkopf." Am folgenden Tag ließ ich mich bei der Universität einschreiben. Die Bemerkung von van der Broek war der letzte Stoß, den ich nötig hatte, um diesen Beschluß zu fassen. 27 Jahre später, 1971, habe ich van den Broek zu meiner inauguralen Rede als Professor an der Universität Wageningen eingeladen. Beim Empfang nach der Rede wünschte er mir viel Glück. „Doch ein Studiumkopf, Kok!"

Nach dem mit Mühe bestandenem Examen Zoologie hatte ich Gelegenheit, andere Fächer zu belegen, aber die Situation verschlechterte sich von Tag zu Tag, und ich hatte meine ganze Energie für andere Aktivitäten nötig. Bei der Vorbereitung für das Examen Zoologie gab es keinen Strom mehr, und ich mußte ganz früh, wenn alle noch schliefen, mit Hilfe eines Dochtes, der auf einem kleinen Glas Öl trieb, und nur ganz wenig Licht gab, studieren. Abends saßen wir im Dunkeln, und da es immer kälter wurde, gingen wir früh ins Bett. Die Widerstandsbewegung hatte bis jetzt immer für Lebensmittelcoupons gesorgt, da man sich sehr gut vorstellen konnte, daß neben allen Gefahren für die Gastfamilien nicht erwartet werden konnte, ihre knappen Lebensmittelrationen auch noch mit den Onderduikers zu teilen. Die Lebensmittelsituation wurde Anfang 1945 jeden Tag schlechter. Es kam noch hinzu, daß die Widerstandsbewegung stets mühsamer an Coupons kommen konnte. Viele Widerstandskämpfer waren nicht mehr am Leben und Überfälle auf die Amtsstellen, die die Coupons austeilten, wurden stets riskanter. Glücklicherweise brachte Els regelmäßig etwas aus dem Spital mit, vor allem Zigaretten, die Tante Lot gegen Lebensmittel tauschte. Eines Tages, nicht lange nach der Schlacht um Arnheim, erzählte Els, daß die BAB

(Bureau Afvoer Burgerbevolking – Büro Evakuierung Bürgerbevölkerung) medizinisch ausgebildetes Personal suchte, um Menschen die unter Artilleriefeuer von alliierten Truppen standen, mit Eisenbahnzügen in den Norden von Holland zu bringen. Sie hatte sich als Begleiterin gemeldet, vor allem, um aus Friesland und Groningen Lebensmittel nach Hause bringen zu können. Auch dieses Mal fragte ich Els, ob sie mich nicht als medizinischen Studenten bei der BAB anmelden könnte. Innerhalb weniger Tage mußte ich mich in Schalkwijk (ein Dorf, etwas südlich von Utrecht gelegen) melden, von wo aus die Menschen nach den nördlichen Provinzen evakuiert wurden. Ich wurde als J. K. Kok von dem Arzt, der Chef der BAB war, als medizinischer Student ohne weitere Fragen angenommen.

3

Wir bekamen ein weißes Armband mit den Buchstaben BAB. Darunter war ein Stempel mit Adler und Hakenkreuz. Das war für mich die „koscherste Periode" während des Krieges. Wie lange wir für die BAB gearbeitet haben, weiß ich nicht mehr, aber ich glaube, daß wir 12 bis 13 Transporte begleiteten. Die Leute, die evakuiert werden mußten, kamen in Schalkwijk (ein Dorf in der Nähe von Utrecht) zusammen. Jeder durfte einen Koffer oder ein Bündel mit persönlichem Besitz mitnehmen. Die Leute wurden in Güterwaggons, worin sich Bänke befanden, in die nördlich gelegenen Städte Groningen, Leeuwaarden und Sneek gebracht. Die Reise verlief meistens mit Schwierigkeiten und dauerte Tage. Oft bekamen andere Züge Vorrang. Wir standen dann auf einem Seitengleis und waren ein leichtes Ziel für englische Flugzeuge. Erst als Rote-Kreuz-Flaggen auf den Dächern der Waggons befestigt waren, verminderte sich diese Gefahr. Die Leute hatten für unterwegs Lebensmittel mitgenommen, wovon wir auch mitessen durften. Nach dem „Ausladen“ im Norden durften wir uns als Begleitpersonal einige Tage bei Leuten ausruhen, die uns die Widerstandsbewegung anempfohlen hatten. Es gab viel mehr zu essen, als an dem kargen Tisch in der Havikstraat, und wir probierten, uns so viel wie möglich vollzustopfen. Das ging nicht immer gut. An einem kalten Wintertag wurde ich mit einigen Kameraden bei einem Schmied in Sneek untergebracht. Wir waren schon einige Tage unterwegs und hatten fast nichts gegessen. Die Frau des Hauses sah unsere hungrigen Gesichter und schlug eine Anzahl Eier in eine große Pfanne, um Eierspeise zu machen. Sie schnitt einige dicke Scheiben Brot ab und setzte die Pfanne auf den Tisch. Während der Zubereitung lief uns schon das Wasser im Mund zusammen, und wir konnten nirgendwo anders hinsehen als zu der Frau, die diese Herrlichkeiten zubereitete. Wie ausgehungerte Wölfe fielen wir darüber her. Ein Junge aus unserer Gruppe und ich hatten so schnell und gierig gegessen, daß uns schlecht wurde und wir draußen auf dem Hof erbrechen mußten. Mit warmer Milch und Zimt probierte die Frau, unsere rebellierenden Mägen zur Ruhe zu bringen.

Viele Menschen, die wir wegbringen mußten, waren durch Kugeln oder Granatsplitter verwundet, und es mußten unterwegs auf primitive Weise Verbände neu angelegt werden. Neben Hunger litten die Menschen in den zugigen Waggons auch an starker Unterkühlung. Nach der Ankunft in Groningen mußte das BAB-Personal die Waggons inspizieren, um zu sehen, ob alle ausgestiegen waren. Nach einer bitterkalten Nacht sah ich in einem der Waggons eine alte Frau in einer Ecke schlafend sitzen. „Komm Mütterchen“, sagte ich, „wir müssen aussteigen“ und berührte dabei ihre Schulter. Sie fiel nach vorne, und erst dann merkte ich, daß sie erfroren war.

Die Reise nach dem Norden war schon schwierig genug. Die Versorgung der oft sehr emotionalen Menschen – manche mit kleinen Kindern – war nicht leicht, aber die Rückreise war oft noch schwieriger. Wir waren bepackt mit Lebensmitteln für uns selbst und mit Paketen, die unsere Gastfamilien für Familie und Freunde im Westen mitgegeben hatten. Das Schlimmste war, daß die Rückfahrt nach Schalkwijk nicht geregelt war und auch nicht geregelt werden konnte, weil es keinen normalen Zugverkehr mehr gab. Wir mußten sehen, wie wir zurückkamen, mit einem Güterzug, mit einem Truppentransportzug, ein einziges Mal sogar mit einem Munitionszug. Das wäre alles noch einigermaßen ausführbar gewesen, hätten nicht englische Flugzeuge die Züge bombardiert. Da es außer den Zügen für militärische Zwecke keinen Eisenbahnverkehr mehr gab, war jeder Zug eine Zielscheibe. Viele Male mußten wir in den Luftschutzkeller der Eisenbahnstation Zwolle flüchten. „Hier ist Zwolle, hier ist Zwolle – Luftalarm, Luftalarm." Ich höre noch heute die eindringliche Stimme. Oft saßen wir zusammen mit Soldaten, sogar mit Gruppen von der Waffen-SS. Während des Wartens waren Gespräche nicht zu vermeiden, wobei ich versuchte, so viel wie möglich im Hintergrund zu bleiben. Aber manchmal mußte doch eine Antwort auf eine Frage gegeben werden. Ich bin noch verwundert, daß niemals jemand fragte: „Wie kommt es, daß Sie so gut Deutsch sprechen und noch dazu mit einem Wiener Akzent?"

Bei einer unserer Reisen kamen wir abends in Zwolle an und hörten, daß vorläufig keine Züge nach dem Westen gingen. Es erschien uns wenig sinnvoll, die ganze Nacht, wahrscheinlich noch den folgenden Tag und vielleicht sogar eine weitere Nacht im Bahnhof von Zwolle zu biwakieren. Wir fragten beim Stationskommando, ob wir nicht irgendwo anders die Nacht verbringen könnten. Wir wurden in das Hauptquartier der Feldgendarmerie verwiesen, und meine Kameraden sagten: „Kok, Du sprichst gut Deutsch, mach das in Ordnung." Ich probierte, zu einem älteren Feldgendarmen gebrochenes Deutsch zu sprechen, aber das gelang nicht so gut. Ich weiß nicht warum, aber es ist sehr schwer, die Muttersprache zu entstellen. Mir gelang es auf jeden Fall nicht, und ich sprach schnell fließend Deutsch, um nicht noch mehr aufzufallen. Der Mann gab uns, nachdem ich ihm unsere BAB-Ausweise gezeigt hatte, Quartierscheine, mit denen wir in einer deutschen Kaserne übernachten durften, in einem Turnsaal auf dem harten Boden liegend. Es war keine angenehme Übernachtung. Aber das Frühstück am nächsten Morgen machte viel wett. Zusammen mit den Soldaten standen wir mit Feldkesseln in der Reihe, ein Becher Kaffee, der nach echtem Kaffee roch, drei Schnitten von einem grauen Brot, Butter, ein Stück Wurst und ein Stück Käse. Die Wurst brachten wir als „Kriegsbeute“ mit nach Hause, aber Oma Catania wollte die Wurst nicht einmal sehen. Sie fand die ganze Unternehmung wahnsinnig – und das war eigentlich nicht so weit von der Wahrheit entfernt.

4

Am schlimmsten war der Transport Zwolle–Amersfoort über die Veluwe. Die Züge fuhren sehr schnell und ohne anzuhalten, so daß wir fast immer halb erfroren in Amersfoort ankamen. Bei einer unserer letzten Fahrten zwängten wir uns mit fünf oder sechs Personen in ein Bremsabteil, das früher am letzten Wagen befestigt war und von wo aus die Züge mit einem Rad gebremst wurden. Wir standen wie Heringe in einem Faß und fielen nach Ankunft in Amersfoort wie Zündhölzer aus einer Dose aus dem Häuschen. Es dauerte eine ganze Zeit, bevor wir uns wieder bewegen konnten. Wir waren so durchgefroren, daß wir eine Anzahl Pakete, die wir auf Eisenstäbe in einem Waggon gelegt hatten, vergaßen. Wir liefen wieder zurück und kletterten auf den Waggon, um die Pakete mitzunehmen. „Stehen bleiben – Polizei!" Was wir bei diesem Zug zu suchen hätten. Wir ließen unsere BAB-Ausweise und Armbinden sehen, aber dieses Mal half sogar mein gutes Deutsch nicht. „Alles Lügen – mitkommen", schrie einer der Männer in einer Uniform, die wir noch nicht gesehen hatten. In einem Polizeiauto wurden wir nach Utrecht gebracht, und zwar in das berüchtigte Hauptquartier der Gestapo auf der Maliebaan. War dies das Ende?

Wir wurden einer nach dem anderen zum Verhör nach oben gebracht. „Ausweis, Personalausweis." Alles wurde gründlich überprüft. „Soso", sagte einer der Männer in Zivil „Sie sind in Djambi geboren." „Soso, in Djambi", als ob er sagen wollte „diesen Unsinn können Sie mir nicht erzählen". Ein anderer Mann stellte sich neben ihn. Ich blieb ohne mich zu bewegen in der Nähe des Fensters sitzen. „Typische javanische Kopfform" hörte ich den Mann, der zuletzt hereingekommen war, sagen. Das beruhigte mich ein wenig. Meine größte Sorge war mein Personalausweis, der bei einer näheren Untersuchung als gefälscht erkannt werden würde. Auf dem Tisch lag ein ganzer Haufen Personalausweise, die alle eingeliefert werden mußten. Die zwei Gestapobeamten gingen überlegend auf den Gang. Jetzt oder nie! Rasend schnell packte ich meinen Personalausweis, der noch oben lag, und ließ ihn in meiner Hosentasche verschwinden. Noch keine halbe Stunde später wurden wir völlig unerwartet freigelassen. Später hörten wir, daß unser höchster Chef, ein Arzt, der das „Büro Evakuierung Bürgerbevölkerung" (BAB) leitete, von unserer Verhaftung gehört hatte und sofort nach Utrecht gefahren war, um uns freizubekommen. Beim Zurückgeben der Personalausweise durch einen Verwaltungsbeamten fiel nicht auf, daß ich meinen Ausweis schon hatte. Dieses Mal blieben unsere aus dem Norden mitgenommenen Lebensmittel in deutschen Händen. Wir trauerten darüber nicht. Wir waren – ich ganz sicher – wieder einmal durch das Auge einer Nadel gekrochen.

Kurz nach diesem Geschehen gingen die Evakuierungen zu Ende und damit auch das BAB. Die Anfuhr von Lebensmitteln ging dadurch auch zu Ende, und die Situation bei der Familie van Dijk wurde stets bedenklicher. Außer den vier Familienmitgliedern gab es noch vier Onderduikers, mit denen das Wenige geteilt werden mußte. Nur sporadisch wurden noch Lebensmittelcoupons von der Widerstandsbewegung für Onderduikers zur Verfügung gestellt. Die Situation wurde noch dramatischer, da auch mit Coupons jeden Tag weniger Nahrung zu bekommen war. Nach der Angst, der Spannung und dem Warten auf das Ende des Krieges kam jetzt noch ein weiterer Feind dazu: der Hunger. Über den Hungerwinter 1944/45 im Westen von Holland ist bereits viel geschrieben worden, und es hat wenig Sinn, hier noch viel hinzuzufügen. Übrigens ist Hunger schwer zu beschreiben. Man ist „voll" davon, man denkt dauernd daran, und das knurrende Gefühl im Magen wird man nicht los. Ich schlief mit Ysbrand in einem Bett, um die Zahl der „benutzten" Betten zu reduzieren. Es gab jetzt in der Nacht immer wieder Razzien, vor allem, weil Menschen, um an Essen zu kommen, Verrat begingen. Es war dann auch wichtig, so wenig möglich „warme" Betten zu haben. Ob diese Maßnahme uns im Falle einer Razzia geholfen hätte, ist übrigens sehr fraglich. Abends saßen wir mit mehreren Pullovern und einem Mantel – bei einem brennenden Docht in einem Glas Öl – im ungeheizten Zimmer und sprachen meistens über Essen. Es gab nichts mehr. Kein Gas, keine Elektrizität, kein Stückchen Brot. Ysbrand und ich nahmen ein Stück Holz mit ins Bett, in der Hoffnung darauf kauend in den Schlaf fallen zu können. Wir Jüngeren sahen noch einigermaßen aus, aber Oma Catania und Tante Lot glichen jeden Tag mehr einer Vogelscheuche. Ende Jänner 1945 wurde die Situation so unerträglich, daß wir beschlossen, etwas zu unternehmen. Wir hatten sowieso viel Zeit, um Pläne zu machen. Von Bekannten hatten wir die Adresse von einem Bauern mit großem Hof im Wieringermeerpolder bekommen. Sie hatten die Bedingung gestellt, daß wir, falls wir hingingen, auch für sie etwas mitbringen sollten. Von Utrecht zum Wieringermeerpolder – im äußersten Nordwesten von Holland – war es ein sehr weiter Weg. Aber Hunger macht erfinderisch und treibt Menschen zu fast unmöglichen Taten. Ganz in der Nähe von uns wohnte ein Kohlenhändler, der ein Lieferdreirad hatte, das schon lange nicht mehr in Gebrauch war. Wir erzählten ihm von unseren Plänen, um im Wieringermeerpolder Lebensmittel zu holen. Falls er uns das Dreirad leihen würde, würden wir auch für ihn etwas mitbringen. Anbieten von Geld war im Hungerwinter ganz ungebräuchlich. Es gab nur ein Bezahlmittel, und das waren Lebensmittel. Als er dieses Wort hörte, war der Kohlenhändler sofort bereit, uns das Dreirad zur Verfügung zu stellen. Da es lange nicht mehr benutzt worden war, mußte es gründlich repariert werden. Vor allem die Reifen waren in schlechtem Zustand und mußten an der Innenseite mit Leinenstückchen verstärkt werden. Obwohl der Kohlenhändler mit viel Kenntnis an die Arbeit ging, hatten wir nicht allzuviel Vertrauen, daß dieses zerbrechliche Vehikel uns nach Wieringermeerpolder und nach Hause bringen würde. Aber der Gedanke, dort etwas Essen zu bekommen, besiegte allen Zweifel. An einem bitterkalten Morgen verließen Ysbrand, Els und ich Utrecht. Wir Jungens hätten die Reise selbst unternehmen können, aber nach ausführlichem Familienrat hatten wir beschlossen, daß ein Mädchen dabei einen günstigen Effekt haben könnte, falls wir durch Polizei oder deutsche Instanzen angehalten werden sollten. Auch beim Betteln um Essen könnte ein Mädchen vielleicht einen positiven Beitrag liefern. Els saß verfroren in dem Kasten des Dreirades,

Ysbrand und ich probierten mit abwechselndem Treten der Pedalen warm zu werden. Das alles mit nüchternem Magen. Wir hatten von den kargen Vorräten zu Hause nichts mitgenommen. Wir gingen ja dem Essen entgegen. Nach Breukelen und Loenen bekamen wir bei Abcoude doch schlimmen Hunger. Nachdem wir bei vielen Bauernhöfen nichts erbetteln konnten, erhielten wir schließlich in einem kleinen Hof von einer alten Frau ein paar Schnitten altes Brot und ein Glas Wasser. So erreichten wir mit „vollem" Magen in der Dunkelheit Amsterdam und fuhren mit einer Fähre über das IJ in Richtung Nord-Holland.

5

Am Abend kamen wir in dem Dorf Ilpendam an. Wir hatten den Namen früher noch nicht gehört und wußten nicht, was wir tun sollten. Es war kurz vor der Sperrzeit und wir mußten irgendwo irgendwie eine Unterkunft finden. Es fror bei -10 bis -12 °C, und wir konnten nicht die ganze Nacht im Kasten des Dreirads liegen bleiben, wollten wir nicht erfrieren. Bei einer kleinen Feuerwehrkaserne mitten im Dorf sahen wir Licht. Ein Feuerwehrmann hatte Dienst, und nach vielem Bitten und Flehen, wobei es deutlich war, wie gut es gewesen ist, daß Els mitgegangen war, stimmte der Mann zu, das Dreirad in die Garage zu stellen, wo auch zwei Feuerwehrautos standen. Wir mußten die ganze Nacht in dem Kasten des Dreirads liegen bleiben und uns nicht rühren. „Wenn sie Euch finden, dann seid ihr durch die offene Tür hereingeschlüpft, ohne daß ich davon etwas wußte." Ich kann mich noch heute gut an die Nacht erinnern. Sie nahm kein Ende. Immer wieder sah ich auf meine Uhr. Aber es war, als ob die Zeiger nicht von ihrem Platz wichen. Die Wände glitzerten durch unseren gefrorenen Atem, wir waren durchgefroren und hatten maßlosen Hunger.

So früh wie möglich waren wir wieder auf der Straße Richtung Norden, angetrieben durch die Idee, daß irgendwo in einer warmen Küche ein Teller mit heißer Grütze auf uns wartete. Irgendwo im Kopf von Nord-Holland bettelten wir trockenes Brot und ein Glas Surrogat-Tee zusammen. Am späten Mittag kamen wir im Wieringermeerpolder an und fanden nach einiger Umfrage die Adresse, die für uns auf einem Zettel aufgeschrieben war. Auf jedem Hof, wo wir den Weg erfragten, informierten wir uns, ob Lebensmittel zu kaufen waren. Bald verstanden wir, daß mit Geld nichts mehr zu kaufen war und daß nur gegen Bezahlung mit Wertgegenständen eventuell etwas zu bekommen gewesen wäre. Aber selbst das gelang meistens nicht. Es waren schon viele, viele Menschen vor uns hier gewesen, und es schien jetzt wirklich nichts mehr zu geben. Später auf dem Rückweg tauschte ich meine Uhr, meine letzte Erinnerung an das Elternhaus, gegen ein kleines Säckchen Splitterbsen ein. Auf dem Hof unserer Bekannten wurden wir kühl empfangen. Man hatte viel Respekt für unsere lange Reise und begriff sehr wohl unsere Not. In einer tatsächlich warmen Küche bekamen wir einen Teller warmen Brei und ein paar Schnitten Brot. Als die Bäuerin unsere fragenden Gesichter sah und die Gier, mit der wir gegessen hatten, bekamen wir noch einen Löffel Brei auf unseren Teller. Wir durften eine Nacht auf Decken in der warmen Küche schlafen. Aber unbedingt nicht länger. Am folgenden Tag bekamen wir für unsere Bekannten und für uns einen Sack Kartoffeln und einen halben Sack braune Bohnen. Außerdem ein Päckchen Butter und, um sicher zu sein, daß wir dies alles abliefern würden, auch ein Päckchen. Für unterwegs gab man uns zwei ganze große selbstgebackene Brote, die wir übrigens nicht anbrechen wollten, um die ganze „Beute" nach Hause zu bringen. Beim Nachbarn erhielten wir nach Fürsprache von „unserem" Bauern auch noch einen Sack Bohnen.

Wir kamen auf jeden Fall nicht mit leeren Händen zurück. Aber wir waren noch lange nicht zurück. Die Reise nach Wieringermeerpolder hatte bei der minimalen Lebensmittelversorgung und der Kälte viel von unseren Kräften gefordert, und wir fürchteten unsere Rückreise mit dem jetzt noch schwereren Gewicht, der Kälte und – was das schlimmste war – den fast völlig verschlissenen Reifen. Am ersten Tag kamen wir nicht viel weiter als nach Purmerend. Die Straße verlief parallel zu einem Kanal, an dessen Ufer einige Frachtschiffe lagen. Wo konnten wir übernachten? Wäre es vielleicht in einem der Schiffsräume möglich? Wie wir auf diese Idee kamen, weiß ich nicht mehr. Ich klomm auf das nächstliegende Schiff und klopfte an das kleine Fenster der Kajüte. Nach einiger Zeit kam ein älterer Mann mit einer Schiffsmütze tief über die Ohren aus dem Inneren des Schiffes. Ich erzählte ihm, woher wir kamen und wohin wir mußten und wies auf das Dreirad, auf dem Ysbrand und Els halb erfroren saßen. „Es ist noch ein ganzer Weg nach Utrecht", murmelte der Mann und sah uns mitleidend an. „Wir müssen auch nach Utrecht." „Mit dem Schiff?", fragte ich albern. „Ja, nicht mit dem Dreirad", antwortete er grinsend. „Könnten wir mit?" entschlüpfte es mir, ohne nachzudenken. Nach vielen Gesprächen in der warmen Kajüte wurde nach gut einer halben Stunde das Dreirad mit vereinten Kräften in den Schiffsraum hinuntergelassen. Ysbrand und Els waren so überrascht, daß sie kein Wort über die Lippen bringen konnten. Wir mußten bei dem Dreirad bleiben und uns mäuschenstill verhalten. Wir waren überglücklich, dabei wußten wir nicht, wie lange die Reise dauern, und wie das Abenteuer enden würde. Wir waren Tage unterwegs und konnten nur durch die Spalten in der Schiffswand sehen, ob es Tag oder Nacht war. Die zwei Brote waren unser Proviant, und ab und zu ließ der Kapitän einen halben Eimer Wasser herunter. Ein zweiter Eimer war unsere Toilette. Eines Abends kam der

Kapitän aufgeregt herunter. „Wir müssen gleich eine Schleuse passieren, und ich habe gehört, daß Feldgendarmen die Schiffe kontrollieren. Es ist schon zu spät, um Euch auszuladen.“ Nach einer halben Stunde lag das Schiff still. Luken wurden hin- und hergeschoben, und es wurde viel geschrien, Deutsch und Holländisch. Später hörten wir, daß es eine gefährliche Sache war. Der Kapitän hatte die Luken schnell so geschoben, daß man uns nicht sah.

Wir hatten die Übersicht von Datum, Stunde, Tag und Nacht verloren. Eines Tages gingen die Luken auf, es war stockfinster und der Kapitän rief: „Utrecht, aussteigen.“ Niemals habe ich den Namen der Stadt mit mehr Freude und Dankbarkeit gehört! Wir fielen einander aus Freude um den Hals. Mit viel Mühe bekamen wir das Dreirad und unsere Vorräte auf die Kade, irgendwo am Rande der Stadt. An einem Sonntagmorgen fuhren wir durch die Stadt. Es hatte in der Nacht geschneit, und wir zogen mit dem Dreirad eine neue Spur. Beim Theater kamen wir einer deutschen Patrouille entgegen. Die Soldaten waren von diesem Anblick – dem Dreirad, den drei in Lumpen gekleideten jungen Menschen und von den Säcken in dem Kasten, die wir mit Schnee bedeckt hatten – so überrascht, daß sie uns ohne Kontrolle durchfahren ließen. Am Abend hatten wir ein „Festmahl“: Kartoffeln mit Butter und gekochten Bohnen. Rob hatte, während wir weg waren, fleißig Holz gesammelt, so daß wir kochen konnten und am Abend nach Monaten wieder in einem halbwegs warmen Zimmer saßen.

Es war die schwerste Periode des Krieges. Während der südliche Teil Hollands schon befreit war, hatten wir nichts anderes als Hunger, Kälte, Verrat und Razzien. Und das alles mit der Kenntnis, daß um uns herum die Alliierten in einem großen Bogen näherkamen, während die Russen im Osten die deutsche Wehrmacht schnell vor sich nach Westen trieb. Immer hörte man Gerüchte, daß die Wehrmacht die „Festung Holland“ unter Wasser setzen wollte. Sowohl die Vorstellung, durch Wasser eingeschlossen zu werden, als auch die nicht mehr haltbare Lebensmittelsituation in der Havikstraat, brachten Fritzi und mich nach Diskussion mit der Widerstandsbewegung zu dem Entschluß, Ende März 1945 nach Zeist überzusiedeln. Es war kein Abschied, wir gingen nur irgendwo anders hin, bis der Krieg in einigen Wochen zu Ende war.

Aber es war sicher für mich das Ende bei Tante Lot. Wir sind auch nie wieder in die Havikstraat zurückgekehrt.

XI.
Freiheit – endlich!

Wie Fritzi und ich in die Oranje Nassaulaan in Zeist gekommen sind, weiß ich nicht mehr, aber es war nicht leicht. Wir mußten ungefähr 15 Kilometer gehen. Seit der Hungerfahrt war ich nicht mehr auf der Straße gewesen. Wir kamen letzten Endes bei der großen Villa von Fräulein Wolf an. Im Haus war eine jüdische Frau mit zwei Töchtern, die einen großen Teil des Krieges dort untergetaucht war. Fräulein Wolf wohnte allein in dem großen Haus und half der Widerstandsbewegung mit Unterkunft für Onderduikers. Die Lebensmittelsituation war etwas besser als bei Tante Lot, da Fräulein Wolf gute Verbindungen zu Bauern hatte. Aber es blieb ein Kampf gegen den Hunger. Wir bekamen ein Zimmer im zweiten Stock und lebten nun völlig untergetaucht. Im Dachboden war zwischen Dosen ein Radio versteckt. Die Berichte waren täglich besser und unsere Hoffnung auf ein schnelles Ende nahm zu.

Anfang April verbesserte sich die Lebensmittelsituation auf eine sehr unerwartete Weise. Ein Teil des Hauses wurde für zurückweichende Wehrmachtsteile gefordert. Es entstand dadurch eine merkwürdige Situation. Unten biwakierende deutsche Soldaten, im ersten Stock wohnte Fräulein Wolf mit der Mutter und den zwei Töchtern und im zweiten Stock Fritzi und ich. Wir hielten uns an diese Wohneinteilung, was nicht verhinderte, daß wir ein paar Mal Auge in Auge deutschen Soldaten gegenüberstanden. Letztgenannte erhielten ihre Vorräte von einem deutschen Magazin, das ganz in der Nähe war. Fräulein Wolf gelang es, für die Gastfreundschaft, obwohl diese erzwungen war, von den deutschen Soldaten Lebensmittel zu bekommen. So kamen wir aufgrund dieses merkwürdigen Zusammenlebens die letzten Wochen ohne Hunger durch.

Die ganze Situation war unwirklich, und nur die Gewissheit, daß es nicht lange mehr dauern würde, gab uns den Mut, ruhig zu bleiben. Unten die Bier trinkenden Soldaten, auf dem Dachboden Fritzi und ich fast ununterbrochen Radio London hörend, und dazwischen Fräulein Wolf, die stets mehr Aufträge von der Widerstandsbewegung bekam.

Ende April die Aktion Manna (das Abwerfen von Brot aus schwedischen Flugzeugen), der Tod von Hitler, die Ernennung von Dönitz, die Besetzung von Berlin durch die Russen – es ging alles so schnell, daß wir es kaum geistig verarbeiten konnten. Am nächsten Morgen waren die deutschen Soldaten plötzlich weg. Uns interessierten vor allem die Lebensmittel, die sie zurückgelassen hatten.

Die Kapitulation wurde von allen Sendern, auch den holländischen, angekündigt. Alliierte Truppen sollten in den kommenden Stunden nach Westen vorrücken.

Sonntag, 6. Mai 1945, mein 25. Geburtstag!
Es kamen immer mehr Berichte, daß alliierte Truppen im Anmarsch waren. Wir hielten es nicht länger im Haus aus, und liefen zur Hauptstraße hinunter. Es war totenstill. Keine Menschen, keine Autos, nur eine leere Straße. Wir saßen am Rande und warteten. Plötzlich kam aus östlicher Richtung ein Jeep ganz langsam die Straße hinunter. Wir blieben mitten auf der Straße stehen, winkten und schrien. Der Jeep blieb stehen und zwei Soldaten stiegen aus. Wir griffen nach ihren Händen, wir klopften auf ihre Schultern, aber wir konnten kein Wort über die Lippen bekommen. Die Soldaten verstanden unsere Emotion sehr gut. Einer von ihnen nahm aus seiner großen Tasche eine Tafel Schokolade und gab uns diese. „Be careful, be careful, there are still snipers around." Sie sprachen Englisch. Es war also kein Traum!

Unsere Befreier waren da!

Wir hätten gerne alle möglichen Fragen in unserem Schulenglisch stellen wollen, wir hätten sie gerne anfassen und sie küssen wollen. Aber sie stiegen schnell wieder ein und fuhren ganz langsam weiter. Wir liefen so schnell wir konnten nach Hause, um die Schokolade zu zeigen, als Beweis, daß es wahr war, daß fünf Jahre Tod und Vernichtung vorbei waren! Wir konnten die ganze Nacht vor Aufregung nicht schlafen.

Am folgenden Morgen liefen wir schon früh nach Zeist zur Kreuzung beim Gemeindehaus. Es fuhren jetzt ununterbrochen Panzer, Fahrzeuge mit Ketten, Lkw's und Rote-Kreuz-Autos vorbei. Vom Turm des Gemeindehauses wehte die holländische Flagge. Viele Hunderte Menschen standen am Rande der Straße, während die Soldaten Schokolade, Biskuits und Zigaretten in die Menge warfen. Auf einem Panzer saßen einige junge Leute. Als dieser an der Kreuzung ganz langsam fuhr, sprangen wir, ohne weiter nachzudenken, auf das Fahrzeug. So zogen wir am 7. Mai 1945 mit der Polar Bear Brigade, einer kanadischen Einheit, nach Utrecht. Eine unvergeßliche Fahrt!

Vorbei an De Bilt sahen wir in der Ferne den Domturm von Utrecht. An beiden Seiten der Straße standen winkende Menschen. Dahinter grüne Weiden und Kastanienbäume mit ihren Blütenkerzen in voller Pracht. Es war genau so ein prachtvolles Wetter wie 1940, aber welch' ein Unterschied in unserem Erleben!

In Utrecht an der Biltstraße standen Hunderte und Aberhunderte von Menschen. Viele ältere, halb verhungerte, waren zu schwach, um stehen zu können und saßen am Rande des Bürgersteigs. Kranke Menschen, vor allem mit Hungerödemen, hatte man im Bett auf die Straße geschoben. Man war zu schwach, um zu jubeln. In einem Jeep hinter uns standen einige Offiziere, zwei mit einer Roten-Kreuz-Armbinde. Tränen liefen über ihre Wangen und sie schüttelten den Kopf. Später hörten wir, daß diese Soldaten an zahlreichen Fronten gekämpft hatten, und tief beeindruckt von dem waren, was sie hier sahen. In den schmalen Straßen der Innenstadt kamen wir fast nicht weiter. Bei der Neude sprangen wir von „unserem“ Panzer und gingen, soweit das in der Menschenmasse möglich war, in Richtung des Domes. Mit sehr viel Mühe erreichten wir den Platz vor dem Gemeindehaus. In einigen Minuten sollte die Übergabe der Stadt Utrecht durch den deutschen Ortskommandanten stattfinden. Wir hatten fünf Jahre auf diesen Augenblick gewartet, ich sogar sieben Jahre! Der ganze Platz war übervoll, aber es wurde fast nicht gesprochen. Jeder wartete in Spannung und versuchte, mit seinen Gefühlen ins Reine zu kommen. Die Glocken des Domes läuteten, überall hingen Fahnen. Auf den Treppen des Gemeindehauses erschienen der deutsche Ortskommandant und ein Major der alliierten Truppen. Der deutsche Offizier übergab seine Pistole dem Major. Es stieg ein ohrenbetäubender Jubel auf. Wildfremde Menschen fielen einander in die Arme und ließen ihren Tränen freien Lauf. In einer Ecke des Platzes stand ein kleiner Jeep mit außerordentlich langen Antennen. Wir probierten, durch die Menschenmasse hindurchzukommen. Ein Berichterstatter der BBC versuchte, einen Augenzeugenbericht zu erhalten. Ich fühlte eine Hand auf meiner Schulter und bekam einen großen schwarzen Ball unter meine Nase. „Who are you?“, fragte mich ein junger Mann. Ich sah ihn verwundert an. „I am a Jew, Sir, and I survived and now we are free.“ Und mit einer durch Tränen erstickter Stimme schrie ich in den schwarzen Ball „We are free, we are free, we are free!“

Epilog

Nach dem Krieg studierte Dan Kampelmacher Tierheilkunde, mit dem Ziel, diesen Beruf in Israel auszuüben. Nach einigen Jahren Tätigkeit als praktizierender Tierarzt trat er 1954 in den Dienst des Rijksinstituut voor de Volksgezondheid (RIV) (Nationales Institut für das öffentliche Gesundheitswesen der Niederlande), in dem er sein ganzes Berufsleben verbrachte. 1960 wurde er Leiter des Laboratoriums für Zoonosen und Pathologische Anatomie, 1970 Wissenschaftlicher Direktor des Institutes und 1982 Stellvertretender Generaldirektor. 1971 berief man ihn zum außerplanmäßigen Professor an der Universität Wageningen. Nach seiner Pensionierung 1986 wurde er Präsident der Niederländischen Tierärztevereinigung. Während seiner wissenschaftlichen Laufbahn arbeitete Dan Kampelmacher viele Jahre als Experte bei der Weltgesundheitsorganisation (WHO), der Lebensmittel- und Landwirtschaftsorganisation (FAO) und der Internationalen Atomenergie Agentur (IAEA).

1987 erhielt er die Ehrendoktorwürde der Universität Zürich. In den Niederlanden ernannte man ihn zum Offizier im Orden Oranje Nassau und im Orden Niederländischer Löwe. Seine Mutter starb 1941 bei einer Influenza-Epidemie in England, sein Vater wurde in Auschwitz umgebracht. Aus seinen zwei Ehen sind vier Kinder hervorgegangen, wovon ein Junge, 9 Jahre alt, an Leukämie gestorben ist. Seine Frau Carola starb 2008. Sein Sohn Michael ist heute erfolgreicher Humanmediziner in Zeist.

Nachwort

Nach Angaben des holländischen Instituts für Kriegsdokumentation überlebten in Holland etwa 15.000 jüdische Bürger, weil sie von holländischen Familien versteckt wurden. Diesen Familien muß ob ihres Mutes bis zum heutigen Tage größter Respekt und Dank gezollt werden. Etwa 10.000 Juden wurden durch Denunziation und Verrat gefasst. Etwa 110.000 holländische Juden wurden in die Todeslager deportiert, von denen 5.450 zurückkehrten. In keinem anderen besetzten Land in Westeuropa waren die Deutschen mit ihrer Vernichtungsstrategie gegenüber jüdischen Bürgern so erfolgreich.

Nachruf

Professor Dr. Dr. h.c. Kampelmacher,
Bilthoven (Holland)
am 15. September 2011 verstorben

Nachruf veröffentlicht im Deutschen Tierärzteblatt 59, Nr. 11, S. 1503–1504 (2011) und in der Fleischwirtschaft 91, Nr. 10, S. 116 (2011)
von Prof. Dr. Dr. h.c. mult. Dieter Großklaus, Berlin

Am 15. September 2011 verstarb unerwartet Professor Dr. med. vet. Dr. h. c. E. H. (Dan) Kampelmacher im zweiundneunzigsten Lebensjahr. Mit seinem Tod verliert die Fachwelt einen begnadeten Lebensmittelhygieniker, der in der Europäischen Union, in der Weltgesundheitsorganisation (WHO), in der Ernährungs- und Landwirtschaftsorganisation der Vereinten Nationen (FAO) und in der Atom-Energie-Behörde nachhaltig das Fachgebiet „Veterinary Public Health" mit den Schwerpunkten Lebensmittelinfektionen und -intoxikationen sowie Zoonosenbekämpfung vertrat.

Dan Kampelmacher, als österreichischer Jude am 6. Mai 1920 geboren, flüchtete vor den Nazis und gelangte illegal nach Holland, verlor im Holocaust seine Familie und Verwandtschaft und erlebte in Holland die Befreiung durch die britische Armee. Er studierte in Utrecht bis 1951 Veterinärmedizin und trat 1954 als wissenschaftlicher Mitarbeiter in das „Rijksinstituut voor de Volksgezondheid" (RIV) in Bilthoven ein. Hier begründete er eine enge Zusammenarbeit mit dem deutschen Bundesgesundheitsamt in Berlin, wurde 1960 Direktor des Laboratoriums für Zoonosen, 1970 wissenschaftlicher Direktor und 1982 Vizepräsident des RIV. 1971wurde er zusätzlich Professor für Lebensmittelmikrobiologie und Hygiene an der Universität Wageningen. 1987 erhielt Kampelmacher die Ehrendoktorwürde der Universität Zürich, war in den 1970er Jahren Präsident der Weltvereinigung tierärztlicher Lebensmittelhygieniker (WAVFH) und von 1986 bis 1992 Präsident der holländischen Tierärztegesellschaft.

Eine große Zahl wissenschaftlicher Publikationen, unter anderem über das Salmonellen-Problem, zeugen von einer bewundernswerten Leistungsfähigkeit des Verstorbenen. Professor Kampelmacher hinterlässt zwei Monographien in englischer und holländischer Sprache, die mit dem Titel „Fighting for Survival" seine besondere Lebensgeschichte schildern. Der Autor dieses Nachrufes bemühte sich, in Erfüllung seines Vermächtnisses, diese in deutscher Sprache zu veröffentlichen.

Professor Kampelmacher hat sich um den gesundheitlichen Verbraucherschutz verdient gemacht. In der Fachwelt wird ihm ein ehrendes Andenken bewahrt werden. Seiner Familie gilt unsere aufrichtige Anteilnahme.